软件测试技术指南

第 2 版

智谷一川　组编

斛嘉乙　樊映川　文青山　编著

机 械 工 业 出 版 社

本书主要介绍 Web 和 APP 项目的功能测试、接口测试、自动化测试、性能测试的理论以及测试技术。功能部分包括测试流程、测试方法、测试用例、缺陷管理等。接口部分包括接口的分类、原理以及工具的使用等。自动化部分包括 UI 自动化、接口自动化以及工具的使用等。性能部分包括性能的分类、指标以及工具的使用等。全书覆盖了初级、中级和高级软件测试的知识要点，并结合目前测试岗位的技能要求，提供了极具参考价值的多个热点行业测试实操案例，力求使更多的读者掌握和学好软件测试的相关技术。

本书附赠部分测试实例源文件及软件测试核心知识点精讲视频。本书适合希望从事软件测试的专业人员阅读，也适合于从事软件测试领域的技术人员参考。

图书在版编目（CIP）数据

软件测试技术指南/智谷一川组编；斛嘉乙，樊映川，文青山编著．—2版．—北京：机械工业出版社，2022.1（2024.8 重印）
ISBN 978-7-111-69500-4

Ⅰ. ①软…　Ⅱ. ①智…　②斛…　③樊…　④文…　Ⅲ. ①软件-测试-指南　Ⅳ. ①TP311.55-62

中国版本图书馆 CIP 数据核字（2021）第 220441 号

机械工业出版社（北京市百万庄大街 22 号　邮政编码　100037）
策划编辑：尚　晨　　责任编辑：尚　晨
责任校对：张艳霞　　责任印制：常天培

北京机工印刷厂有限公司印刷

2024 年 8 月第 2 版·第 4 次印刷
184mm×260mm·18 印张·441 千字
标准书号：ISBN 978-7-111-69500-4
定价：99.00 元

电话服务　　　　　　　　　　网络服务
客服电话：010-88361066　　机 工 官 网：www.cmpbook.com
　　　　　010-88379833　　机 工 官 博：weibo.com/cmp1952
　　　　　010-68326294　　金 书 网：www.golden-book.com
封底无防伪标均为盗版　　机工教育服务网：www.cmpedu.com

前　　言

随着物联网、AI 技术的快速发展，现今社会对软件测试工程师技术的市场需求亦在不断增加，其工作内容已经从简单的软件功能测试和接口测试逐步扩展为自动化测试、性能测试、安全测试以及数据和 AI 测试开发等。

本书结合当前测试岗位的需求，由浅入深地介绍了软件测试各技术领域的专业知识以及测试工具的使用，并针对第 1 版内容进行了完善和更新。

第 1 章到第 4 章主要介绍测试理论、测试过程、测试方法以及测试管理。

第 5 章介绍 Web 端项目测试，包括网络协议、Web 端的测试技术以及测试方法。

第 6 章通过实例介绍测试工具 Jmeter 的使用，主要包括如何利用 Jmeter 实现接口功能测试、自动化测试和性能测试。

第 7 章通过实例介绍自动化测试工具 Selenium 的使用，主要包括 8 种元素定位的方法、Unittest 自动化测试。

第 8 章通过自带案例介绍性能测试工具 LoadRunner 的使用，主要包括脚本开发与优化、场景的设计与执行以及测试结果的分析；本章最后一小节介绍 Web 端项目性能测试计划、方案、用例、执行与结果分析。

第 9 章在第 1 版基础上增加了利用 Fiddler 工具抓取 HTTPS 的内容。

本书重点为第 6、7、8 章，该部分内容主要介绍主流测试工具的使用，结合实操案例进行讲解，方便读者快速学习和理解。

本书由智谷一川信息科技有限公司组编，公司创始团队斛嘉乙、樊映川、文青山编著，书中总结作者团队十多年的测试领域研究成果及经验，融入行业核心测试实例介绍，通俗易懂，易学实用，使读者在阅读本书时能够获得真实的工作体验，便于更快地理解测试原理，并结合测试工具提高工作效率。

限于作者的经验和水平有限，书中难免有不足之处，恳请广大读者批评指正。如有疑问和建议可以通过电子邮箱与作者联系（8773465@qq.com）。

目　　录

第 1 章 软件测试理论

本章主要介绍软件的发展、软件质量、软件测试的基础理论（包括软件测试的定义、目的、原则以及测试模型）等。

学习目标：

- 熟悉软件的生命周期、软件研发模型
- 熟悉软件质量、质量特性
- 理解软件测试的目的和原则
- 掌握软件测试的模型：V、W、H、X 及敏捷测试
- 理解质量与测试的关系

1.1 软件

软件（Software）是一系列按照特定顺序组织的计算机数据和指令的集合。一般来讲，软件被划分为系统软件、应用软件和介于这两者之间的中间件。在国标中对软件的定义是与计算机系统操作有关的计算机程序、规程、规则，以及相关的文件、文档及数据等。

由此可看，软件并不只是包括可以在计算机（这里的计算机是指广义的计算机）上运行的计算机程序，与这些计算机程序相关的文档一般也被认为是软件的一部分。简单地说，软件就是程序加文档的集合体。

1.1.1 软件发展史

软件的发展大致经历了如下 5 个阶段。

1. 第一阶段（1946 年—1953 年）

该阶段属于汇编时代，软件是用机器语言编写的，机器语言是内置在计算机电路中的指令，由 0 和 1 组成（二进制数字）。因此，只有少数专业人员能够为计算机编写程序，这就大大限制了计算机的推广和使用。

由于程序最终在计算机上执行时采用的都是机器语言，所以需要用一种称为汇编器的翻译程序，把用汇编语言编写的程序翻译成机器代码。编写汇编器的程序员简化了程序设计，是最初的系统程序员。

2. 第二阶段（1954 年—1964 年）

该阶段软件开始使用高级程序设计语言简称高级语言（相应机器语言和汇编语言称为低级语言）编写，高级语言的指令形式类似于自然语言和数学语言，不仅容易学习，方便编程，也提高了程序的可读性。

在 1964 年 Dartmouth 学院的凯梅尼（John Kemeny）和卡茨（Thomas Kurtz）发明了

BASIC（Beginner's All-purpose Symbolic Instruction Code）语言。高级语言的出现产生了在多台计算机上运行同一个程序的模式，每种高级语言都有配套的翻译程序（称为编译器），编译器可以把高级语言编写的语句翻译成等价的机器指令。系统程序员的角色变得更加明显，系统程序员编写诸如编译器这样的辅助工具，使用这些工具编写应用程序的人，称为应用程序员。

在汇编和编译时期，由于程序规模小，程序编写起来比较容易，也没有什么系统化的方法，对软件的开发过程更没有进行任何管理。这种个体化的软件开发环境使得软件设计往往只是在人们头脑中隐含进行的一个模糊过程，除了程序清单之外，没有其他文档资料。

3. 第三阶段（1965 年—1970 年）

该阶段处于结构化程序设计理论，由于用集成电路取代了晶体管，处理器的运算速度得到了大幅度的提高。因此需要编写一种程序，使所有计算机资源处于计算机的控制中，这种程序就是操作系统。

1967 年，塞缪尔（A. L. Samuel）发明了第一个下棋程序，开始了人工智能的研究。1968 年荷兰计算机科学家狄杰斯特拉（Edsgar W. Dijkstra）发表了论文《GOTO 语句的害处》，指出调试和修改程序的困难与程序中包含 GOTO 语句的数量成正比，从此，各种结构化程序设计理念逐渐确立起来。

20 世纪 60 年代以来，计算机用于管理的数据规模更为庞大，应用越来越广泛，同时，多种应用、多种语言互相覆盖地共享数据集合的要求越来越强烈。为解决多用户、多应用共享数据的需求，使数据为尽可能多的应用程序服务，出现了数据库技术以及统一管理数据的软件系统——数据库管理系统（Database Management System，DBMS）。

随着计算机应用的日益普及，软件数量急剧膨胀，在计算机软件的开发和维护过程中出现了一系列严重问题，许多程序的个体化特性使得它们最终成为不可维护的，"软件危机"就这样开始出现了。1968 年，北大西洋公约组织的计算机科学家在联邦德国召开国际会议，讨论软件危机问题，在这次会议上正式提出并使用了"软件工程"这个名词。

4. 第四阶段（1971 年—1989 年）

该阶段属于结构化程序时代，20 世纪 70 年代出现了结构化程序设计技术，Pascal 语言和 Modula-2 语言都是采用结构化程序设计规则制定的，Basic 这种为第三代计算机设计的语言也被升级为具有结构化的版本。此外，在 1973 年，美国贝尔实验室的丹尼斯·里奇（D. M. Ritchie）设计出了一种新的语言，这就是灵活且功能强大的 C 语言。

此外，IBM PC 开发的 PC-DOS 和为兼容机开发的 MS-DOS 都成了微型计算机的标准操作系统，更好用、更强大的操作系统被开发了出来。Macintosh 机的操作系统引入了鼠标的概念和点击式的图形界面，彻底改变了人机交互的方式。

20 世纪 80 年代，随着微电子和数字化声像技术的发展，在计算机应用程序中开始使用图像、声音等多媒体信息，出现了多媒体计算机。多媒体技术的发展使计算机的应用进入了一个新阶段。

这个时期出现了多用途的应用程序，这些应用程序面向没有任何计算机经验的用户。典型的应用程序是电子制表软件、文字处理软件和数据库管理软件。Lotus1-2-3 是第一个商用电子制表软件，WordPerfect 是第一个商用文字处理软件，dBase III 是第一个实用的数据库管理软件。

5. 第五阶段 (1990 年至今)

该阶段软件中有 3 个著名事件: 在计算机软件业具有主导地位的 Microsoft 公司的崛起、面向对象的程序设计方法的出现以及万维网 (World Wide Web) 的普及。

在这个时期, Microsoft 公司的 Windows 操作系统在 PC 市场占有显著优势, 尽管 WordPerfect 仍在继续改进, 但 Microsoft 公司的 Word 成了最常用的文字处理软件。20 世纪 90 年代中期, Microsoft 公司将文字处理软件 Word、电子制表软件 Excel、数据库管理软件 Access 和其他应用程序绑定在一个程序包中, 称为办公自动化软件。

面向对象的程序设计方法最早是在 20 世纪 70 年代开始使用的, 当时主要是用在 Smalltalk 语言中。20 世纪 90 年代, 面向对象的程序设计逐步代替了结构化程序设计, 成为目前最流行的程序设计技术。面向对象程序设计尤其适用于规模较大、具有高度交互性、反映现实世界中动态内容的应用程序。Java、C++、C#等都是面向对象程序设计语言。

1990 年, 英国研究员提姆·柏纳李 (Tim Berners-Lee) 创建了一个全球 Internet 文档中心, 并创建了一套技术规则和创建格式化文档的 HTML 语言, 以及能让用户访问全世界站点上信息的浏览器, 此时的浏览器还很不成熟, 只能显示文本信息。

软件体系结构从集中式的主机模式转变为分布式的客户端/服务器模式 (Client/Server, C/S) 或浏览器/服务器模式 (Browser/Server, B/S), 专家系统和人工智能软件从实验室走出来进入了实际应用, 完善的系统软件、丰富的系统开发工具和商品化的应用程序的大量出现, 以及通信技术和计算机网络的飞速发展, 使得计算机进入了一个大发展的阶段。

1.1.2 软件生命周期

生命周期 (Life Cycle) 的概念应用很广泛, 简单说就是指一个对象的"生老病死"。对一个软件产品或软件系统而言也需要经历同样阶段, 一般称为软件生命周期。软件生命周期大致分为 6 个阶段, 如图 1-1 所示。

图 1-1 软件的生命周期

1. 项目计划阶段

此阶段主要是确定软件开发的总体目标, 通过市场调研并给出功能、性能、接口等方面的设想以及项目的可行性分析, 同时对项目开发使用的资源、成本、进度做出评估, 制定项目实施的计划 (项目计划)。

2. 需求分析阶段

需求俗称软件的主体，所以需求分析阶段作为一个非常重要的阶段，它由需求分析人员和用户共同对软件需要实现的各个功能进行详细的分析并给予确切的描述，编写软件需求说明书（Software Requirements Specification，SRS）。

3. 软件设计阶段

该阶段俗称软件的核心，主要是由系统分析组（架构师和系统分析人员）根据需求分析的结果，对整个软件进行系统架构的设计，编写概要设计说明书（High Level Design，HLD）。接下来由数据库设计员和开发人员根据需求说明书和概要设计说明书进行系统数据库设计及编写详细设计说明书（Low Level Design，LLD）。

4. 程序编码阶段

把软件设计的结果转换为计算机可运行的程序代码，使用 RDBMS 工具建立数据库。程序编码必须符合标准和编码规范，以保证程序的可读性、易维护性，提供程序运行的效率。

5. 软件测试阶段

此阶段主要是测试人员来检测软件是否符合客户的需求，是否达到质量的要求。一般在软件设计完成后，项目开发人员构建测试版本，以便测试团队进行测试，整个测试过程大致分为单元测试、集成测试、系统测试、验收测试。

6. 运行维护阶段

此阶段是软件生命周期中最长的阶段。在软件开发完成并正式投入使用后，可能有很多原因需要对软件进行修改，如软件错误、系统升级、增加功能、提高性能等。

1.1.3　软件体系结构

近年来，随着计算机技术与网络技术突飞猛进的发展，现代企业遇到了巨大的机遇与挑战，为了最大限度地利用现代计算机及网络通信技术加强企业的信息管理，建立了管理信息系统（Management Information System，MIS）。一个完整的 MIS 应包括辅助决策系统（Aided Decision Making System，ADMS）、工业控制系统（Industrial Control System，ICS）、办公自动化系统（Office Automation，OA）以及数据库、模型库、方法库、知识库和与上级机关及外界交换信息的接口。可以这样说，现代企业 MIS 不能没有 Internet，但 Internet 的建立又必须依赖于 MIS 的体系结构和软硬件环境。

基于 Web 的 MIS 系统同传统的 MIS 技术有相似也有区别。相似之处在于技术的理念；区别之处在于技术的实现。传统的 MIS 系统的核心是 C/S（客户端/服务器）结构，而基于 Web 的 MIS 系统的核心是 B/S（浏览器/服务器）结构。

1. 什么是 C/S 结构

C/S（Client/Server）结构即客户端/服务器结构。客户端通常可以理解为安装在计算机、手机终端设备上的软件，是软件系统体系结构的一种。例如：QQ 软件、手机 APP 等，C/S 模式简单地讲就是基于企业内部网络的应用系统。与 B/S（Browser/Server，浏览器/服务器）模式相比，C/S 模式的应用系统最大的优势是不依赖企业外网环境，即无论企业是否能够上网，都不影响应用。

还有一类通信的软件，例如：百度云盘、迅雷下载等，也属于 C/S 结构。但是它们之间的数据传输不需要经过服务器处理业务，可以直接通过客户端进行传输，这种结构通常称为 P2P 端对端（Peer to Peer）。

P2P 是可以简单地定义成通过直接交换来共享计算机资源和服务，而对等计算模型应用层形成的网络通常称为对等网络。对等网络，即对等计算机网络，是一种在对等者（Peer）之间分配任务和工作负载的分布式应用架构，是对等计算模型在应用层形成的一种组网或网络形式。

2. 什么是 B/S 结构

B/S（Browser/Server）结构即浏览器/服务器结构。随着 Internet 技术的兴起，对 C/S 结构的一种变化或者改进的结构。在这种结构下，用户工作界面是通过浏览器来实现的，极少部分事务逻辑在前端（Browser）实现，但是主要事务逻辑在服务器端（Server）实现，形成所谓三层 3-tier 结构。B/S 是目前互联网中应用最为广泛的系统结构。B/S 结构比起 C/S 结构有着很大的优越性，传统的 MIS 系统依赖于专门的操作环境，这意味着操作者的活动空间受到极大限制；而 B/S 结构则不需要专门的操作环境，在任何地方，只要能上网，就能够操作 MIS 系统，这其中的优劣差别是不言而喻的。

基于 Web 的 MIS 系统，弥补了传统 MIS 系统的不足，充分体现了现代网络时代的特点。随着网络技术的高速发展，因特网必将成为人类新社会的技术基石。基于 Web 的 MIS 系统必将成为网络时代的新一代管理信息系统，前景极为乐观。

3. 什么是 A/S 结构

A/S（Application Serving）体系结构。A/S 体系结构通过设置应用服务器，将关键性的业务软件集中安装并进行发布，客户端可完全在服务器上执行所需的应用。A/S 结构利用 ICA 协议，将应用程序的逻辑从用户界面中分离开来，使得网络传输数据量很小，对网络带宽的要求低，平均每个用户仅占用 10 kbit/s 左右，即使是通过电话线连接到 Internet，也能保证多个用户同时工作，提供数据的实时访问和更新。

另外，应用服务器与后台数据库通常是局域网连接，计算和查询所需的大量数据都是基于 LAN 传输速度，因此远程用户的网络性能非常理想。同时在 A/S 结构中，网络中传输的仅仅是通过用户界面以及操作动作更新信息，因此系统的安全性更好。

1.1.4　软件研发模型

软件研发模型（Software Development Model）是指软件开发全部过程、活动和任务的结构框架。合理使用研发模型可以提高软件研发效率，降低研发成本，提供软件质量。

常见的研发模型包括需求、设计、编码和测试等阶段，有时也包括维护阶段。软件开发模型能清晰、直观地表达软件开发全过程，明确规定了要完成的主要活动和任务，用来作为软件项目工作的基础。

目前比较流行的研发模型主要有瀑布模型、快速原型模型、螺旋模型、RUP 和敏捷模型。

1. 瀑布模型

1970 年，温斯顿·罗伊斯（Winston Royce）提出了著名的瀑布模型，如图 1-2 所示。在早期，该模型是应用最为广泛的模型，也是最容易理解和掌握的研发模型。

瀑布模型最早是根据工业流水线上演变过来的，它的核心思想是按工序将问题化简，将功能的实现与设计分开，便于分工协作，即采用结构化的分析与设计方法将逻辑实现与物理实现分开。将软件生命周期划的6个基本活动，由上而下、相互衔接起来，如同瀑布流水，逐级下落。

图1-2 瀑布模型

在瀑布模型中，软件开发的各项活动严格按照线性方式进行，当前活动接受上一项活动的工作结果，实施完成所需的工作内容。当前活动的工作结果需要进行验证，如果验证通过，则该结果作为下一项活动的输入，继续进行下一项活动，否则返回修改，直到项目成功。

瀑布模型是属于线性过程，过于强调文档的作用，并要求每个阶段都要仔细验证，适合一些规模小，需求明确的项目研发。随着软件的发展，软件的功能也越来越多，逻辑也变得越来越复杂，所以瀑布模型已不再适合现代的软件开发模式，几乎被业界抛弃，其主要问题如下。

1）各个阶段的划分完全固定，阶段之间产生大量的文档，极大地增加了工作量。

2）由于开发模型是线性的，用户只有等到整个过程的末期才能见到开发成果，从而增加了开发的风险。

3）测试活动置后，导致早期的错误可能要等到开发后期的测试阶段才能发现，进而带来严重的后果；导致测试人员的闲置，测试力度不够，不利于项目的研发。

4）瀑布模型最大的问题是不适应用户需求的变化。

2. 快速原型模型

快速原型模型（Rapid Prototype Model）又称为原型模型，如图1-3所示。快速原型模型是在瀑布模型基础上演进的一种研发模型。原型模型弥补了瀑布模式不足的地方，相对瀑布模型而言，原型模型更关注用户需求的正确性，也符合人们开发软件的习惯。

快速原型模型需要迅速建造一个可以运行的软件原型，以便理解和澄清问题，使开发人员与用户达成共识，最终在确定的客户需求基础上开发客户满意的软件产品。该模型的主要思想就是通过向用户提供原型获取用户的反馈，使开发出的软件能够真正反映用户的需求。同时，原型模型采用逐步求精的方法完善原型，使得原型能够"快速"开发，避免了像瀑布模型一样在冗长的开发过程中难以对用户的反馈做出快速的响应。

在工作中，很多公司把原型模型称为DEMO，即演示版，便于需求调研以及软件初期的设计。相对测试工程师而言，在实施测试活动中也可以参考DEMO进行测试设计。

图 1-3　原型模型

3. 螺旋模型

1988 年，巴利·玻姆（Barry Boehm）正式发表了软件系统开发的螺旋模型，如图 1-4 所示。它将瀑布模型和快速原型模型结合起来，强调了其他模型所忽视的风险分析，特别适合于大型复杂的系统。

图 1-4　螺旋模型

　　螺旋模型（Spiral Model）采用一种周期性的方法来进行系统开发。该模型是快速原型法，以进化的开发方式为中心，在每个项目阶段使用瀑布模型法。这种模型的每一个周期都包括需求定义、风险分析、工程实现和评审 4 个阶段，由这 4 个阶段进行迭代。软件开发过程每迭代一次，软件开发又前进一个层次。螺旋模型基本做法是在"瀑布模型"的每一个开发阶段前引入一个非常严格的风险识别、风险分析和风险控制，它把软件项目分解成一个个小项目。每个小项目都标识一个或多个主要风险，直到所有的主要风险因素都被确定。

　　螺旋模型沿着螺线进行若干次迭代，图中的 4 个象限代表了以下活动。

1）制定计划：确定软件目标，选定实施方案，弄清项目开发的限制条件。

2）风险分析：分析评估所选方案，由风险专家识别和消除风险。

3）实施工程：实施软件开发和验证。

4）客户评估：评价开发工作，提出修正建议，制定下一步计划。

螺旋模型由风险驱动，强调风险分析，使得开发人员和用户对每个演化层出现的风险有所了解，继而做出应有的反应。因此特别适用于庞大、复杂并具有高风险的系统。对于这些系统，风险是软件开发不可忽视且潜在的不利因素，它可能在不同程度上损害软件开发过程，影响软件产品的质量。降低软件风险的目标是在造成危害之前，及时对风险进行识别及分析，决定采取何种对策，进而消除或减少风险的损害。

由于该模式成本过高，目前商业模式下几乎不采用该模型，但是该模式相关安全系数极高，目前用在军方项目中比较多。

4. RUP 模型

RUP（Rational Unified Process）是由 Rational 公司（Rational 公司已被 IBM 并购）推出的一种统一软件开发过程，以用例驱动和体系结构为核心的增量迭代的软件过程模型，如图 1-5 所示。目前也是比较流行的研发模型。

图 1-5　RUP 模型

RUP 有两个轴，横轴表示时间，是过程的生命周期，体现了开发过程的动态结构，主要用来描述软件的周期、阶段、迭代和里程碑；纵轴表示工作流，体现开发过程的静态结构，主要用来描述软件活动的工作流。

RUP 中的软件生命周期在时间上被分解为 4 个顺序的阶段，分别是初始化、细化、构造和发布。每个阶段结束于一个主要的里程碑（Milestones），每个阶段本质上是两个里程碑之间的时间跨度。

下面简单介绍 RUP 的 4 个阶段。

1）初始化阶段：本阶段具有非常重要的意义，必须识别所有与系统交互的特性。在这个阶段中所关注的是整个项目进行中的业务和需求方面的主要风险。

2）细化阶段：分析问题领域，建立比较完善的体系结构基础，编制项目计划，规避项目中风险较大的元素。同时为项目建立支持环境，包括模板、准则等，并准备工具。

3）构造阶段：由开发人员对所有的构件和应用程序进行集成，并对所有的功能进行详细测试。从某种意义上说，构建阶段是一个制造过程，其重点放在管理资源及控制运作以优化成本、进度和质量。

4）发布阶段：交付阶段的重点是确保软件对最终用户是可用的。交付阶段可以跨越几次迭代，包括为发布做准备的产品测试，基于用户反馈的少量的调整。

RUP 的 9 个核心工作流，它们分为 6 个核心过程工作流和 3 个核心支持工作流。下面简单介绍 RUP 的每个工作流。

1）业务建模（Business Modeling）：主要描述了如何为新的目标组织开发一个构想，并基于这个构想在商业用例模型和商业对象模型中定义组织的过程、角色和责任。

2）需求（Requirement）：主要的目标是描述系统应该做什么，并使开发人员和用户就这一描述达成共识。为了达到该目标，要对需要的功能和约束进行提取、组织、文档化；最重要的是理解系统所解决问题的定义和范围。

3）分析和设计（Analysis & Design）：将需求转化成系统的设计，为系统开发一个健壮的结构并调整设计使其与实现环境相匹配，优化其性能。其结果是一个设计模型和一个可迭代的分析模型。设计模型是源代码的抽象，由设计类和一些描述组成。设计类被组织成具有良好接口的设计包和设计子系统，而描述主要体现了类的对象如何协同工作实现用例的功能。

4）实现（Implementation）：将层次化的子系统形式定义代码的组织结构；以组件的形式（源文件、二进制文件、可执行文件）实现类和对象；将开发出的组件作为单元进行测试以及集成由单个开发者（或小组）所产生的结果，使其成为可执行的系统。

5）测试（Test）：通过三维模型（可靠性、功能性和系统性能）进行测试。主要检测所有的需求是否已被正确满足，所有的组件是否已被正确集成。RUP 提出了迭代的方法，意味着在整个项目中进行测试，从而尽可能早地发现缺陷，从根本上降低了修改缺陷的成本。

6）部署（Deployment）：成功地生成版本并将软件分发给最终用户。主要描述了那些与确保软件产品对最终用户具有可用性相关的活动，包括软件打包、生成软件本身以外的产品、安装软件、为用户提供帮助。在有些情况下，还可能包括计划和进行 Beta 测试版、移植现有的软件和数据以及正式验收。

7）配置和变更管理（Configuration & Change Management）：描绘了如何在多个成员组成的项目中控制大量的产物。配置和变更管理工作流提供了准则来管理演化系统中的多个变体，跟踪软件创建过程中的版本。工作流描述了如何管理并行开发、分布式开发、如何自动化创建工程。同时也阐述了对产品修改原因、时间、人员保持审计记录。

8）项目管理（Project Management）：平衡各种可能产生冲突的目标，管理风险，克服各种约束并成功交付使用户满意的产品。其目标包括：为项目的管理提供框架，为计划、人员配备、执行和监控项目提供实用的准则，为管理风险提供框架等。

9）环境管理（Environment Management）：向软件开发组织提供软件开发环境，包括过程和工具，并集中于配置项目过程中所需要的活动，同样也支持开发项目规范的活动，提供了逐步的指导手册并介绍了如何在组织中实现过程。

5. 敏捷模型

2001年是全球的软件行业最具有历史意义的一年。在这一年年初，"敏捷联盟"成立了，它是由美国犹他州雪鸟滑雪胜地的一次敏捷方法发起者和实践者的聚会引发的。敏捷开发是以用户的需求进化为核心，采用迭代、循序渐进的方法进行软件开发，如图1-6所示。

图1-6　敏捷模型

在敏捷开发中，软件项目在构建初期被切分成多个子项目，各个子项目的成果都经过测试，具备可视、可集成和可运行使用的特征。简单来说，就是把一个大项目分为多个相互联系，但也可独立运行的小项目，并分别完成，在此过程中软件一直处于可使用状态。敏捷开发宣言就是尽早、持续交付有价值的软件来使客户满意，如图1-7所示。

图1-7　敏捷开发宣言

敏捷模型（Agile Model）的原则有以下6点。

（1）快速迭代

传统项目一般大约半年发布一次新版本。在敏捷中采用小版本的需求、开发和测试更加简单快速。一些公司，一年发布仅2~3个新版本，发布流程缓慢，它们仍采用瀑布开发模型，更严重的是对敏捷开发模式存在误解。

（2）让测试人员和开发者参与需求讨论

需求讨论以研讨组的形式展开最有效率。研讨组，需要包括测试人员和开发者，这样可以更加轻松定义可测试的需求，将需求分组并确定优先级。同时，该种方式也可以充分利用团队成员间的互补特性。如此确定的需求往往比开需求讨论大会的形式效率更高，大家更活跃，参与感更强。

（3）编写可测试的需求文档

开始就要用"用户故事"（User Story）的方法来编写需求文档。这种方法，可以让开发人员将注意力放在需求上，而不是解决方法和实施技术上。过早地提及技术实施方案，会降低对需求的注意力。

（4）多沟通，尽量减少文档

任何项目中，沟通都是一个常见的问题。好的沟通，是敏捷开发的先决条件。在圈子里面混得越久，越会强调良好高效的沟通的重要性。

团队要确保日常的交流，面对面沟通比邮件强得多。

（5）做好产品原型

建议使用草图和模型来阐明用户界面。并不是所有人都可以理解一份复杂的文档，但人人都会看图。

（6）及早考虑测试

及早地考虑测试在敏捷开发中很重要。传统的软件开发，测试用例很晚才开始写，这导致过晚发现需求中存在的问题，使得改进成本过高。较早地开始编写测试用例，当需求完成时，可以接受的测试用例也基本一块完成了。

1.1.5 软件缺陷

软件缺陷（Defect），常常又被称为 Bug。所谓软件缺陷就是指计算机软件或程序中存在的某种破坏正常运行能力的问题、错误或者隐藏的功能缺陷。缺陷的存在会导致软件产品在某种程度上不能满足用户的需要。

在电气电子工程师学会（Institute of Electrical and Electronics Engineers，IEEE）中对缺陷有一个标准的定义如下。

1）从产品内部看，是指软件产品开发或维护过程中存在的错误、毛病等各种问题。

2）从产品外部看，是指系统所需要实现的某种功能的失效或违背。

早在 1947 年 9 月 9 日，Bug（英文译文"臭虫"或"虫子"）一词，由美国海军的编程员，编译器的发明者格蕾斯·哈珀（Grace Hopper）发现计算机死机的问题，竟然是一只飞蛾导致的。她小心地用镊子将蛾子夹出来，用透明胶布贴到"事件记录本"中，并注明"第一个发现虫子的实例"。从此以后，人们将计算机的错误统称为 Bug。

1. 软件为什么会引入缺陷

简单地说，只要是人，就会犯错。根据数据统计，即使是一个优秀的程序员，在开发软件的过程中，如果不经过测试，代码中遗留的缺陷至少在每千行代码 6 个以上。

常见的导致软件中存在缺陷的根源主要有以下几点：

（1）缺乏有效的沟通或者没有进行沟通

现在的软件不是一个人就可以完成的事，往往涉及多个人，甚至几十个。同时还需要与不同部门进行沟通。如果沟通不到位，可能会导致软件无法集成，或者集成出来的软件无法满足用户的需求。

（2）软件的复杂度

随着软件的发展，现在的软件变得越来越复杂，复杂度增加了，软件越容易出现错误。图形化界面、分布式的应用、数据通信、关系数据库、应用程序等，这些因素导致软件设计的复杂度增加，其中的问题也会同时增加。

（3）程序员编程错误

编程的错误也是程序员经常会犯的错误，它包括语法错误、拼写错误以及逻辑设计的错误等。有很多问题通常编译器可以直接找到，但是遗留下来的就必须通过严格的测试才可能发现。

（4）需求的不断变更

在实际项目开发过程中，需求的变更是导致项目失败的最大杀手。对项目而言，需求的变更可能会引起重新设计，甚至会导致项目延期。但是不管是很小的变更还是较大的变更，由于项目中不同部分间可知和不可知的依赖关系，都有可能会引入新的错误；同时项目开发人员的积极性也会受到打击。

（5）时间的压力

进度问题是每一个从事过软件开发人员都会碰到的问题。在快速变化的商业环境下，为了更好地抢占市场，我们的产品必须比竞争对手早一步把产品提供出来，于是就产生了不合理的进度安排，不断的加班加点最终导致大量的错误产生。

（6）人员过于自信

在生活中，我们经常发现人们常说："这个很简单""没有问题"等。往往出现问题的时候，就是我们认为没有问题的时候。这个经常发生在测试人员身上。

2. 缺陷种类

常见的缺陷种类分为以下 4 种情况。

（1）遗漏

遗漏是指规定或预期的需求未体现在产品中。造成该现象的原因，可能是需求调研和分析阶段，未将用户规格说明全部分析实现；还可能在后期实现阶段，未能将用户规格说明全面实现。

（2）错误

错误是指需求是明确的，在实现阶段未将规格说明正确实现。造成该现象的原因，可能是在设计阶段产生了错误，也可能是在实现阶段编码引入的错误。

（3）冗余

冗余是指需求规格说明并未涉及的需求被实现了。造成该现象的原因，可能是开发人员的画蛇添足，也可能是开发人员的代码复制复用导致的。

（4）不满意

除了上述 3 种外，通常用户对产品的实现"不满意"也称为缺陷。简单地说，现在产品越来越复杂，用户使用的要求也越来越多，只要用户对产品不满意，项目也算是一个失败的项目。

从上面几种情况分析，作为一名优秀的测试工程师，在测试的过程中必须要以用户的需求为基准，从需求角度出发进行测试。

1.2 质量

国际标准化组织（International Organization for Standardization，ISO）中关于质量的定义为：一个实体的所有特性，基于这些特性可以满足明显的或隐含的需求，而质量就是实体基于这些特性满足需求的程度。

流程、技术、组织俗称质量的"铁三角"。三者中任意一方的变动都会对其他二者产生影响。项目管理的目标是平衡三者的关系，使之达到最佳的效果。在一个软件企业中，要想良性发展，必须关注三者之间的关系，也就是说它们三者共同决定软件的质量，也是影响软件质量的铁三角。

1.2.1 管理体系

1. ISO（不针对某个行业的质量标准，是普遍使用的质量管理体系）

ISO 是一个全球性的非政府组织，是国际标准化领域中一个十分重要的组织。

国际标准化组织的前身是国家标准化协会国际联合会和联合国标准协调委员会。1946年10月，25个国家标准化机构的代表在伦敦召开大会，决定成立新的国际标准化机构，定名为ISO。ISO 的宗旨就是在世界范围内促进标准化工作发展，以利于国际物资交流和互助，并扩大知识、科学、技术和经济方面的合作。其主要任务是：制定国际标准，协调世界范围内的标准化工作，与其他国际性组织合作研究有关标准化问题。

ISO 质量体系标准包括 ISO9000、ISO9001、ISO9004。

ISO9000 标准明确了质量管理和质量保证体系，适用于生产型及服务型企业。

ISO9001 标准为从事和审核质量管理和质量保证体系提供了指导方针。

ISO9004 是业绩改进指南，不用于认证，只用于组织内部综合绩效改进指南。

ISO9000 标准至1987年以来已经历了4次改版。第一次修订于1994年7月1日公布，第二次修订于2000年12月15日公布，第三次修订于2008年12月15日公布，第四次修订于2015年9月23日公布。

ISO9000：2008 族标准核心标准为下列4个。

1）ISO9000：标准阐述了ISO9000族标准中质量管理体系的基础知识、质量管理八项原则，并确定了相关的术语。

2）ISO9001：标准规定了一个组织若要推行 ISO9000，取得 ISO9000 认证，所要满足的质量管理体系要求。组织通过有效实施和推行一个符合 ISO9001：2000 标准的文件化的质量管理体系，包括对过程的持续改进和预防不合格，使顾客满意。

3）ISO9004：标准以八项质量管理原则为基础，帮助组织有效识别能满足客户及其相关方的需求和期望，从而改进组织业绩，协助组织获得成功。

4）ISO19011：标准提供质量和或环境审核的基本原则、审核方案的管理、质量和或环境管理体系审核的实施、对质量和或环境管理体系审核员的资格等要求。

ISO9000 标准的八项质量管理原则如下。

（1）以顾客服务为中心

顾客是组织存在的基础，失去顾客的组织必遭淘汰。顾客的需求是不断变化的，组织应理解顾客当前和未来的需求，满足顾客需求并争取超过顾客的期望。

因此，要全面地理解顾客对于产品、价格、可依靠性等方面的需求和期望，在顾客的需求和期望之间寻求平衡，然后将需求和期望传达至整个组织，使得整个组织都能理解顾客的需求，制定解决方案并设定目标进行运作，最终是使顾客满意。

（2）领导作用

领导者必须将本组织宗旨、方向和内部环境相互统一起来，创造的环境能使员工充分参与实现组织目标的活动。领导的作用即最高管理者具有决策和领导一个组织的关键作用。

领导者要起到模范带头作用，实时了解外部环境的变化并做出响应。对组织的各个层次树立价值共享，使得组织的未来有明确的前景，还要考虑顾客的需求，同时还要对员工进行鼓舞、激励，建立信任感，消除员工的恐惧心理，建立一个有激情、有信心又稳定的团队。作为一个领导在作风上还要做到透明、务实，以身作则。

（3）全面参与

各级人员都是组织之本，对组织来讲最重要的就是资源。个人的工作必然会影响到组织最终的质量，如何最大限度发挥员工的能力和工作的积极性，对员工来说，加强学习新知识、新技术以及信息共享与交流，来提高个人的工作能力。同时，也让员工参与适当的决策活动和对过程的改进，作为组织的一名成员而感到骄傲和自豪，使员工对工作岗位更加满意，积极地参与也有助于员工的成长和发展。所以说只有全组织的每一个人都参与到里面去了才能把质量做到最优，给公司带来最大的收益。

（4）过程方法

过程就是利用资源和管理，将输入转换为输出的一项活动。过程方法就是识别管理组织内的过程。将相关的资源和活动作为过程来进行管理，可以更高效地达到预期的目的。过程方法的原则就是测量过程输入和输出，并评估存在的风险、因果关系以及过程与顾客之间可能存在的冲突，制定策略和方法，增强结果的可预见性，从而更好地使用资源，缩短项目时间，降低项目成本。

（5）管理的系统方法

针对设定的目标，识别、理解并管理一个由相互联系的过程所组成的体系，有助于提高组织的有效性和效率。简单地说，就是制订出与组织的作用和过程输入相关联、全面和具有挑战性的目标，通过识别目标过程的体系，理解体系的各个过程之间的关联，以及测量和评价来持续地改进体系的一种管理方法。

实施此方法可在三方面受益：一是提供对过程能力及产品可靠性的信任；二是为持续改进打好基础；三是使顾客满意，最终使组织获得成功。

（6）持续改进

持续改进是组织的一个永恒的目标，也是作为组织每一名员工的目标。改进是指软件质量、过程及体系有效性和效率的提高。持续改进包括：了解现状；建立目标；寻找、评价和实施解决方法；测量、验证和分析结果，把更改纳入文件等活动。软件质量的提高是永无止境的，永远都有提升的空间。但要掌握改进的"度"，充分考虑成本、竞争力等因素。

（7）基于事实的决策方法

对数据和信息的逻辑分析或直观判断是有效决策的基础。简单地说，利用数据和信息的精准度和可靠性，通过有效的方法分析以及对分析结果的经验和直觉进行决策，可以防止决策失误。统计技术是对数据和信息做科学分析的重要工具之一。统计技术可以用来测量、分析和说明软件和过程的变异性，统计技术可以持续改进决策提供的依据。

（8）与供方的互利关系

组织和供方之相互依存，通过互利关系，增强组织及其供方创造价值的能力。把与供方的关系建立在兼顾组织和社会的短期利益和长远目标的基础之上，通过共同开发、改进产品和过程，发展和增强供方能力，确保供方能够按时提供可靠、无缺陷的产品。因此处理好与供方的关系，影响到组织能否持续稳定地提供顾客满意的产品。对供方也不能只讲控制不讲合作互利，特别对关键供方，更要建立互利关系，这对组织和供方都有利。

2. CMM（特定为软件行业制定的一套软件质量管理体系）

能力成熟度模型（Capability Maturity Model，CMM）是 1987 年 9 月由美国卡耐基梅隆（Carnegie Mellon）大学，软件工程研究所（Software Engineering Institute，SEI）提出的一种用于评价软件承包商能力并帮助改善软件质量的模型。

CMM 起源美国军方项目，该项目主要是利用一些方法来评估软件承包商的能力。

1984 年，美国国防部资助建立了卡耐基梅隆大学软件工程研究所（SEI），并把该任务作为一个研究项目交给了研究所立项研究。

1987 年，SEI 发布第一份技术报告介绍软件能力成熟度模型（CMM）及作为评价国防合同承包方过程成熟度的方法论。

1991 年，SEI 发表 1.0 版软件 CMM（SW-CMM），1993 年提出 CMM1.1 版。

CMMI 是 SEI 于 2000 年发布的 CMM 的新版本。

CMM 自 1987 年开始实施认证，现已成为软件业权威的评估认证体系。CMM 的精髓在于：过程决定质量。CMM 包括 5 个等级，共计 18 个过程域。详见表 1-1。

表 1-1　CMM 过程模型

能 力 等 级	特　　　　点	关键过程域
初始级	缺少软件工程管理制度、过程缺乏定义、混乱无序。成功取决于个人的才能和经验。管理方式属于反应式，主要用来应付危机	
已重复级	建立了基本的项目管理过程，用来控制项目费用、进度。同时制定了过程的纪律，用来及时改进。能重复早先类似应用项目取得的成功	需求管理、软件项目计划、软件项目跟踪和监督、软件合同管理、软件质量保证、软件配置管理
已定义级	已将软件管理的过程文档化、标准化，可按需要改进开发过程，采用评审方法保证软件过程的开发和维护软件，进而保证软件质量	组织过程定义、组织过程焦点、培训大纲、集成软件管理、软件产品工程、组织协调、同行评审
已管理级	收集、测量相应指标。对软件过程和产品质量有定量的理解和控制	定量过程管理、软件质量管理
优化级	通过过程的量化和新技术，促使软件过程、质量和效率不断改进	缺陷预防、技术变更管理、过程变更管理

关键过程域（Key Process Area，KPA），就是企业需要集中力量改进的软件过程，用于达到增加过程能力的效果。在 CMM 中，除第一级外，CMM 的每一级是按完全相同的结构组成的。每一级包含了实现这一级目标的若干关键过程域（KPA），这些关键过程域指出了企业需要集中力量改进的软件过程。同时，这些关键过程域指明了为了要达到该能力成熟度等级所需要解决的具体问题。每个 KPA 都明确地列出一个或多个的目标（Goal），并且指明了一组相关联的关键实践（Key Practices）。完成这些关键实践就能实现这个关键过程域的目标，从而达到增加过程能力的效果。

CMM 各等级的过程，如图 1-8 所示。

图 1-8　CMM 等级过程

CMM 各等级的特点如下。

（1）初始级

软件过程是未加定义的随意过程，项目的执行是随意甚至是混乱的。也许，有些企业制定了一些软件工程规范，但若这些规范未能覆盖基本的关键过程要求，且执行没有政策、资源等方面的保证时，那么它仍然被视为初始级。

该阶段不能提供开发和维护软件的稳定环境，整个开发过程缺少文档，也缺乏健全的管理实践经验。项目的成功完全依赖于有一个杰出能力的经理及一个有经验、战斗力强的软件队伍。该阶段的工作方式是救火式、消防式。即体现在有问题才改。

（2）可重复级

根据多年的经验和教训，人们总结出软件开发的首要问题不是技术问题而是管理问题。因此，第二级的焦点集中在软件管理过程上。一个可管理的过程则是一个可重复的过程，一个可重复的过程则能逐渐进化和成熟。

该阶段已建立管理软件项目的方针和实施这些方针的规程。这使得组织重复在类似项目上的经验对新项目进行策划和管理。项目已设置基本的软件管理和控制，因此软件项目的策划和跟踪是稳定的，能重复以前的成功操作。由于遵循切实可行的计划，项目过程处于项目管理系统的有效控制之下。

（3）已定义级

在第二级仅定义了管理的基本过程，而没有定义执行的步骤标准，而且无论是管理还是工程开发都需要一套文档化的标准，并将这些标准集成到企业软件开发标准过程中去。

该阶段开发和维护软件的标准过程已经文档化、规范化，包括软件工程过程和软件管理过程，而且这些过程被集成为一个有机的整体，称为组织的标准软件过程。所有开发的项目需根据其特性剪裁组织的标准软件过程，建立项目定义软件过程。在所建立的产品线内，成本和进度均受控制，对软件质量进行跟踪。整个组织范围内对已定义过程中的活动、角色和职责有共同理解。

（4）已管理级

管理是量化的管理，所有过程需建立相应的度量方式，所有产品的质量（包括工作产品和提交给用户的产品）需有明确的度量指标。量化控制将使软件开发真正变成为一种工业生产活动。

该阶段组织对软件产品和过程都设置定量的质量目标。通过收集和分析软件过程中得到的数据，从而实现对其产品和过程的理解和控制。过程能力是已测量的并在可测的范围内运行，组织能定量地预测过程和产品质量，使得软件产品具有可预测的高质量。

（5）优化级

项目过程基本是不断改进，不断完善的，优化级的目标是达到一个持续改善的境界。所谓持续改善是指可根据过程执行的反馈信息来改善下一步的执行过程。

该阶段集中进行不断的过程改进，目的就是为了预防缺陷的出现。组织从识别过程的弱点并预先予以加强，为此，即采用在现有过程中增量式前进的办法，也采用借助新技术、新方法进行革新的办法。所有软件项目组都要分析缺陷，确定其原因，并认真评价软件过程，防止类似缺陷的出现，同时将经验告知其他项目。

3. 6Sigma（泛指所有行业的质量管理体系，它不仅关注质量，还关注成本、进度等）

6Sigma 是以质量作为主线，以客户需求为中心，利用对事实和数据的分析，改进提升一个组织的业务流程能力，从而增强企业竞争力，是一套灵活的、综合性的管理方法体系。6Sigma 要求企业完全从外部客户角度，而不是自己的角度，来看待企业内部的各种流程。6Sigma 的本质是一个全面管理概念，不具体针对某个行业，不仅是质量提高的手段，也是对成本、进度控制的方法。很多企业将它塑造成企业文化来实施。

Sigma 是希腊字母 σ 的英语译音，汉语译音为"西格玛"，在统计学中称为均方差，用它来表示"标准偏差"，即数据的分散程度。在质量上，6Sigma 表示每百万个产品的不良品率 PPM 不大于 3.4，意味着每一百万个产品中最多只有 3.4 个不合格品，即合格率是 99.99966%。

六西格玛（6Sigma）是摩托罗拉公司发明的术语。在 1986 年由摩托罗拉任职的工程师比尔·史密斯（Bill Smith）提出的管理模式，并率先在企业中推行。自从采取 6Sigma 管理后，该公司平均每年提高生产率 12.3%，因质量缺陷造成的损失减少了 84%，摩托罗拉公司因此取得了巨大的成功，成为世界著名的跨国公司。6Sigma 管理需要一套合理、高效的人员组织结构来保证改进活动得以顺利实现。

6Sigma 实施的方法，首先对需要改进的流程进行区分，找到高潜力的改进机会，优先对其实施改进。确定优先次序，企业如果多方面出手，就会分散精力，影响 6Sigma 管理的实施效果。业务流程改进遵循五步循环改进法即 DMAIC（Define Measure Analyze Improve Control）模式。

1）定义：定义阶段主要是明确问题、目标和流程，需要回答以下问题：应该重点关注哪些问题或机会？应该达到什么结果？何时达到这一结果？正在调查的是什么流程？它主要服务和影响哪些顾客？

2）评估：评估阶段主要是分析问题的焦点是什么，借助关键数据缩小问题的范围，找到导致问题产生的关键原因，明确问题的核心所在。

3）分析：通过采用逻辑分析法、观察法、访谈法等方法，对已评估出来的导致问题产生的原因进行进一步分析，确认它们之间是否存在因果关系。

4）改进：拟订几个可供选择的改进方案，通过讨论并多方面征求意见，从中挑选出最理想的改进方案付诸实施。实施 6Sigma 改进，可以是对原有流程进行局部的改进；在原有流程问题较多或惰性较大的情况下，也可以重新进行流程再设计，推出新的业务流程。

5）控制：根据改进方中预先确定的控制标准，在改进过程中，及时解决出现的各种问题，使改进过程不至于偏离预先确定的轨道，发生较大的失误。

目前，业界对6Sigma管理的实施方法还没有一个统一的标准。

6Sigma管理是主黑带的（黑带是全职），它的组织结构如图1-9所示。

图1-9　6Sigma组织结构

以摩托罗拉公司提出的"七步骤法"作为参考，具体内容如下。

1）找问题。即把要改善的问题找出来，当目标锁定后便召集有关员工，成为改善问题的主力，并选出首领，作为改善问题责任人，跟着编制订时间表跟进。

2）研究现时生产方法，收集现时生产方法的数据，并作整理。

3）找出原因。集合有经验的员工，利用头脑风暴法、控制图和科学方法，找出每一个可能发生问题的原因。

4）计划及制定解决方法。依靠有经验的员工和技术人才，通过各种检验方法，找出解决方法，当方法设计完成后，便立即实行。

5）检查效果。通过数据收集、分析，检查其解决方法是否有效和达到什么效果。

6）把有效方法制度化。当方法证明有效后，便制定为工作守则，各员工必须遵守。

7）总结成效并发展新目标。当以上问题解决后，总结其成效，并制定解决其他问题的方案。

1.2.2　软件质量

软件质量是反映一个实体满足明确的和隐含的需求的能力的特性总和。简单说，软件质量就是"指满足用户明确的或规定的需求或隐含需求的程度"。

因此，软件质量是一个复杂的多层面概念。

1）从用户角度出发，质量即符合需求，又满足需求。

2）从软件产品角度出发，质量是软件的内在特征。

3）从软件开发过程出发，质量是对过程规范的符合。

衡量软件质量的标准就是需求，其中需求包含以下两个层次的含义：一是显性需求；二是隐性需求。

1）显性需求：是指符合用户所明确的目标。通常是指软件的基本需求，即开发者明确的定义目标，而且这些目标必须是可以度量的。

2）隐性需求：是指用户不能明确描述的目标。通常隐性需求是显性需求的延续，与显性需求存在着依赖关系，而隐性目标往往是测试工程师必须考虑的。

1.2.3 质量特性

在 ISO9126 中定义了衡量软件质量是由功能性、可靠性、易用性、效率、可维护性、可移植性，6 大特性以及 27 个子特性组成，如图 1-10 所示。

图 1-10　软件质量特性

这些特性是软件质量的核心。在实际测试活动中，测试工程师需要熟悉每个特性以及特性中的子特性，便于在测试需求的分析以及软件质量的评价中作为标准依据。

1. 功能性

功能性（Functionality）是指软件在指定的条件下，满足用户明确的和隐含的需求功能的能力。功能性包含以下 5 个子特性。

1）适合性：软件为指定的任务和用户目标提供一组合适功能的能力。

2）准确性：软件提供具有所需精确度的正确或相符的结果或效果的能力。

3）互操作性：软件与一个或更多的规定系统进行交互的能力。

4）保密安全性：软件保护信息和数据的能力。

5）功能性的依从性：软件遵循与功能性相关的标准、约定或法规及类似规定的能力。

2. 可靠性

可靠性（Reliability）是指软件在指定的条件下，维持规定的性能级别的能力。可靠性有三规：规定的环境、规定的时间、规定的性能。可靠性包含以下 4 个子特性。

1）成熟性：软件为避免由软件中的错误而导致失效的能力。

2）容错性：在软件出现故障或者违反指定接口的情况下，软件维护规定的性能级别的能力。

3）已恢复性：在失效发生的情况下，软件重建规定的性能级别并恢复受直接影响的数据的能力。

4）可靠性的依从性：软件遵循与可靠性相关的标准、约定或法规的能力。

3. 易用性

易用性（Usability）是指软件在指定的条件下，满足被理解、学习、使用和吸引用户的能力。易用性包含以下 5 个子特性。

1）易理解性：用户能理解软件是否合适以及如何能将软件用于特定的任务和使用环境的能力；

2）易学性：用户学习其应用的能力。

3）易操作性：用户操作和控制软件的能力。

4）吸引性：软件吸引用户的能力。

5）易用性的依从性：软件遵循与易用性相关的标准、约定、风格或法规的能力。

4. 效率

效率（Efficiency）是指软件在规定的条件下，相对于所有资源的数量，软件可提供适当性能的能力。功能性包含以下 3 个子特性。

1）时间特性：在规定条件下，软件执行其功能时，提供适当的响应和处理时间以及吞吐率的能力。

2）资源利用性：在规定条件下，软件执行其功能时，使用合适的资源数量和类别的能力。

3）效率的依从性：软件遵循与效率相关的标准或约定的能力。

5. 可维护性

维护性（Maintainability）是指软件可被修改（包含修正、改进或软件环境、需求和功能规格的变化等）的能力。可维护性四规如下：规定的条件、规定的时间、规定工具和方法、规定的功能。可维护性包含以下 5 个子特性。

1）易分析性：软件诊断软件中的缺陷或失效原因或识别待修改部分的能力。

2）易改变性：软件使指定的修改可以被实现的能力。

3）稳定性：软件避免由于软件修改而造成意外结果的能力。

4）易测试性：软件产品使已修改的软件能被确认的能力。

5）可维护性的依从性：软件遵循与维护性相关的标准或约定的能力。

6. 可移植性

可移植性（Portability）是指软件从一种环境迁移到另外一种环境的能力。可移植性包含以下 5 个子特性。

1）适应性：软件无须采用有别于为考虑该软件的目的而准备的活动或手段就可能适应不同的指定环境的能力。

2）易安装性：软件在指定环境中被安装的能力。

3）共存性：软件在公共环境中同与其分享公共资源的其他独立软件共存的能力。

4）易替换性：软件在同样环境下，替代另一个相同用途的指定软件产品的能力。

5）可移植性的依从性：软件产品遵循与可移植性相关的标准或约定的能力。

1.2.4 质量活动 SQA

软件质量保证（Software Quality Assurance，SQA）是为项目建立一套可行、标准、规范的方法，能够被项目组所认可、采用。SQA 的主要工作职责如下。

1. 促使项目过程的改进

建立一套规范的过程来保障制度体系。当然规范自身也必须不断地得到改进，才能保证它的正确性和有效性。虽然过程规范在发布前都必须经过评审，但是不代表只要通过评审就能发现所有的问题，还须经过实践的检验才行。正如我们常说的没有最好只有更好，所以过程的改进也是永无止境的。

在实际项目中，SQA需要参与项目的活动，即熟悉项目又熟悉过程体系。这样才可以更好地发现问题并及时改进。如果一个项目的过程完善了，它会更好地促进项目工作的开展，这就是一个良性循环。

2. 指导项目的实施

SQA对项目具有督促的作用，但是仅仅督促是远远不够的，还需要在项目组的过程上实施指导。虽然在项目过程实施前，项目组成员会接受相应的培训，但是工作的顺利开展并不是光靠理论就可以解决问题的，很多具体的做法需要在实践中才能真正理解并应用；而且每个项目组成员在接受培训的程度也不同，对过程的理解可能存在一些偏差。所以需要SQA人员在项目实施过程中给予解答和指导，将这些规范真正地贯彻下去。

3. 参与项目的评审活动

评审项目活动是SQA的核心工作之一，也是软件质量保证的一个重要手段。评审项目活动的目的是为了检查项目的活动是否符合企业制定的规范，及早发现可能存在的问题，并通报给相关人员以便及时纠正。

通常SQA在评审活动中不关注评审的对象，也不会从技术角度提出问题，它只关心评审流程的规范性。

4. 对工作产品审核

评审完成后，SQA需要对评审的工作产品进行审核，这也是SQA的核心工作之一。在项目组整个开发过程中会产生大量的工作产品，如需求文档、计划文档、设计文档、代码、用户文档等。SQA需要从审核单个的工作产品开始来保证最终产品的质量。在审核产品时，需要做到独立、客观、公正，它关注的重点是工作产品的规范性、符合性、一致性、可追溯性等方面。

5. 协助问题的解决

SQA无论是在评审项目活动还是审核工作产品，都是为了发现问题并尽早地解决。一般在项目组内讨论问题，寻找问题的原因并及时解决。如果项目组内不能解决，则SQA会上报上级领导寻求更高一级的支持。在报告问题时应做到规范、严谨、准确，并且要跟踪这些问题直到它们被妥当地解决为止。

6. 缺陷的预防工作

在提供质量的同时还需要降低企业成本，所以必须进行缺陷的预防工作。消除产生缺陷和问题的根本原因并且防止将来这些缺陷和问题再次发生，以此来优化项目及企业的规范过程。缺陷的预防不是简单的发现和纠正，防患于未然才真正有效。

通常的做法是在项目研发周期的每个阶段实施缺陷的预防，采集问题和相关的数据进行分析，吸取其他项目或本项目前期的经验教训，并使缺陷预防成为一种机制，最终实现质量的目标。

1.3 软件测试概念

软件测试（Software Testing）是伴随着软件的诞生而产生的。对软件而言，软件测试就是在有限的时间内对程序进行操作，以发现程序上的错误，并最终得出特定的结果，在通过分析结果来衡量软件质量，并对其是否能满足设计要求进行评估。**软件测试是软件开发过程中非常重要的一部分。**

1.3.1 软件测试发展史

迄今为止，软件测试的发展一共经历了5个重要时期。

1. 以调试为主

早在 20 世纪 50 年代，计算机刚诞生不久，只有科学家级别的人才会去编程，需求和程序本身也远远没有现在这么复杂多变，相当于编程人员承担需求分析、设计、开发、测试等所有工作，当然也不会有人去区分调试和测试。

然而有些比较严谨的科学家们已经在开始思考"怎么知道程序满足了需求？"这类问题了。

2. 以证明为主

在 1957 年，在《软件测试发展》（作者 Charles Baker）一书中强调了调试和测试区分。

1）调试（Debug），确保程序做了程序员想让它做的事情。

2）测试（Testing），确保程序解决了它该解决的问题。

这也是软件测试史上一个重要的里程碑，它标志软件测试终于"自立门户"了。

当时计算机软件应用的数量、成本和复杂性都大幅度提升，随之而来的经济风险也大大增加，测试就显得很有必要了，这个时期测试的主要目就是确认软件是满足需求的，也就是我们常说的"做了该做的事情"。

3. 以破坏为主

在 1979 年，测试界的经典之作《软件测试之艺术》（作者 C. J. Myers）一书中给出了软件测试的经典定义：测试是为发现错误而执行程序的过程。这个观点较之前证明为主的思路，是一个很大的进步。我们不仅要证明软件做了该做的事情，也要保证它没做不该做的事情，这会使测试更加全面，更容易发现问题。

在书中，Myers 还指出两点：好的测试用例是发现迄今为止尚未发现的错误的测试用例；成功的测试执行是发现了至今为止尚未发现的错误的测试执行。相对于"程序测试就是证明程序中不存在错误的过程"而言，Myers 的定义是对的，但定义的测试范围过窄。

4. 以评估为主

在 1983 年，美国国家标准局提出了测试界很有名的两个名词：验证（Verification）和确认（Validation），也就是我们常说的 V&V 理论。

人们提出了在软件生命周期中使用分析、评审、测试来评估产品的理论。软件测试工程在这个时期得到了快速的发展：相继出现了测试经理、测试分析师等职称，以及发表了大量测试刊物，发布了相关国际标准。

同时 IEEE 提出的软件工程标准术语中给软件测试的定义是："使用人工或自动手段来运行或测定某个软件系统的过程，其目的在于检验它是否满足规定的需求或弄清预期结果与实际结果之间的差别"。也就是这个时期人们开始关注工具对测试的影响。

5. 以预防为主

预防为主是当下软件测试的主流思想之一。产品模型数据交互规范（Systematic Test and

Evaluation Process，STEP）是最早的一个以预防为主的生命周期模型，STEP 认为测试与开发是并行的，整个测试的生命周期也是由计划、分析、设计、开发、执行和维护组成的，也就是说，测试不是在编码完成后才开始介入，而是贯穿于整个软件生命周期。

1.3.2 软件测试的目的

从上述测试的发展来看，软件测试的目的也有一个阶段性的变化，我们通过图 1-11 来分析一下软件测试目的的演进。

证明	检测	预防
表明软件能够工作	发现错误	管理质量
20世纪60年代	20世纪70年代中期	20世纪90年代

图 1-11　软件测试目的的演进

1. 证明

保证软件产品是完整的并且可用或可被集成，同时需要尝试在非正常情况下的功能和特性，获取系统在可接受风险范围内。

2. 检测

发现缺陷、错误和系统不足的地方，定义系统的能力和局限性，并提供相关的组件、工作产品和系统质量信息。

3. 预防

提供预防和减少可能导致错误的信息，在过程中尽早地检测错误、确认问题和控制风险，并且提前确认解决这些问题和风险的途径。

软件测试目的往往包含如下内容。

1）测试并不仅仅是为了找出错误，而且要通过分析错误产生的原因和错误的发生趋势，帮助项目管理者发现当前软件开发过程中的缺陷，以便及时改进。

2）需要测试工程师设计出具有针对性的测试方法，以改善测试的有效性。

3）没有发现错误的测试也是有价值的，完整的测试是评估软件质量的一种方法。

综上来看软件测试目的是指尽可能早地发现软件中存在的缺陷并提高软件质量。

1.3.3 软件测试的原则

软件测试理论经过几十年的发展，在测试界提出了很多测试的基本原则，概括出以下 8 条软件测试基本原则。

1. 所有的测试要追溯到用户的需求

在所有测试活动的过程中，测试人员都应该从客户的需求出发，想用户所想。正如我们所知，软件测试的目标就是验证产品开发的一致性和确认产品是否满足客户的需求，与之对应的任何产品质量特性都应追溯到用户需求。简单地说就是一切从用户角度出发。

2. 测试应尽早地介入

根据统计表明，在软件开发生命周期早期引入的错误占软件过程中出现所有错误（包括最终的缺陷）数量的50%~60%。此外，IBM的一份研究结果表明，缺陷存在放大趋势。所以越是测试后期，为修复缺陷所付出的代价就会越大。因此，软件测试人员要尽早地且不断地进行软件测试，以提高软件质量，降低软件开发成本。

3. 测试无法穷举

在整个测试过程中，测试人员无法考虑到所有可能输入值和它们的组合，以及结合所有不同的测试前置条件；所以穷举测试是不可能的，当测试满足一定的出口准则时，测试就应当终止。因此，想要控制测试工作量，在测试成本、收益和风险之间求得平衡；需要通过风险分析、优先级分析以及软件质量模型和不同测试的方法来确定测试关注点，从而代替穷举测试，提高测试覆盖率。

4. 避免开发自测

从事测试工作需要严谨的作风、冷静的情绪。心理学告诉我们，每个人都具有一种不愿否定自己工作的心理，这种状态导致测试自己程序时发生障碍。同时，程序员对需求规格说明的错误理解引入的错误是很难被发现的。因此，程序员应避免测试自己的程序，为达到最佳的效果，应由独立的测试小组、第三方来完成测试。

5. 群集现象

Pareto Principle 帕累托法则（二八定律）表明：80%的错误集中在20%的程序模块中。也就是说，测试所发现的大部分缺陷和软件运行失效是由少数程序模块引起的。因此，测试过程中要充分注意群集现象，对发现错误较多的程序段或者软件模块，应进行反复的深入的测试。

6. 杀虫剂悖论

杀虫剂用得多了，害虫就有免疫力，杀虫剂就发挥不了效力。同样在测试中，如果测试用例被反复使用时，发现缺陷的能力就会越来越差。为了避免克服这种现象出现，测试用例需要进行定期评审和修改，不断增加新的不同的测试用例来测试软件或系统的不同部分，从而发现更多潜在的缺陷。作为专业的测试人员来说，要具有探索性思维和逆向思维。同时，测试策略、测试方法也需要不断变化。

7. 不存在缺陷的谬论

通过测试可以减少软件中存在未被发现缺陷的可能性，但即使测试没有发现任何缺陷，也不能证明软件或系统是完全正确的。也就是说，测试只能证明软件存在缺陷，不能证明软件不存在缺陷。例如，不能满足用户期望的，或用户不满意，也是一种缺陷。

8. 测试活动依赖于测试背景

针对不同的测试背景，进行的测试活动也不同，测试策略和测试方法在选取上也有所不同。例如，银行产品和电商平台。在银行产品中安全放到首位；在电商平台中要把兼容性、性能放到首位。

在实际测试过程中，测试人员应该在测试原则指导下进行测试活动。软件测试原则有助于测试人员进行高质量的测试，尽早尽可能多地发现缺陷，并负责跟踪和分析软件中的问题，对存在的问题和不足提出质疑和改进，从而持续改进测试过程。

1.3.4　软件测试用例

软件测试用例（Software Test Case）：是指对一项特定的软件产品测试任务的描述，主要体现测试方案、测试方法、测试策略和技术等。其目的是将软件测试的行为转化为可管理的模式，同时测试用例也是将测试具体量化的方法之一。

1. 测试用例的重要性

软件测试的重要性是毋庸置疑的，其测试用例是软件测试的核心，也是软件测试质量稳定的根本保障。它的重要性主要表现在以下6个方面。

（1）避免程序漏测

现如今软件产品的功能越来越多，如何保证我们产品的质量可以满足用户的需求。主要是把用户的每一个需求都通过测试用例来覆盖。如果需求发生变更，测试用例也要及时更新，这样避免我们在测试过程中将用户需求遗漏。

（2）突出测试重点

在设计测试用例时为每一条用例设计优先级，这样可以突出测试的重点，在测试执行时也可以根据优先级来进行。

（3）测试进度的把控

人们需求在不断变化，市场也在不断变化。大多数公司的项目进度也会跟着用户的需求在变化，测试用例可以很好地把控项目测试进度。

（4）一个度量指标

在项目结束后，我们还可以通过测试用来度量测试覆盖率是多少，测试合格率是多少等，它也是测试结束标准的一个度量指标。

（5）分析缺陷的依据

通常在编写用例时，要规划好测试环境、所属模块以及测试数据等。当发现缺陷后，开发可以通过测试用例准确地定位和分析缺陷。

（6）项目的管理成本

现在大多软件公司面临的一个严重的问题是测试人员的流失。简单地说，就是项目中测试人员流失，此时可以通过测试用例来辅助新员工进行测试，提高了新员工的测试效率，同样使新员工更快地去熟悉项目，降低了新员工的培训成本。

2. 用例的写作思路

测试用例作为测试工作的一个指导，那么测试人员如何编写一个好的测试用例呢。编写测试用例需要遵守5C原则（Correct准确、Clear清晰、Concise简洁、Complete完整、Consistent一致）。大多公司的测试用例通常包含用例编号、所属模块、用例标题、用例优先级、前提条件、测试数据、操作步骤、预期结果、用例状态等。

（1）用例编号

用例编号是测试用例的唯一标识，主要用来识别该测试用例的目的。用例编号需要具有指引性和维护性，格式一般由字母、数字、下画线组成，具体格式如下：

产品名称_需求编号_用例类型_测试子项_数字编号

- 产品名称通常是指产品的简称：如客户管理系统简称CRM。
- 需求编号通常记录需求规格说明书的需求编号。
- 用例类型描述测试所属的测试阶段：如单元测试UT、集成测试IT、系统测试ST、验收测试UAT等。
- 测试子项一般具体指被测试的需求点。

- 数字编号根据测试预估用例数来定，通常规则由 C001 或 C0001 开始。

（2）所属模块

所属模块是指被测试需求具体属于哪个模块，主要是为了更好识别以及维护用例。

（3）用例标题

用例标题用简洁明了的一句话来描述测试用例的关注点，原则上测试标题也是具有唯一性。简单地说就是每一条用例对应一个测试目的。

（4）用例优先级

用例优先级一般划分为 3 个级别：高、中、低，根据需求的优先级级别来定义。通常来说，高级别用例是指软件的核心业务、基本功能、重要特性以及使用频率比较高，但是在定义时针对一个需求点我们会定义 2~3 个优先级高的测试用例。

（5）前提条件

前提条件是指测试用例在执行前需要满足的一些条件，否则测试用例无法执行。前提条件是指被测功能的先决条件以及测试环境，就是跟测试用例存在因果关系的条件。

（6）测试数据

在执行测试时，需要输入一些外部数据来完成测试，这些数据根据测试用例的具体情况来定，有参数、文件以及数据库记录等。

（7）操作步骤

执行测试用例的步骤描述，测试用例执行人员可以根据该操作步骤完成测试执行。在编写操作步骤时要注意一点就是避免冗余，即不要太啰嗦。

（8）预期结果

预期结果是测试用例中最重要的部分，主要用来判断被测对象是否正常。根据需求规格说明书来描述用户的期望。通常在编写预期结果可以从以下两个方面考虑：一方面，考虑操作界面的提示。也就是说在执行操作步骤后，界面会有什么提示信息。另一方面，考虑数据库的变化：也就是说在执行操作步骤后，数据库会发生什么变化。

（9）用例状态

用例状态一般分 3 种：PASS 通过、FAIL 失败、N/A 未执行。此项在编写用例时为空，当执行完测试用例后再填写。

1.4 软件测试模型

软件测试根据不同的测试对象以及测试项目的背景可采用不同的测试模型实施测试活动。软件测试模型有 V 模型、W 模型、H 模型、X 模型及敏捷测试等。

1.4.1 V 模型

快速应用开发（Rap Application Development，RAD）是软件开发过程中的一个重要模型，由于其模型构图形似字母 V，所以又称软件测试的 V 模型，它通过开发和测试同时进行的方式来缩短开发周期，提高开发效率，如图 1-12 所示。

V 模型最典型的测试模型，最早由 PaulRook 在 20 世纪 80 年代后期提出。

V 模型中的过程从左到右，描述了基本的开发过程和测试行为。V 模型的价值在于它强调了软件开发的协作和速度，反映测试活动和分析设计关系，将软件实现和验证有机结合起来。明确了测试过程中存在不同的级别，并清楚描述测试的每个阶段与开发过程的每个阶段之间的对应关系，从而提高开发和测试的效率，更方便地控制整个项目的进度。

图 1-12 V 模型

V 模型存在一些局限性：该模型呈现线性的发展趋势，而且，它把测试过程作为在需求分析、概要设计、详细设计及编码之后的一个阶段，主要针对程序进行寻找错误的活动，忽略了测试活动对需求分析、系统设计等活动的验证和确认。如果需求分析前期产生的错误，要到后期的验收测试才能发现。

V 模型适用于项目比较小、周期比较短以及需求变更少的项目。随着软件行业发展，业务规模的不断扩大，研发模型的不断改革，该模型已渐渐被淘汰。

1.4.2 W 模型

W 模型是在 V 模型的基础上演变而来的，由 Evolutif 公司提出，相对于 V 模型，W 模型增加了软件开发各阶段中同步进行的验证和确认活动。W 模型由两个 V 组成，分别代表开发和测试过程，明确表明开发和测试的并行关系，如图 1-13 所示。

图 1-13 W 模型

V&V 理论，即验证（Verification）和确认（Validation），在模型实施过程中进行，具体地说，验证是否做了正确的事情和确认是否把事情做正确了。

1）验证：保证软件正确地实现了特定功能，验证是否满足生命周期过程中的标准和约定，判断每一个生命周期活动是否完成。

2) 确认：保证所生产的软件可追溯到用户需求，确认过程是否满足系统需求，并解决了相应的问题。

W 模型遵循了测试原则，要求测试活动从用户需求就介入，测试人员应该参与到对需求文档的验证和确认活动中，以尽早地找出缺陷所在。同时，对需求的测试也有利于及时了解项目难度和测试风险，及早制定应对措施，这将显著减少总体测试时间，加快项目进度，有利于尽早地发现问题。

测试伴随着整个软件开发周期，W 模型强调，被测对象不仅仅是程序，需求、设计以及每个阶段输出的文档同样需要测试，也就是说，测试与开发是同步进行的。但是 W 模型也存在局限性。在 W 模型中，需求、设计、编码等活动被视为串行的，同时，测试和开发活动也保持着一种线性的前后关系，上一阶段完全结束，才可正式开始下一个阶段工作。这样就无法支持迭代的开发模型。对于当前软件开发复杂多变的情况，W 模型并不能解决测试管理面临的困惑。

从 W 模型可以看出，完成所有的测试活动，对测试工程师的技能也有一定的要求。测试团队也相继出现了不同职能的测试工程师。

1.4.3　H 模型

在 H 模型中，软件测试活动是完成独立的，它将测试准备和测试执行分离，有利于资源调配，降低成本，提高测试效率，充分体现测试过程的复杂性，如图 1-14 所示。

测试准备：包括测试需求分析、测试计划、测试设计、测试用例、测试验证等。

图 1-14　H 模型

测试执行：包括测试运行、缺陷分析、回归测试、测试报告等。

H 模型，贯穿于整个产品的生命周期，与其他流程并发地进行。强调了软件测试活动要尽早准备、尽早执行，该模型的价值在于具有很强的灵活性，可以根据不同的被测项目进行迭代测试。也就是说，只要某个测试达到准备就绪点，就可以开展测试执行活动，并且不同的测试活动可按照某个次序先后进行，也可以反复进行。

H 模型，最大的缺点就是对测试就绪点的分析比较困难，测试准备到什么程度是合适的，就绪点的标准是什么。否则会对后续测试执行的启动带来很大困难。

1.4.4　X 模型

X 模型的基本思想是由 Marick 提出的，Robin F. Goldsmith 将其思想定义为 X 模型，如图 1-15 所示。

在 X 模型中，左边描述的是针对单独程序片段所进行的相互分离的编码和测试，此后将进行频繁的交接，通过集成最终成为可执行的程序，然后再对这些可执行程序进行测试。在测试中，如果已经通过集成测试的成品可以进行封装并提交给用户，也可以作为更大规模和范围内集成的一部分。多根并行的曲线表示变更可以在各个部分发生。

图 1-15　X 模型

X 模型中提出一个重要的理念是探索性测试，这是不进行事先计划的特殊类型的测试，这一方式往往能帮助有经验的测试人员在测试计划之外发现更多的软件错误。但这样可能对测试造成人力、物力和财力的浪费，对测试员的熟练程度要求比较高。

1.4.5　敏捷测试

敏捷测试（Agile Testing）也是测试的一种模型，通过不断修正质量指标，正确建立测试策略，确认客户的有效需求来保证产品的质量。敏捷测试是遵循的一种测试实践就是强调从客户的角度，即从使用系统的用户角度来测试系统。

敏捷测试需要关注需求变更、产品设计、源代码设计等。在通常情况下，需要全程参与敏捷开发团队的讨论评审活动，并参与决策制定等。在独立完成测试设计、测试分析、测试执行的同时，还要关注用户需求并进行有效沟通，从而协助敏捷流程，推动产品的快速开发。敏捷测试不仅仅是测试软件本身，还包含了软件测试的过程和模式，测试除了针对软件的质量，还要保证整个软件开发过程是正确的，是符合用户需求的。

敏捷测试的主旨是测试驱动开发，所以对测试人员的要求有以下两点。

1）理解敏捷的核心价值观：沟通、反馈、尊重、学习、分享。

2）具备测试基本的技能，也可以擅长某个领域（如探索性测试、白盒测试等）。

1.5　质量与测试

软件测试的目的是提高产品质量，提高产品质量主要的技术手段就是软件测试。所以，软件质量和软件测试是分不开的。它们之间的关系，如图 1-16 所示。

在图 1-16 中，可以清晰地看到质量是一个源泉，围绕质量采用发散思维的方式来确

图 1-16　质量与测试

定最终目标，再根据目标寻找相应的测试方法，再把方法进行指导管理，然后实施，再根据不同的阶段来设计不同的测试用例，然后分阶段进行执行用例发现软件中的缺陷，同时进行清除缺陷。

作为一名合格的测试人员，在整个测试活动中必须要清楚：如何保证软件质量，如何评价软件质量。

1.5.1　如何保证软件质量

通常根据用户的需求以及项目的进度，进行合理地把控整个测试的力度，从而保证软件质量。保证质量可以从以下 5 个维度来考虑。

1. 沟通方面

项目中涉及的会议（包括需求的分析、讨论以及技术上的问题等），测试人员也需要参与其中，发挥个人特长。对所有问题进行头脑风暴来确定最佳的解决方案。

2. 流程方面

由于各公司架构、流程有所不同。需要根据被测项目，合理地制定一套测试流程，并且对整个测试过程进行监控、管理。

3. 用例方面

首先是对需求进行合理分析，然后采用合适的用例设计方法来设计，最后要组织测试用例的评审活动，从而提高用例的质量。

4. 执行方面

根据项目的进度来安排测试执行的进度，还要关注测试执行的深度（数据库、日志以及关联模块等）与广度（系统测试类型：功能测试、性能测试等）。

5. 缺陷方面

对发现的每一个 Bug 进行分析其引入的原因、造成的影响、可能引发的问题以及处理的意见和看法。

总之，软件质量的提高应该是一个综合的因素，需要从多个方面进行改进，同时还需要兼顾成本和进度。

1.5.2　如何评价软件质量

评价软件质量最有效的方法：通过软件质量的 6 大特性以及 27 个子特性进行评价，质量特性，参阅 1.2.3 小节。

作为企业来讲，在保证软件质量的同时，还要控制成本和进度。个人的观点：软件质量的本质就是一种用户的主观感受，质量到底好不好，取决于用户的体验。所以在评价软件质量时，应从软件使用者的角度，再结合质量特性进行评价。

第2章 软件测试过程

本章主要介绍软件测试的分类，包括单元测试、集成测试、确认测试、系统测试、验收测试、回归测试、静态测试、动态测试、手工测试和自动测试等。

学习目标：

- 熟悉单元测试、集成测试
- 掌握系统测试、回归测试、验收测试
- 掌握系统测试的测试策略
- 掌握软件测试的流程

2.1 软件测试分类

软件测试的分类大致可以从软件测试的阶段、测试的状态以及测试的方法等进行划分。

2.1.1 按测试阶段划分

软件测试按照测试阶段划分大致可以分为单元测试、集成测试、系统测试、验收测试等阶段，如图2-1所示。

图2-1 测试阶段

2.1.2 按执行状态划分

按照执行状态划分为静态测试、动态测试。

1. 静态测试

静态测试是指不运行被测程序本身，仅通过分析或检查源程序的语法、结构、过程、接口等来检查程序的正确性。从需求规格说明书、软件设计说明书、源程序进行结构分析、流程图分析、符号执行中找错。静态方法通过程序静态特性的分析，找出欠缺和可疑之处，例如不匹配的参数、不适当的循环嵌套和分支嵌套、不允许的递归、未使用过的变量、空指针的引用和可疑的计算等。静态测试结果可用于进一步的查错，并为测试用例选取提供指导。

静态测试包括代码检查、静态结构分析、代码质量度量等。它可以由人工进行，充分发挥人的逻辑思维优势，也可以借助软件工具自动进行。

代码检查包括代码走查、桌面检查、代码审查等，主要检查代码和设计的一致性，代码对标准的遵循、可读性，代码的逻辑表达的正确性，代码结构的合理性等方面；可以发现违背程序编写标准的问题，程序中不安全、不明确和模糊的部分，找出程序中不可移植部分、违背程序编程风格的问题，包括变量检查、命名和类型审查、程序逻辑审查、程序语法检查和程序结构检查等内容。

在实际使用中，代码检查比动态测试更有效率，能快速找到缺陷，发现30%～70%的逻辑设计和编码缺陷；代码检查中发现的是问题本身而非征兆。但是代码检查非常耗费时间，而且代码检查需要知识和经验的积累。代码检查应在编译和动态测试之前进行，在检查前，应准备好需求描述文档、程序设计文档、程序的源代码清单、代码编码标准和代码缺陷检查表等。静态测试具有发现缺陷早、降低返工成本、覆盖重点和发现缺陷的概率高的优点以及耗时长、不能测试依赖和技术能力要求高的缺点。

静态测试最常用的技术就是评审，在软件活动中主要的评审是同行评审和阶段评审。

2. 动态测试

动态测试是指通过运行被测程序，检查运行结果与预期结果的差异，并分析运行效率和健壮性等性能，这种方法由3部分组成：构造测试实例、执行程序、分析程序的输出结果。所谓动态测试就是通过运行软件来检验软件的动态行为和运行结果的正确性。目前，大多数公司主要的测试方式就是动态测试。

2.1.3 按测试行为划分

按照执行行为划分为手动测试、自动测试。

1. 手动测试

手动测试是指在设计了测试用例之后，需要测试人员根据设计的测试用例，依次来执行测试得到实际结果，并将其与预期结果进行比对。

2. 自动测试

自动测试是指在预先设定的条件下运行被测程序，并分析运行结果。也就是将以人驱动的测试行为转化为机器执行的一种过程。这种测试可以借助测试工具，也可以通过测试来编写代码来实现。

2.1.4 其他测试类型

1. 冒烟测试

通常冒烟测试也称为转测试申请，是在完成集成测试之后，进入系统测试之前，进行一轮对基本功能进行确认验证的测试手段。其目的是快速验证软件基本功能是否存在有阻塞，从而提高测试效率。通常冒烟测试的周期控制在两个小时以内，最多为一天完成。用例的通过率至少要达到90%以上，如果达不到要求则不必进行正式的系统测试。

2. 探索性测试

探索性测试是一种测试思维技术，也是所有测试人员都应该掌握的一种测试思维方式。主要运用在敏捷开发模型中，在整个项目过程中，将不断地进行测试的学习、设计、分析与执行的测试过程。也可以理解为测试设计与测试执行并行的一种测试思维方法。它强调了测试的完整性和系统性，它不受测试过程和方法的限制，也就是说在测试过程中用户可以天马行空地进行测试。

探索性测试的方法有：一种是局部探索，主要针对细节问题及时做出决定，时间短，影响小；另一种是全局探索，主要针对软件全局设计测试计划和测试策略，从用户角度来考虑软件的全局，进行模拟用户可能的异常行为。

3. 渗透测试

渗透测试，作为网络安全防范的一种新技术，主要是为了证明网络防御按照预期计划正常运行而提供的一种机制。通俗的说法是通过模拟黑客对软件进行攻击，来检测软件是否存在安全漏洞。这个过程包括对系统的任何弱点、技术缺陷或漏洞的主动分析，这个分析是从一个攻击者可能存在的位置（如内网、外网等位置）来进行的测试。

2.2 单元测试

单元测试（Unit Testing，UT）是对软件基本组成单元（函数或类）进行检测的测试工作。其目的是检测与详细设计说明书（Low Level Design，LLD）的符合程度。

2.2.1 单元测试环境

单元测试用于检测软件设计的最小单元在语法、格式、逻辑等方面可能存在的算法冗余、分支的覆盖率以及内存泄漏等问题。由于单元本身不是一个独立程序，所以需要一些辅助来完成单元测试。辅助单元测试有两种：驱动单元和桩单元。

1. 驱动单元（Driver）

驱动单元是用来模拟被测单元的上层单元，相当于被测单元的主程序。它用来接收测试数据，并把这些数据传送给被测单元，然后在输出实际测试结果。驱动单元主要完成以下几个步骤。

1）接收测试输入数据。

2）对输入数据进行判。

3）将输入数据传给被测单元，驱动被测单元执行。

4）接收被测单元执行结果，与预期结果进行比较，得到测试结果。

5）将测试结果输出到指定位置。

2. 桩单元（Stub）

桩单元是用来代替被测单元中所调用的子单元。桩单元的功能是从测试角度模拟被测单元所调用的其他单元。桩单元需要针对不同的输入，返回不同的期望值，模拟不同功能。桩单元模拟的单元可能是自定义函数；这些自定义函数可能尚未编写完成，为了测试被测单元，需要构造桩单元来代替它们；或者可能存在错误，会影响结果，给分析被测单元造成困难，因此需要构造正确无误的桩单元来达到隔离的目的。

被测单元、与它相关的驱动单元以及桩单元共同构成一个测试环境,如图 2-2 所示。

图 2-2　单元测试环境

2.2.2　单元测试策略

什么是测试策略?

简单地说,测试策略就是如何用尽量少的资源来尽量好地完成测试。

通常执行单元测试的策略有 3 种:孤立的单元测试策略、自顶向下测试策略、自底向上测试策略。下面对 3 种策略分别进行简单描述。

1. 孤立的测试策略

孤立的测试策略是最简单的,最容易操作的,它属于纯单元测试。该方法不考虑每个单元与其他单元之间的关系,单独为每一个单元设计桩单元和驱动单元来进行单元测试,可以达到较高的结构覆盖率。由于需要开发大量的桩单元和驱动单元,所以测试效率低。

2. 自顶向下测试策略

自顶向下测试策略是先对最顶层单元进行测试,然后把顶层所调用的单元做成桩单元;其次对第二层进行测试,使用上面已测试的单元作为驱动单元。以此类推,直到测试完所有的单元。该方法节省了驱动单元的开发工作量,测试效率较高。但是随着被测试单元逐个加入,测试过程变得越来越复杂,并且增加了开发和维护的成本。

3. 自底向上测试策略

自底向上测试策略是先对最底层单元进行单元测试,模拟调用该单元做驱动单元;然后再对上面一层做单元测试,并用下面已被测试过的单元做桩单元。以此类推,直到测试完所有的单元。该方法节省了桩单元的开发工作量,测试效率较高。由于底层单元的测试质量对上层函数的测试将产生很大的影响,而且随着底层单元的逐个加入,更像是粒度小的集成测试,所以该方法不是纯单元测试。

2.2.3　单元测试常见错误

单元测试常见的错误一般出现在单元接口、局部数据结构、独立路径、出错处理以及边界条件。

1. 单元接口

单元接口主要是对被测单元的数据流进行测试,检查输入、输出的数据是否正确,也是处于最容易被忽略的地方。因此,必须对单元接口进行详细的测试,具体涉及的内容如下。

1) 被测单元的输入、输出的参数,个数、属性、顺序与设计是否一致。

2）调用其他单元时形式参数的个数、属性、顺序以及类型是否一致。

3）约束条件的变化是否导致单元间的耦合增大。

2. 局部数据结构

局部数据结构是最常见的错误来源。在单元测试过程中，必须测试单元内部的数据能否保持完整性，包含内部数据的内容、形式以及相互关系不发生错误。对于局部数据结构，在单元测试中主要有以下 3 类错误。

1）不正确或不一致的数据类型说明。

2）错误的初始值或默认值。

3）未赋值或未初始化的变量以及变量名的拼写错误。

3. 独立路径

在单元测试中最重要的就是对独立路径进行测试，其中对基本执行路径和循环进行测试，往往可以发现大量路径错误。设计测试用例查找由于错误的计算、不正确的比较或不正常的控制流而导致的错误。常见的错误如下。

1）运算的优先次序不正确或误解了运算的优先次序以及运算方式的错误。

2）关系表达式中不正确的变量和比较符。

3）不适当的修改循环变量和不可能的或错误的循环终止条件。

4. 出错处理

比较完善的单元设计要求能预见出错的条件，并设置适当的出错处理，以便在程序出错时，能对出错程序重新做安排，保证其逻辑上的正确性。常见的出现错误如下。

1）出错的描述与实际的错误不符或描述难以理解。

2）出错的描述信息不足，以至于无法找到错误的原因。

3）在对错误处理之前，错误条件已经引起系统的干预等。

5. 边界条件

边界上出现错误是最常见的。经验表明，大多数的错误聚焦在边界上。注意一些与边界有关的数据类型，如数值、字符、数量等，还要注意边界的首个、最后一个、最大值、最小值等特征。通常测试采用的设计方法是差"1"法则：就是边界点加减 1。

边界上常见的错误如下。

1）在循环中的最小值、最大值是否有错误。

2）运算或判断中取最小值、最大值时是否有错误。

3）数据流、控制流中的刚好小于、等于、大于确定的比较值时出现错误的可能性。

2.2.4 单元测试工具

目前在国内大多数公司进行单元测试时都是由开发人员来完成的。目前比较流行的两个开源的工具为 CppUnit、JUnit。

2.3 集成测试

集成测试（Integration Testing，IT）是在单元测试的基础上，将所有的模块按照设计的要求进行集成，主要验证组装后的功能以及模块之间的接口是否可以正确地测试工作。主要目的是检测与概要设计说明书（High Level Design，HLD）的符合程度。

集成测试的主要工作是测试模块之间的接口，但是接口测试不等于集成测试，这是个以面盖点的问题。例如，可以说北京是中国的城市，但不能说中国的城市就是北京。

2.3.1 集成测试环境

现在的软件越来越复杂，往往一个系统会分布在不同的软硬件平台上，需要所有分布在这些平台上的子系统集成为一个整体并完成系统的功能。因此，对于这样的系统，其集成测试的环境就要复杂很多。在测试时，需要考虑以下4个方面。

1. 硬件环境

在集成测试时，尽可能考虑实际的环境。如果实际环境不可用时，考虑在模拟环境下进行。如在模拟环境下使用时，需要分析模拟环境与实际环境之间可能存在的差异。

2. 操作系统环境

考虑不同机型使用的不同操作系统版本。对于实际环境可能使用的操作系统环境，尽可能都要被测试到。

3. 数据库环境

数据库的选择要根据实际的需要，从容量、性能、版本等多方面考虑。

4. 网络环境

一般的网络环境可以使用以太网。

2.3.2 集成测试策略

集成测试策略就是在测试对象分析的基础上，描述软件模块集成的方式、方法。集成测试的基本策略比较多，通常分为两种：非增量式集成测试策略和增量式集成测试策略。

1. 非增量式集成策略

非增量式集成又称为大爆炸集成，也称为一次性集成。该集成就是在最短的时间内把所有的系统组件一次性集成到被测系统中，并通过最少的用例来验证整个系统，不考虑各组件之间的相互依赖性或者可能存在的风险。

该方法的特点是容易理解、比较简单，并且可以多人并行工作，对人力、物力资源利用率较高。它最大的缺点是当发现错误的时候，其问题定位和修改都比较困难。即使被测系统能够一次性集成，但还会有许多接口上测试被遗漏，甚至会躲过测试遗留在系统中。

非增量式集成一般适用于维护型的项目，并新增的项目只有少数的模块被增加或修改。还适用于被测系统比较小，并且它的各个组件都经过了充分的单元测试。

2. 增量式集成策略

增量式集成的测试策略有很多种，包括自顶向下集成、自底向上集成、三明治集成、基于功能的集成、基于风险的集成、分布式集成等。该策略最大的特点就是支持故障隔离、定位问题。

1）自顶向下集成：首先集成主控模块，然后按照软件控制层次结构向下逐步集成，可以采用深度优先策略和广度优先策略进行集成测试，主要验证系统接口的稳定性。

该方法的特点是较早地验证了主要的控制和判断点。如果主控制有问题，尽早发现它能够减少以后的返工，所以这个十分必要。采用深度优先可以首先实现和验证一个完整的功能需求，先对逻辑分支进行组装和测试，验证其功能的正确性。对功能可行性较早得到证实，这样可以给开发者和用户带来成功的信心。它最大的缺点就是桩的开发和维护是该方法的最大成本。随着底层模块的不断增加，整个系统变得越来越复杂，导致底层模块的测试不充分，尤其是那些被重用的模块。

自顶向下的集成一般适用于产品的控制结构比较清晰和稳定，而且接口变化比较小的项目。对于大型复杂的项目往往会综合采用多种集成测试的策略。

2）自底向上集成：首先从程序结构的最底层模块开始向上逐步集成，主要检测整个系统的稳定性。

该方法的特点是对底层模块的行为较早验证，在初期还可能会并行进行集成，也容易被控制，这一点比自顶向下策略的效率高。它最大的缺点就是对顶层的验证推迟了，设计上的错误不能被及时的发现，尤其是对于那些控制结构在整个系统中非常关键的产品。随着集成到顶层，整个系统变得越来越复杂，对顶层的一些异常将很难覆盖。

自底向上集成一般适用于顶层接口变化比较频繁的产品。

3）三明治集成：三明治集成属于混合式的集成，它综合了自顶向下和自底向上的优点和缺点。测试时候将被测试软件划分为3层，中间一层为目标层，对目标层的上层采用自顶向下的集成策略，对目标层的下层采用自底向上的集成策略，最后测试在目标层进行会合。

该方法最大的缺点就是对中间层的测试不够充分。它适合大多数项目，但是在使用的时候，需要记住尽可能减少驱动模块和桩模块的数量。

4）基于功能的集成：基于功能的集成是从功能的角度出发，按照功能的关键程度对模块的顺序进行集成。在整个开发过程中，如果能尽早看到系统的主要功能被实现，对整个团队的士气、信心也是一种极大的鼓舞。该方法的最大缺点是对有些接口测试不充分。如果系统比较复杂，功能之间的相互关联性难以分析，可能会有比较大的冗余测试。

5）基于风险的集成：基于风险的集成是一种假设，即系统风险最高的模块间的集成往往是错误集中的地方。因此尽早地验证这些接口有助于加速系统的稳定性，从而增加对系统的信心。该方法的关键在于风险的识别与评估，与基于功能的集成有一定的相通之处，可以结合使用。

6）分布式集成：分布式集成主要验证松散耦合的同级模块之间交互的稳定性。通常用在分布式系统中，在一个分布式系统中，由于没有专门的控制轨迹，以及没有专门服务器层，所以构造测试包比较困难，主要验证远程主机之间的接口是否具有最低限度的可操作性。

总之，在实际测试工作中，不管采用哪种策略，都要结合项目的实际环境以及各测试方案适用的范围进行合理的选择。

2.3.3 集成测试分析

要想做好集成测试，必须加强集成测试的分析工作。集成测试分析之间导致集成测试用例的设计，并且在整个集成测试过程中占据了最关键的地位。集成测试分析可以从以下4个方面进行考虑。

1. 体系结构分析

体系结构分析需要从两个角度出发，首先从需求的跟踪实现出发，划分出系统实现上的层次结构图。其次需要划分系统模块之间的依赖关系图。

2. 模块分析

模块分析是集成测试最重要的工作之一。模块划分的好坏直接影响集成测试的工作量、进度以及质量，因此需要慎重对待模块的分析。一个关键模块应具有以下特性。

1）一个模块和多个软件需求有关的，或与关键功能相关。

2）该模块处于程序控制结构的顶层模块。

3）模块本身比较复杂或容易出错的。

4）模块中含有性能需求的。

5）模块被频繁使用的。

在实际操作中，尽可能和开发人员多讨论，一般开发人员对哪些模块是关键模块比较清楚。也可以通过使用静态分析工具来分析系统各模块，寻找高内聚的模块。

3. 接口分析

集成测试的重点就是要测试接口的功能性、可靠性、安全性、完整性、稳定性等多个方面。因此对被测对象的接口进行详细的分析。在这里主要说一下系统内常见的接口包括函数接口、类接口、消息接口、其他接口以及第三方接口等。

4. 可测试性分析

在一个系统中，可测试性分析应当在项目开始的时候作为一项需求提出来，并设计到系统中去。在集成测试阶段，分析可测试性主要是为了平衡随着集成范围的增加而导致的可测试性下降。所以尽可能早地分析接口的可测试性，提前为测试实现做好准备。

2.3.4 集成测试工具

能够直接用于集成测试的测试工具不是很多，一般来说，一些通用的商用测试工具由于需要满足一定的通用性，因此在实际使用的时候功能是有限的，大部分工具需要进行二次开发。常用的集成测试工具有 Jenkins、Jmeter 等。

2.4 系统测试

系统测试（System Testing，ST）是将已经通过集成测试的软件系统，与计算机硬件、外设、数据库、网络等其他元素结合在一起，在实际运行环境下，进行的一系列的测试工作。其目的是验证系统是否满足了需求规格的定义，找出与需求规格不符或与之矛盾的地方，从而提出更加完善的方案。在国内，很多公司对测试岗位还是不够重视，大多数公司还是以系统测试为主，并将系统测试大致分为4个阶段：计划阶段、设计阶段、实现阶段、执行阶段。

系统测试通常是由独立的测试团队来完成，其测试的主要依据是需求规格说明书。

2.4.1 系统测试环境

系统测试除了针对不同类型的系统进行测试，还需要注意要尽可能在实际环境下来进行测试。在实际工作中的软件环境大致分为开发环境、测试环境、真实环境。通常被测系统在开发环境下所包含的代码不同，所有的测试代码都包含在 Debug 中，这样调试比较方便。

2.4.2 系统测试策略

从整个系统测试的活动来看，系统测试远远比单元测试、集成测试复杂。因此，针对不同的软件，不同的测试阶段，系统测试的策略在选取上也会有所不同。例如：在一些银行的软件中，它的安全性是最优先被考虑的。

首先来看一下系统测试的类型有哪些。

1. 功能测试

功能测试是系统测试中最基本的测试，它不管软件内部的实现逻辑，主要根据产品的需求规格说明书和测试需求的列表，来验证产品的功能实现是否符合产品的需求规格。特别要注意的是一些隐含功能的需求。功能测试主要检查被测试对象是否存在以下 5 种错误。

1）是否有不正常、遗漏的或多余的功能。

2）功能实现是否满足用户的需求和系统设计的隐藏需求。

3）对输入是否做了正确的响应，对输出结果是否做了正确的显示。

4）对系统的流程设计是否正确、合理。

5）所有的路径是否达到全覆盖。

功能测试时需要注意以下几点。

1）站在用户角度，考虑用户是在什么情况下，如何使用该功能。

2）考虑用户对多个功能的组合运用以及前后台的交互。

3）对 Web 端软件，还要考虑多用户使用时，是否会导致功能的失效。

2. 性能测试

性能测试是指在一定软件、硬件及网络环境下，对系统的各项性能指标进行测试，主要检测其性能特性否满足特定的性能需求。常用的性能指标包括并发数、响应时间、每秒处理的事务数、吞吐量、点击率、访问量以及硬件资源等。

性能测试可以发生在测试过程的所有阶段中，即使在单元层也需要考虑性能问题，例如某个函数或类的处理性能。在系统测试层，需要模拟用户真实的业务场景来进行测试。通常性能测试需要借助测试工具来完成，如 LoadRunner、Jmeter 等。

性能测试需要从以下两个方面考虑。

1）验证系统实现的性能是否与性能需求完全一致。

2）检测系统实现的具体性能到底怎么样。

3. 压力测试

压力测试也称强度测试，也是性能测试的一种，是指在极限状态下，长时间或超大负荷地连续运行的测试，主要检测被测系统的性能、可靠性、稳定性等。

压力测试的目的是检查系统在资源超负荷的情况下的表现。压力测试的一个变种是一种被称为敏感测试的技术。在有些情况下，在有效数据界限之内的一个很小范围的数据可能会引起极端的甚至是错误的运行，或者引起性能的急剧下降。敏感测试用于发现可能会引发不稳定或者错误处理的数据组合。

压力测试应当在开发过程中尽早进行，因为它通常发现的主要是设计上的缺陷。压力测试的基本步骤如下。

1）进行简单的多任务测试。

2）在简单压力缺陷被修正后，增加系统的压力直到中断。

3）在每个版本循环中，重复进行压力测试。

4. 容量测试

容量测试是指检查当系统运行在大量数据，甚至最大或更多的数据测试环境下，系统是否会出问题。还可以看作系统性能指标中一个特定环境下的一个特定性能指标，即设定的界限或极限值。容量测试是面向数据的，并且它的目的是显示系统可以处理目标内确定的数据容量。

进行容量测试一般可以通过以下 5 个步骤来完成。

1）首先分析系统的外部数据源，并对数据进行分类。

2）对每类数据源分析可能的容量限制，对数据类型分析记录的长度和数量限制。

3）对每类数据源，构造大容量数据对系统进行测试。

4）分析测试结果，与期望值进行比较，最后确定系统的容量瓶颈。

5）对系统进行优化并重复上面的步骤，直到系统达到期望值的容量处理能力。

5. 安全性测试

安全测试是用来验证系统内的保护机制是否能够在实际应用中保护系统不受到非法的侵入。用来保护系统本身数据的完整性和保密性。随着互联网的发展，安全测试尤为最要，特别是对于一些金融类的产品，往往都把安全放到首位。

安全测试常用的方法有以下 4 点。

1）静态代码检测主要验证功能的安全隐患。

2）可以借助安全测试工具 APPScan 进行漏洞扫描。

3）模拟攻击来验证软件系统的安全防护能力。

4）利用 Wireshark 工具对网络数据包进行截取分析。

6. 兼容性测试

兼容性测试是指检查软件在一定的软硬件、数据库、网络、操作系统环境下是否可以正确地进行交互和共享信息。兼容性测试的策略有向下兼容、向上兼容、交叉兼容。

兼容性测试一般考虑以下 5 点。

1）软件本身能否向前或向后兼容，即不同版本之间的兼容。

2）软件能否与其他相关软件的兼容。

3）软件在不同操作系统上的兼容。

4）数据的兼容性，主要是指数据能否共享等。

5）硬件上的兼容性，如手机 APP 软件需要考虑不同品牌的手机。

7. GUI 测试

GUI（Graphical User Interface，图形用户界面）是计算机软件与用户进行交互的主要方式。GUI 软件测试是指对使用 GUI 的软件进行的软件测试。为了让软件能够更好地服务于用户，进行 GUI 测试也变成一个非常重要的测试了。GUI 测试与用户友好性和可操作性有点重复，但 GUI 测试更关注的是对图形界面的测试。

GUI 测试主要包括两个方面：一方面是界面实现与界面设计的吻合情况；另一方面是确

认界面处理的正确性。界面设计与实现是否吻合，主要指界面的外形是否与设计内容一致；而界面处理的正确性，主要指当界面元素被赋予各种值的时候，系统处理是否符合设计以及是否没有异常。通常将系统分为 3 个层次，界面层、功能层、界面与功能的接口层。GUI 测试的重点关注在界面层和界面与功能接口层上。

为了更好地进行 GUI 测试，提倡界面与功能的设计进行分离，而且 GUI 测试也要尽早进行。对于界面层我们可以从以下 3 点进行考虑。

1）对于界面元素的外观需要考虑，界面元素的大小、形状、色彩、明亮度、对比度以及文字的属性（大小、字体、排列方式）等。

2）对于界面的布局需要考虑，各界面元素的位置、对齐方式、元素间间隔、色彩的搭配以及 Tab 顺序等。

3）对于界面元素的行为需要考虑，输入和输出的限制、提醒、回显功能、功能键或快捷键以及行为回退等。

8. 可靠性测试

可靠性测试是软件质量中一个重要标志，是指为了评估产品在规定的寿命期间内，在预期的使用、运输或储存等所有环境下，保持功能可靠性而进行的测试活动。通俗的说法是指系统在特定的环境下，在给定的时间内无故障运行的概率。软件的可靠测试是评估软件在运行时功能、性能、可安装、可维护等多方面特性。

系统的可靠性是设计出来的，而不是测试出来的。但是通过可靠性测试出来的数据，有助于我们进一步优化系统和积累经验，设计和测试是一个互为反馈的过程。可靠性测试一些常用的指标有平均无故障时间（Mean Time To Failure，MTTF）、平均恢复时间（Mean Time To Restoration，MTTR）、平均故障间隔时间（Mean Time Between Failure，MTBF）、故障发生前平均工作时间（Mean Time To First Failure，MTTFF）等。简单说 MTTR 值越小，说明故障修复时间越短，故障处理响应速度越快。MTBF 值越大，说明故障率低，系统可靠性较高。

9. 配置测试

配置测试主要是指测试系统在各种软硬件配置、不同的参数配置下系统具有的功能和性能。配置测试并不是一个完全独立的测试类型，需要和其他测试类型相结合，如功能测试、性能测试、兼容性测试、GUI 测试等。

通常配置测试的可以分为服务器端和客户端的配置。

1）服务器端的配置需要考虑服务器的硬件、Web 服务器、数据库服务器等。

2）客户端的配置需要考虑操作系统、浏览器、分辨率、颜色质量等。

10. 异常测试

异常测试是指通过人工干预手段使系统产生软、硬件异常，通过验证系统异常前后的功能和运行状态，达到检测系统的容错、排错和恢复的能力。它是系统可靠性评价的重要手段。通常异常测试关注的要点如下。

1）强行关闭软件的数据库服务器或者用其他方式导致数据库死机。

2）非法删除或修改数据库中的表数据或者表。

3）断开网络或者人工增加网络流量。

4）强行重启软件的 Web 服务器或者中间件服务器，测试系统的恢复能力。

5）通过人为手段，增加 CPU、内存、硬盘等负载进行测试。

6）对部分相关软件测试机器进行断电测试。

不同的系统出现的异常是千差万别的，有很强的特殊性，因此需要针对特定的系统积累各种异常信息的处理经验，测试人员的经验以及逆向思维是异常测试很重要的来源。

11. 安装测试

安装测试就是确保该软件在正常情况和异常情况的不同条件下，都能进行安装。安装系统是开发人员的最后一个活动，通常在开发期间不太受关注。然而，它确是用户使用系统的第一个操作，如果因为安装的问题导致用户拒绝使用软件这将是一件非常令人遗憾的事情。因此，清晰并简单的安装过程是系统文档中最重要的部分。

在进行安装测试时需要关注以下 3 个点。

1）安装前测试：首先要检查安装包文件是否齐全以及安装手册，其次关注是否有权限以及空间进行安装，还需要考虑杀毒软件和防火墙的影响。

2）安装中测试：主要是安装流程的测试以及检查安装时文件、注册表、数据的初始化，以及数据库的变动。

3）安装后测试：主要检查安装好的软件是否能正常运行，基本功能是否可以使用。

另外还要进行卸载测试和升级测试。卸载测试主要注意能否恢复到软件安装前的状态，包括文件夹、文件、注册表等，是否能把安装时所做的修改都去除掉。升级测试主要注意升级对已有数据的影响。

12. 网络测试

网络测试是在网络环境下和其他设备对接，进行系统功能、性能与指标方面的测试，保证设备对接正常。网络测试考察系统的处理能力、兼容性、稳定性、可靠性以及用户使用等方面。网络测试的关注点如下。

1）功能方面需要考虑的是协议测试和软件内的网络传输与架构。

2）性能方面需要考虑网络吞吐率和网络 I/O 占有率等。

3）安全性则考虑网络传输加密，常用的加密方式有 MD5 和 RSA 加密。

4）使用网络技术对网络数据收集、分析，常用网络监控工具有 Wireshark。

在工作中网络主要进行协议测试，它有以下 4 点。

1）一致性测试：检测所实现的系统与协议规范符合程度。

2）性能测试：检测协议实体或系统的性能指标（数据传输率、连接时间，执行速度、吞吐量、并发度等）。

3）互操作性测试：检测同一协议不同实现厂商之间，同一协议不同实现版本之间或同一类协议不同实现版本之间互通能力和互连操作能力。

4）坚固性测试：检测协议实体或系统在各种恶劣环境下运行的能力（信道被切断、通信技术掉电、注入干扰报文等）。

13. 可用性测试

可用性测试和可操作性测试有很大的相似性，它们都是为了检测用户在理解和使用系统方面到底感受如何。这包括系统功能、系统发布、帮助文档和过程，以保证用户舒适地和系统进行交互。在实际测试的时候，就是通过观察有代表性的用户，完成产品的典型任务，而界定出可用性问题并解决这些问题。它的目的就是让产品用起来更容易。

可用性测试的难点在于这个可用性有时候比较难以量化，因此可用性测试一般由行业专家或用户来进行。行业专家结合自己对行业和用户的了解来进行测试。在系统测试中，需要结合一些经验进行分析，要针对一些容易量化的特性进行检查，如菜单级数、快捷键的使用和网站导航等。

14. 健壮性测试

健壮性测试有时也叫容错性测试（Fault Tolerance Testing），主要用于测试系统在出现故障时，是否能够自动恢复或者忽略故障继续运行。为了使系统具有良好的健壮性，要求设计人员在做系统设计时必须周密细致，尤其是在系统的异常处理方面。即一个健壮的系统是设计出来的而不是测试出来的。

对于一般软件企业来讲，成本、时间和人员的约束经常限制软件测试关注于重要的功能正确性领域，而往往忽略或仅分配少量的资源用于确定系统在异常处理方面的健壮性。一个好的软件系统必须经过健壮性测试之后才能最终交付给用户。

健壮性有两层含义：一是容错能力；二是恢复能力。

1）容错性测试：通过构造不合理的输入来引诱软件出错，如输入错误的数据类型，输入定义域之外的数值等。

2）恢复性测试：重点考察系统能否重新运行，有无重要的数据丢失，是否毁坏了其他相关的软、硬件。

15. 文档测试

文档测试的目标是验证用户文档是正确的并且保证操作手册的过程能够正确工作。主要针对系统提交给用户的文档的验证。文档测试有助于发现系统中的不足并且使得系统更可用。因此文档的编制必须保证一定的质量，通常考虑有以下 5 点。

1）针对性：分清读者对象，按不同类型、层次的读者，决定怎样适应他们的需要。

2）精确性：文档的行文应当十分确切，不能出现多义性的描述。

3）清晰性：文档编写应力求简明，适当可以配图表以增强其清晰性。

4）完整性：任何一个文档都应当是完整的、独立的、自成体系的。

5）灵活性：各个不同软件项目，其规模和复杂程度有着许多实际差别。

16. 鉴权测试

鉴权（Authentication）是指验证用户是否拥有访问系统的权利。鉴权包括两个方面：一方面是用户鉴权，网络对用户进行鉴权，防止非法用户占用网络资源；另一方面是网络鉴权，用户对网络进行鉴权，防止用户接入了非法的网络，被骗取关键信息。鉴权测试主要是针对用户权限以及网络访问权限进行的一种测试。

2.5　验收测试

验收测试是部署软件之前的最后一个测试操作，是以用户为主的测试，**软件开发人员和软件质量保证人员也应参加**。由用户参与测试用例的设计，通过用户界面输入测试数据，并分析测试的输出结果，一般使用生产实践中的实际数据进行测试。在测试过程中除了考虑功能和性能外，还应对软件的兼容性、可移植性、可维护性、可恢复性以及是否符合法律法规、行业标准进行测试。

验收测试可分为正式验收和非正式验收两种。

1）正式验收就是用户验收测试（UAT）。

2）非正式验收包括 α 测试和 β 测试。

2.5.1　UAT 测试

UAT（User Acceptance Test），也就是用户验收测试或用户可接受测试。系统开发生命周期方法论的一个阶段，这时相关的用户或独立测试人员根据测试计划和结果对系统进行测试和接收。它让系统用户决定是否接收系统，它是一项确定产品是否能够满足合同或用户所规定需求的测试，这是管理性和防御性控制。

因为测试人员并不了解用户用什么样的手段和思维模式进行测试。所以 UAT 主要是要求用户参与进测试流程，并得到用户对软件的认可，鼓励用户自己进行测试设计和破坏性测试，充分暴露系统的设计和功能问题，显然，用户的认可和破坏性测试是难点。

2.5.2　α 测试

α（Alpha）测试是由一个用户在开发环境下进行的测试，也可以是公司内部的用户在模拟实际操作环境下进行的测试。α 测试是在受控的环境下进行的测试，即软件在一个自然设置状态下使用，开发者坐在用户旁边，随时记下错误情况和使用中的问题，主要目的是评价软件产品的 FLURPS（即功能、局域化、可用性、可靠性、性能等），尤其注重产品的界面和特色。α 测试人员是除产品研发人员之外最早见到产品的人，他们提出的功能和修改建议是很有价值的。

α 测试可以从软件产品编码结束之时开始，或在模块（子系统）测试完成之后开始，也可以在确认测试过程中产品达到一定的稳定和可靠程度之后再开始。α 测试即为非正式验收测试。

2.5.3　β 测试

β（Bate）测试是由软件的多个用户在一个或多个用户的实际使用环境下进行的测试。与 α 测试不同的是，β 测试时开发者通常不在测试现场。因而，β 测试是在开发者无法控制的环境下进行的软件现场应用。在 β 测试过程中，由用户记录下遇到的所有问题，包括真的和主观认定的，定期向开发者报告，开发者在综合用户的报告后做出修改，再将软件产品交付给全体用户使用。

2.6　回归测试

回归测试主要指软件在测试或其他活动中发现的缺陷经过修改后，重新进行测试，目的是验证修改后缺陷得到了正确的修复，同时还要关注有没有引入新的缺陷或导致其他代码产生缺陷或错误。

2.6.1　回归测试流程

回归测试贯穿整个测试活动，它作为软件生命周期的一个组成部分，在整个软件测试过程中占有很大的工作量，它的具体流程，如图 2-3 所示。

图 2-3 回归测试流程

2.6.2 回归测试策略

由于回归测试的重要性以及昂贵的测试过程。针对如何减少回归测试成本，提高回归测试效率的研究将具有十分重要的意义。因此，通过选择正确的回归测试策略来改进回归测试的效率和有效性是非常有意义的。回归测试策略包含完全重复和选择性重复测试两种。

1. 完全重复测试

完全重复测试是指将所有在前期测试阶段建立的测试用例完全地执行一遍，来确认问题修改的正确性和修改的扩散影响的测试方法。其缺点由于要把用例全部执行，因此，会增加项目成本，也会影响项目进度，所以通常不选择此策略。

2. 选择性重复测试

选择性重复测试是指选择部分测试用例执行，来测试被修改的程序的测试方法。下面介绍几种选择性重复测试的方法。

1）覆盖修改法：即针对被修改的部分，选取或重新构造测试用例来验证是否有错误再次发生的测试方法。

2）周边影响法：该方法不但包含覆盖修改法确定的用例，还需要分析修改后扩散的影响，对那些受到修改间接影响的部分选择测试用例验证它是否受到不良影响。

3）指标达成法：该方法就是在执行回归测试前，先确定一个要达到的指标，如代码覆盖率、接口覆盖率等。

4）基于风险选择方法：该方法是根据缺陷的严重性来确认风险的大小，基于一定的风险标准从测试用例库中选择回归测试用例。通常优先执行最重要、最关键的以及可疑的测试，而跳过那些非关键的、优先级别低的或者稳定的测试用例。

2.7 测试的流程

软件测试的流程大致分为测试计划与控制、测试分析与设计、测试实现与执行、测试评估与报告和测试结束活动。在实际工作中，大多企业把测试工作分为 5 个阶段：测试计划阶段、测试设计阶段、测试实现阶段、测试执行阶段、测试总结。

在熟悉流程前，我们首先看一下，测试组织中的角色与职责。

2.7.1 测试角色与职责

在工作中测试组织结构通常涉及的人员有测试经理（TM）、项目测试经理（TPM）、测试分析员（TSE）、测试执行员（TE）。

1. 测试经理（TM）

测试经理在公司主要负责公司测试的组织和管理工作，要确保在给定的时间、资源和费用的限制下进行设计测试项目的管理，定期向公司内的高层领导汇报工作。测试经理在适当的时候也需要参与项目的分析和讨论。通常比较大的企业会设有测试经理这一岗位，一些小的企业该职位一般由 IT 部领导或 QA 主管来担任。

2. 项目测试经理（TPM）

在整个项目测试过程中，项目测试经理主要负责该项目的测试进度的控制以及对测试质量进行把控，以保证项目产品的质量。通常项目测试经理会参与需求的分析，并制定相应的测试计划，合理分配测试分析员和测试执行员的测试任务以及工作量的度量，并定期向测试经理汇报项目的进度，确保项目测试在可控的范围内。

3. 测试分析员（TSE）

测试分析员主要负责测试规程的设计、测试环境的分析以及相关的测试用例，也会协助项目测试经理进行测试的需求分析。在很多企业没有划分该职位，一般都是由测试工程师负责分析并执行测试。

4. 测试执行员（TE）

测试执行员主要负责执行测试分析员建立的测试设计，将测试结果记录到文档中。在测试执行前，需要建立测试环境，包括测试数据的准备以及其他支持测试所需的软件（模拟器和测试辅助程序）。在测试执行过程中，需要记录用例执行的状态，便于后期的跟踪和维护。在测试执行完成后，将所发现的 Bug（遗漏缺陷）提交到缺陷管理工具上，便于后期的回归测试活动。在整个项目完成后，对相应的 Bug 进行分析，并形成缺陷报告文档提交给项目测试经理，并协助项目测试经理完成最终的测试报告。

2.7.2　测试计划与控制

测试计划阶段需要根据项目计划、需求规格说明书以及开发计划来制定测试计划，按照不同的测试阶段设计相应的测试计划。它的主要目的是明确组织形式、测试对象、定义测试通过/失败的准则、测试挂起/恢复的准则、测试风险的防范措施、合理分配测试任务以及测试交付的工作产品等。

在实际工作中，测试计划一般由项目测试经理或项目测试组长来负责制定，测试人员需要参与测试计划的制定及评审活动。

通用的测试计划内容见表 2-1。

表 2-1　通用的测试计划

测 试 计 划
1　目标：*描述测试计划的目的*
2　项目概述
2.1　项目背景：*描述被测项目*
2.2　项目范围：*描述测试计划的目的*
3　组织结构
4　测试需求跟踪
5　测试对象
5.1　功能测试
5.2　性能测试

5.3 其他测试
6 测试准则
6.1 测试通过的标准
6.2 测试失败的标准
6.3 测试挂起的标准
6.4 测试恢复的标准
7 测试风险与防范措施
8 测试任务分配
8.1 任务1
8.2 任务2
9 测试应交付的工作产品

2.7.3 测试分析与设计

测试设计阶段就是将测试计划阶段制定的测试需求进行细化分解为若干个可执行的测试过程，主要体现在测试策略、测试方法的选取以及测试规程的设计上，也就是如何编写测试方案。

测试计划解决的是做什么，而测试方案就是解决怎么测试，如何进行测试。通常根据不同阶段（单元测试、集成测试、系统测试、验收测试）的被测对象以及每个阶段所要进行的测试类型（功能测试、性能测试、安全性测试、可靠性测试以及兼容性测试等）的不同，可能会采用不同的测试策略。

测试方案主要是对测试需求进行细化，分析测试用例设计方法，规划测试环境以及对测试工具的选取等。

通用的测试方案内容见表2-2。

表2-2　通用的测试方案

测 试 方 案
1 概述
2 测试模型
2.1 测试组网图/结构关系图
2.2 测试需求
2.3 测试策略
3 测试需求分析
3.1 功能测试分析
3.2 性能测试分析
3.3 安全测试分析
3.4 兼容性测试分析
3.5 可靠性测试分析
3.6 其他测试分析
4 测试设计
4.1 测试规程设计
4.2 测试工具设计
4.3 测试用例设计

2.7.4 测试实现与执行

测试实现阶段主要根据测试方案设计来完成：测试脚本的开发、测试用例的写作。

测试脚本通常用在自动化测试和性能测试中，根据自动化测试的目标、性能测试场景来开发相应的测试脚本。

测试用例主要用来指导测试执行，可以根据用例设计的方法来进行设计，针对不同的阶段选择方法也不一样，白盒测试用例设计方法主要有逻辑覆盖法、基本路径法等；黑盒测试用例设计方法主要有等价类划分法、边界值分析法、流程设计法、判定表分析、因果图分析法、正交试验法、错误推测法以及异常处理等。

通用的测试用例格式见表2-3。

表2-3　通用的测试用例格式

用例编号	用例标题	所属模块	优先级	预置条件	数据	操作步骤	预期结果

测试执行前，首先根据项目的测试情况来搭建测试环境，一般有自动化测试环境、手工测试环境以及性能测试环境等。在测试中为了使得测试结果的数据更接近用户，尽量模拟用户的实际环境来进行搭建。

其次根据测试的不同阶段，在执行前的准备也不同。例如性能测试，在执行性能测试前需要进行测试数据的准备阶段。例如系统测试，在执行测试前需要进行预测试。

预测试又称为冒烟测试，即利用较短时间快速验证软件系统的基本功能，主要是指核心业务以及风险比较高的功能，以确保后期的系统测试能够顺利进行。通常预测试执行的时间控制在2~3小时内，最多不超过一天。预测试的用例可以从已经写好的并且优先级比较高的用例中，抽取10%作为预测试的用例，也可以重新设计预测试用例。一般预测试的标准是预测用例的90%全部通过。

在执行测试阶段中，严格按照测试计划进行；也可以根据项目的进度安排，按照用例的优先级进行测试。执行的过程中，需要注意缺陷的记录（截图、错误日志的消息等）。在实际工作中，测试工程师在执行时，每天要写测试日报记录发现的问题以及执行中遇到的困难和问题，还需要把缺陷实时记录到缺陷管理工具中，便于后期的跟踪、管理。待开发修复缺陷以后还要进行回归测试。

2.7.5　测试评估与报告

测试工程师根据缺陷的记录，进行分析与评估。主要分析缺陷的分布、密度以及发展趋势，还要分析软件在整个研发过程中引发缺陷的根本原因。最后编写缺陷报告，以便协助完成测试报告，为软件产品的质量提供真实的数据依据。

通用的缺陷报告内容见表2-4。

表2-4　通用的缺陷报告

缺 陷 报 告			
缺陷编号：		缺陷状态：	
缺陷标题：		缺陷类型：	
所属版本：		所属模块：	
严重级别：		处理优先级：	
发现人员：		发现日期：	
重现方式：		指定处理人员：	
详细描述：			
附件：	（截图、错误日志消息）		

通用的测试报告内容见表 2-5。

表 2-5　通用的测试报告

测 试 报 告
1　概述
1.1　目的
1.2　项目描述
1.3　术语和缩写词
1.4　参考资料
2　测试概要
2.1　测试环境描述
2.2　测试方法和工具
3　测试结果
3.1　测试执行记录（时间、版本等）
3.2　覆盖分析（测试覆盖、需求覆盖）
4　缺陷分析与统计
4.1　缺陷汇总（严重程度、缺陷类型、缺陷分布）
4.2　缺陷分析（缺陷密度、缺陷质量、综合分析等）
4.3　遗留缺陷（编号、描述、原因分析、预防措施、改进措施）
4.4　未解决的问题（测试类型、缺陷描述、测试结果、评价）
5　测试结论与建议
5.1　测试建议
5.2　测试结论

2.7.6　测试结束活动

在测试执行全部完成后，并不意味着测试项目的结束。测试项目结束需要完成相关部门的检查归档工作，除了测试报告的写作之外，还要对测试中涉及的所有文档、数据及相关的资料进行整理归档。通常测试结束需要检查以下内容。

1）对测试项目进行全过程、全方位的审视，检查测试用例是否全部执行，检查测试是否有遗漏。

2）检查有没有未解决的各种问题，对项目存在的缺陷逐个进行分析，了解对项目质量影响的程度，从而决定整个测试过程是否可以告一段落。

3）检查测试报告是否达到产品质量已定义的标准，是否符合测试结束的标准以及对测试产出的风险记录进行评估，最终将测试报告定稿。

4）在测试结束后，通过对项目中的问题进行分析，找出流程、技术或管理中所存在的问题根源，将相关的经验教训进行总结并分享至项目组以及整个公司中，避免以后发生类似的错误。

第3章 软件测试方法

本章主要介绍软件测试的方法，包括白盒测试、灰盒测试、黑盒测试的测试方法，以及用例设计方法和用例评审的方法等。

学习目标：

- 熟悉白盒测试方法
- 掌握黑盒测试方法
- 掌握用例设计的方法：等价类划分法、因果图分析法、因果图分析法等

3.1 白盒测试

白盒测试（White Box Testing）又称结构测试、逻辑驱动测试或基于代码的测试，主要检查产品内部结构是否按照规格说明书的规定正常运行。白盒测试是一种测试用例设计方法，盒子指的是被测试的软件，白盒顾名思义是指盒子是可视的，观察者清楚盒子内部的东西以及里面是如何运作的，因此，白盒测试需要测试人员对系统内部的结构和工作原理有一个清楚的了解。图3-1为白盒测试的示意图。

图3-1 白盒测试

3.1.1 白盒测试常用技术

白盒测试常用的技术一般分为静态分析技术和动态分析技术。

1. 静态分析技术

静态分析技术主要有控制流分析、数据流分析、信息流分析、代码评审等。

1）控制流分析：将程序的流程图转换为控制流程图借助算法进行控制分析。

2）数据流分析：根据代码得到的数据流表进行分析，主要关注数据的定义和引用。

3）信息流分析：根据输入变量、语句的关系及输出变量三者之间关系表进行分析。

4）代码评审：代码评审是在开发组内部进行，主要检查代码和设计的一致性，代码对文档标准的遵循及代码的可读性，代码的逻辑表达式正确性，代码结构的合理性等方面。代码评审比动态测试更有效率，能快速找到70%左右的逻辑设计上的错误和代码缺陷。

代码评审实施的方法很多，如代码走读、代码审查等。

代码走读属于非正式的评审，通过个人轮查和阅读的手段来找错误，主要检查代码是否符合标准、规范和风格等。

代码审查属于正式的评审，通常由开发组长组织代码评审，主要检查是否存在逻辑上的问题以及算法实现的问题等。

2. 动态分析技术

动态分析技术主要有程序插装、逻辑覆盖率测试等。

1）程序插装：对程序的路径和分支中设计程序插装，即在程序中插入一些打印语句，其目的就是在执行程序时，打印出我们最为关系的信息。

2）逻辑覆盖率：在白盒测试中最常用到的技术就是逻辑覆盖率，主要有语句覆盖、判定覆盖、条件覆盖、判定条件覆盖、路径覆盖等。下面通过实例具体讲解。

实例：C 语言简单运算程序如下：

```
Main{
float x,y,z;
begin
    if(x>1) and (y=0) then z=x/y;
    if(x=2) or (z>1) then z=x+1;
end;
}
```

它的流程图如图 3-2 所示。

图中 a、b、c、d、e 分别表示路径。

图 3-2　程序流程图

1）语句覆盖

语句覆盖是指在运行程序时，通过设计足够的测试数据，使被测程序中每一个语句至少被执行一次。其中的语句包含所有的语句。

针对上面的实例，设计测试数据：$x=2$，$y=0$，$z=3$ 即可使得语句覆盖率达到 100%。

语句覆盖测试方法仅对程序中的语句进行覆盖，对隐藏的条件无法测试。例如在上述实例中，如果开发误将第一个的逻辑运算符 AND 写成 OR，利用上述测试数据进行测试，语句覆盖仍能达到 100%，但是无法发现程序中运算符误写的错误。

2）判定覆盖

判定覆盖也称分支覆盖，是指在运行程序时，通过设计足够的测试数据，使被测程序中每个判定（逻辑真与假）至少被执行一次。

针对上面的实例，我们需要设计两组测试数据：$x=2$，$y=0$，$z=3$ 和 $x=1$，$y=0$，$z=1$ 才能实现判定覆盖率达到 100%。

从测试数据上，可以看出判定覆盖比语句覆盖要强一点，但是判定覆盖的缺点也是很明显的。例如在上述实例中，如果开发误将第二个条件 x>1 写成 x<1，利用上述测试数据进行测试，判定覆盖仍能达到 100%，但是无法发现程序中条件误写的错误。

3）条件覆盖

条件覆盖是指在运行程序时，通过设计足够的测试数据，使被测程序中所有判断语句中每个条件的可能取值（为真、为假）至少被执行一次。

在这里首先要搞清楚每个判断中的每个条件的取值（即为真、为假）。分析实例中两个判断中条件的各种取值，然后进行标记。如针对条件表达式 x>1 and y=0 中，x>1 取值为真，标记为 T1；x>1 取值为假，标记为 F1；y=0 取值为真，标记为 T2；y=0 取值为假，标记为 F2；条件表达式 x=2 and z>1 中，x=2 取值为真，标记为 T3，x=2 取值为假，标记为 F3；z>1 取值为真，标记为 T4，z>1 取值为假，标记为 F4。

针对各条件的取值，我们需要设计两组测试数据：$x=2$，$y=0$，$z=3$ 和 $x=1$，$y=1$，$z=$

1 可以实现条件覆盖率达到 100%。

从测试数据上看，条件满足但是判定未满足 100% 覆盖，为解决这一矛盾，需要对条件和判定兼顾，采用判定条件覆盖。

4）判定条件覆盖

判定条件覆盖是指运行程序时，通过设计足够的测试数据，使被测程序中所有判断语句中每个条件的可能取值（为真、为假）至少被执行一次，并且每个判定的结果（逻辑真与假）也至少被执行一次。

首先分析程序，程序中有两个判定，每个判定包含两个条件，这 4 个条件在两个判定中可能有 8 种组合，见表 3-1。

表 3-1　条件组合

组 合 编 号	条 件 取 值	标　记
1	$x>1$, $y=0$	T1, T2
2	$x>1$, $y\neq0$	T1, F2
3	$x\leq1$, $y=0$	F1, T2
4	$x\leq1$, $y\neq0$	F1, F2
5	$x=2$, $z>1$	T3, T4
6	$x=2$, $z\leq1$	T3, F4
7	$x\neq2$, $z>1$	F3, T4
8	$x\neq2$, $z\leq1$	F3, F4

下面我们开始设计测试数据，来实现判定条件覆盖达到 100%，见表 3-2。

表 3-2　覆盖情况

测 试 数 据	覆盖组合编号	覆盖条件判定	所经的路径
$x=2$, $y=0$, $z=3$	1、5	T1, T2, T3, T4	abd
$x=2$, $y=1$, $z=1$	2、6	T1, F2, T3, F4	acd
$x=1$, $y=0$, $z=3$	3、7	F1, T2, F3, T4	acd
$x=1$, $y=1$, $z=1$	4、8	F1, F2, F3, F4	ace

从上面路径角度看仅覆盖了 3 条路径，漏掉了路径 abe。因此判定条件覆盖还不是最完整的覆盖，无法满足对程序的完整测试，还需要考虑路径覆盖。

5）路径覆盖

路径覆盖是指运行程序时，通过设计足够的测试数据，使被测程序中所有的路径至少被执行一次。

上述实例中，有 4 条路径分别为 abd、acd、abe、ace。要使得路径达到全覆盖，至少需要设计 4 组数据：$x=2$, $y=0$, $z=3$；$x=2$, $y=1$, $z=1$；$x=3$, $y=0$, $z=1$；$x=1$, $y=1$, $z=1$。路径覆盖比前面几种逻辑覆盖方法覆盖率大，但也有如下缺点：对于这 4 组数据，路径覆盖达到 100%，但是显然条件没有达到（$y\neq0$ 没有取到）。还有如果开发人员误将判定表达式 $x=2$ or $z>1$ 中 or 写成 and，上面的测试数据仍然可以满足路径的全覆盖，但是无法测试出该错误。

还有一种情况是带有循环的程序，那它的路径也是没有办法做到全覆盖的。

逻辑覆盖法中语句覆盖、判定覆盖、条件覆盖、判定条件覆盖、路径覆盖，它们的覆盖强度依次增强，但是每种覆盖率都有其局限性，也确实没有一种十全十美的测试方法能够发现所有的错误。因此，在测试中要把各种覆盖率方法组合起来进行测试。

3.1.2 基本路径测试

基本路径测试法是在白盒测试中最为广泛的一种测试方法，它是一种通过程序的流程图，将其转化为程序控制流图，然后分析控制构造的环型复杂性，导出基本可执行路径集合，最后进行测试用例设计的方法。

1. 控制流

控制流程图是以图形的方式用来描述控制流的一种方法。在控制流程图中只有两种图形符号，如图 3-3 所示。图中标志符号圆圈，用来表示程序流程图中矩形框、菱形框的功能，也称为节点。箭头用来表示控制的顺序，也称为边（是指两个节点的连线）。

| 顺序结构 | IF 语句结构 | While 循环结构 | Until 循环结构 | CASE 语句结构 |

图 3-3　控制流程图的基本符号

在程序流程图转化为控制流程图时需要注意以下几点。

1）在选择或多分支结构中，分支的汇聚始终有一个汇集节点。

2）边和节点圈定的范围称为区域，注意图形外的区域也应记为一个区域。

3）一个节点上至少有两条或两条以上的输出边称为判定节点。

4）至少沿着一条新的边移动的路径称为独立路径。

2. 基本路径测试法的步骤

基本路径测试是通过确定测试用例是否完全覆盖基本路径而进行测试的。具体步骤如下。

步骤 1：将程序的流程图转化为控制流程图，如图 3-4 所示。

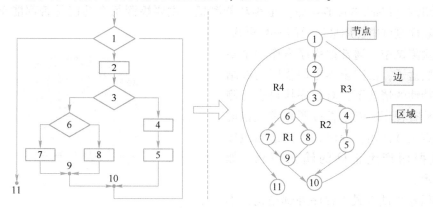

图 3-4　程序流程图转化为控制流程图

图中有节点 11 个，边 13 条，区域 4 个（R1、R2、R3、R4），判定节点 3 个①、③、⑥。

步骤2：计算控制流程图的圈复杂度。

圈复杂度是一种为程序逻辑复杂性提供定量测度的软件度量，将该度量用于计算程序基本的独立路径数目，为确保所有语句至少执行一次的测试数量的上界。独立路径必须包含一条在定义之前不曾用到的边。有以下3种计算圈复杂度的方法。

1）流图中区域的数量就是圈的复杂度。

2）控制流程图中，边的总数减去节点总数再加2。

3）控制流程图中，判定节点加1。

步骤3：确认独立路径的集合。

根据上面的计算方法，可得出图4-4中有4条独立的路径，它们分别如下。

路径1：1-11。

路径2：1-2-3-4-5-10-1-11。

路径3：1-2-3-6-8-9-10-1-11。

路径4：1-2-3-6-7-9-10-1-11。

步骤4：生成测试用例，确保基本路径集中每一条路径的执行。

为了确保基本路径集中的每一条路径的执行，根据判断结点给出的条件，选择适当的数据以保证某一条路径可以被测试到，满足上面例子基本路径集的测试用例。

3.1.3　白盒测试的优缺点

白盒测试的优点主要是检测代码中的每条分支和路径，对代码的测试比较充分。它可以揭示一些隐藏在代码中的缺陷或错误；还可以迫使测试人员仔细思考软件是如何实现的。其缺点也很明显，对软件规格的正确性不进行验证。而且对测试人员的要求非常高，必须要有一定的开发经验，能编写测试驱动或测试桩。由于成本也是比较昂贵的，所以目前大多数企业都不进行白盒测试，一般都是由开发人员来担任。

3.2　黑盒测试

黑盒测试（Black Box Testing）也称功能测试，主要检测每个功能是否都能正常使用。它也是在软件测试中使用最广泛的一类测试。

在黑盒测试中，通常把程序看作一个不能打开的黑盒子，在完全不考虑程序内部结构和内部特性的情况下，对程序接口进行测试，它只检查程序功能是否按照需求规格说明书的规定正常使用，程序是否能适当地接收输入数据而产生正确的输出信息，如图3-5所示。

图3-5　黑盒测试

由于黑盒测试着眼于程序外部结构，不考虑内部逻辑结构，主要针对软件界面和软件功能进行测试。所以黑盒测试是以用户的角度，从输入数据与输出数据的对应关系出发进行测试的。关注的是软件的功能需求，主要试图发现以下类型的错误。

1）功能是否正确，是否有遗漏。

2）界面是否错误。

3）数据结构或外部数据库访问错误。

4）性能错误。

5）初始化和终止错误。

在实际工作中，最常见的黑盒测试方法有功能性测试、性能测试、安全性测试、兼容性测试、稳定性测试、可靠性测试以及安装卸载测试等。

从理论上讲，黑盒测试只有采用穷举输入测试，把所有可能的输入都作为测试情况进行考虑，才能查出程序中所有的错误。因为穷举测试是不可能的，所以要有针对性地选择测试用例。通过制定测试案例指导测试的实施，保证软件测试有组织、有计划地进行。只有对黑盒测试进行量化，才能保证软件的质量，具体量化的方法之一就是测试用例。

黑盒测试用例设计方法包括等价类划分法、边界值分析法、判定表分析法、因果图分析法、正交试验法、流程设计法、状态迁移法、错误推测法以及异常分析法等。不管使用哪种设计方法，待设计完用例后还需要进行补充用例。

3.2.1 等价类划分法

1. 等价类定义

等价类是一种典型的黑盒测试用例设计方法，使用等价类划分，是将软件的输入域分为若干部分，然后从每个部分中选取少数具有代表性的数据进行测试，这样可以避免穷举产生的大量用例。

等价类是指某个输入域的子集合，在该子集合中，每个输入数据对于揭露软件中的错误都是等效的。简单地说，就是指输入该输入域中的某一个数据，如不能揭露被测对象中的缺陷，那么我们就说这个输入域中的所有数据都无法揭露该缺陷，反之亦然。

等价类划分一般划分为两种情况：有效等价类和无效等价类。

- 有效等价类：对需求规格说明而言，合理的、有效的输入数据构成的集合。
- 无效等价类：对需求规格说明而言，不合理的、无效的输入数据构成的集合。

因为软件不仅要能接收合理的数据，不合理的数据也需要做出正确响应，所以在设计测试用例时，两种等价类都需要考虑，这样的测试才能确保软件具有更高的可靠性。

2. 等价类划分

根据需求规格说明书确定被测对象的输入域进行等价类划分。等价类划分的子集必须是互不相交的，符合完备测试，避免出现冗余。

等价划分法的划分原则，通常按照以下规则进行划分等价类。

1）如果规定输入的取值范围或个数时，则划分一个有效等价类和两个无效等价类。如注册用户名的长度限制 6~18 个字符，6~18 个字符是有效等价类，小于 6 个字符和大于 18 个字符则是两个无效等价类。

2）如果规定了输入的集合或规则必须要遵循的条件，则划分一个有效等价类和一个无效等价类。如注册用户名的格式要求必须以字母开头时，以字母开头是有效等价类，非字母开头则是无效等价类。

3）如果输入条件是一个布尔值，则划分为一个有效等价类和一个无效等价类。如在注册用户时需要遵循协议或条款是否接受时，"接受"是有效等价类，"不接受"则是无效等价类。

4) 如果输入条件是一组数据（枚举值），并且程序对每一个输入的值做不同的处理，则化为若干个有效等价类和一个无效等价类。如网游中充值 VIP 等级（3个等价），对每个 VIP 的等级优惠不同，VIP1、VIP2、VIP3 不同等级是 3 个有效等价类，不是 VIP 用户则是无效等价类。

5) 如果输入条件规定了必须要遵循的某些规则下，则划分为一个有效等价类和若干个无效等价类（无效等价类需要从不同的角度去违反规则）。如密码要求首位必须是大写字母的，首字母大写是有效等价类，首位小写字母的、首位为数字的或首位为特殊字符的则是无效等价类。

6) 不是所有的等价类都有无效等价类，如性别的选择只有男或女两种。

3. 等价划分法的设计用例的步骤

步骤 1：根据需求规格说明书，等价类划分。

步骤 2：设计等价表，填写划分好的内容并设计编号。

根据划分原则将划分好的有效等价和无效等价填入等价类划分设计表中，见表 3-3。

表 3-3　等价类划分设计表

输入条件	子条件	有效等价类	有效等价编号	无效等价类	无效等价编号

步骤 3：设计覆盖表，填写覆盖所有的有效等价类编号和无效等价类编号。

通常设计数据覆盖所有等价类时，有以下两个原则。

1) 设计新的测试数据，尽可能多地覆盖尚未被覆盖的有效等价类，重复这一步，直到将所有的有效等价类都被覆盖完为止。

2) 设计新的测试数据，只覆盖一个无效等价类，重复这一步，直到将所有的无效等价类都被覆盖完为止。

步骤 4：根据每组测试数据生成对应的测试用例。

等价类划分法是最简单、最容易理解的，也是在用例设计中使用最广泛的一种用例设计方法。它的优点是考虑了单个输入域所有可能的取值情况，避免了我们在设计用例时盲目的或随机的选取输入测试数据的不完整性或覆盖的不稳定性。最大的缺点就是产生的测试用例比较多，而且在设计时，没有考虑输入条件之间的约束关系，可能会产生一些无效的测试用例，也没有对边界点进行考虑，所以在设计时需要结合其他的设计方法进行补充，如边界值分析法。等价类划分法的难点就是对输入域的划分以及寻找隐藏的条件。

【案例解析】

某网站的用户注册的需求说明，用户名必填项，要求长度为 6~18 个字符，并由字母、数字、下画线组成，必须以字母开头，结尾必须是数字或字母，而且不区分大小写字母，重名账号不允许注册。密码必填项，要求 8~15 个字符，首位必须是大写字母，而且区分大小写字母。确认密码，要求与密码一致，如图 3-6 所示。

1) 根据上面需求说明，首先进行划分等价类。经过细化后并将有效等价类和无效等价类填入等价类划分设计表中，并进行编号，见表 3-4。

用户注册页面

用户名：_____ * 要求6~18个字符，由字母、数字、下画线组成，必
须以字母开头，以数字或字母结尾，不区分大小写

密　码：_____ * 要求8~15个字符，首位要求大写字母，区分大小写

确认密码：_____ *

图3-6　等价类设计案例——用户注册页面

表3-4　等价类划分设计表

输入条件	子条件	有效等价类	编号	无效等价类	编号
用户名	必填项	必填	01	不填	N01
	长度	6~18	02	小于6个字符	N02
				大于18个字符	N03
	组成	字母、数字、下画线	03	含有其他特殊字符	N04
				含有汉字	N05
	开头	以字母开头	04	以数字开头	N06
				以下画线开头	N07
	结尾	以数字结尾	05	以下画线结尾	N08
		以字母结尾	06		
	重名	未注册的用户名	07	已注册的用户名	N09
密码	必填项	必填	08	不填	N10
	长度	8~15	09	小于8个字符	N11
				大于15个字符	N12
	大小写	区分大小写	10	不区分大小写	N13
	首位	首位大写字母	11	首位为小写字母	N14
				首位为数字	N15
				首位为特殊字符	N16
确认密码	一致性	与密码一致	12	与密码不一致	N17

2）根据覆盖的规则，将测试数据覆盖的有效和无效等价类编号填入表中，见表3-5。

表3-5　覆盖情况

序号	测 试 数 据	覆盖等价类编号
1	zhang_123、Amos.1314、Amos.1314	1、2、3、4、5、7、8、9、10、11、12
2	lisi17test、Hu123456、Hu123456	1、…、4、6、…、11
3	用户为空	N01
4	amos	N02
5	wangwu123456789testing	N03
6	zhaoliun#2017	N04
7	Testing测试	N05

序号	测 试 数 据	覆盖等价类编号
8	1Testing2017	N06
9	_Testing2017	N07
10	Testing2017_	N08
11	已注册的用户名 zhang _123	N09
12	密码为空	N10
13	Amos#	N11
14	Zhangsan 1234567890!	N12
15	注册输入小写，登录输入大写	N13
16	ZGYC12345	N14
17	12345ZGYC	N15
18	_ZGYC12345	N16
19	与密码不一致	N17

3）最后根据表 3-5 中的测试数据编写测试用例，测试用例示例见表 3-6。

表 3-6　测试用例示例

用例编号	＊＊＊_ST_用户注册_Case001
所属模块	用户注册模块
用例标题	验证：输入正确的信息是否成功注册用户
优先级	高
前置条件	打开注册页面
测试数据	用户名：zhang_123，密码：Amos.1314，确认密码：Amos.1314
操作步骤	1. 进入注册页面输入测试数据 2. 单击注册"提交"按钮
预期结果	系统提示 zhang_123 注册成功，并成功跳转到 zhang_123 注册成功页面

3.2.2　边界值分析法

1. 边界值的定义

边界值分析法是对等价类划分法的一个补充，该方法不仅需要考虑输入域的边界，而且还要关注输出域的边界。由长期的测试工作经验得知，大量的错误发生在输入和输出范围的边界上。因此针对各种边界情况设计用例，可以查出更多的错误。

一般在规定了取值范围或规定了值的个数，或者明确输入条件的有序集合中使用。边界值分析法设计用例时，需要考虑 3 个点的选择。3 点的关系图，如图 3-7 所示。

1）上点：就是边界上的点，它不区分开区间还是闭区间。

2）离点：离点是离上点最近的点。如果输入域是封闭的，则离点在域的范围外；如果输入域是开区间，则离点在域的范围内。

3）内点：顾名思义就是输入域内任意一个点。

图 3-7 上点、离点、内点关系图

2. 边界点的划分

通常按照以下规则进行边界点的划分。

1）如果规定了输入域的取值范围，则选取刚好在范围边界的点，以及刚好超过边界的点，作为测试的输入数据。

2）如果规定了输入值的个数，则用最大个数、最小个数、比最小个数少 1、比最大个数多 1 的数作为测试数据。

3）如果规定了输入是一个有序的集合，则选取集合的第一个元素和最后一个元素作为测试数据。

注意：在设计时，通常选择上点和离点。在选择离点时，需要考虑数据的类型和精度。如上点数据类型是实数，精确度为 0.001，那么离点就是上点减 0.001 或上点加 0.001。

3. 边界值分析法设计用例的基本步骤

步骤 1：设计等价表，填写划分好的内容并设计编号。

步骤 2：为每一个等价类的边界点设计上点、离点、内点并设计编号。

步骤 3：设计测试数据，覆盖所有的等价类及边界点直到所有的点全部进行覆盖。

步骤 4：根据每组测试数据生成对应的测试用例。

【案例解析】

某银行系统，允许用户通过日期对交易进行查询，系统对输入日期的限定为 1990 年 1 月~2049 年 12 月，并规定：日期由 6 位数字字符组成，前 4 位表示年，后 2 位表示月。

1）分析输入条件有 6 位数字字符，年份的范围，月份范围，设计见表 3-7。

表 3-7 等价类边界值设计

输入条件	有效等价类	有效边界点	无效等价类	无效边界点
日期长度	6 位数字字符	上点：6 位	小于 6 位数字字符	离点：5 位
			大于 6 位数字字符	离点：7 位
日期类型	数字字符	无	非数字字符	无
年份范围	1990~2049	上点：1990、2049 离点：1991、2048	小于 1990	离点：1989
			大于 2049	离点：2050
月份范围	1~12	上点：1、12	小于 1	离点：0
			大于 12	离点：13

2）根据表 3-7 中的测试数据编写测试用例（略）。

3.2.3 判定表分析法

1. 判定表的定义

在等价类设计法中，没有考虑输入域的组合情况，导致我们设计的用例中无法覆盖输入域之间存在关联的地方。为了弥补等价类设计的不足，这里我们介绍一种新的用例设计方法——判定表分析法。

2. 判定表的组成

判定表分析法主要是分析和表达多种输入条件下系统执行不同动作的技术。在程序设计发展的初期，判定表就已被当作编写程序的辅助工具了，它可以把复杂的逻辑关系和多种条件组合的情况表达得很明确。判定表由 4 个部分组成，如图 3-8 所示。

- **条件桩**：列出被测对象的所有输入，并列出输入条件与次序无关。
- **动作桩**：列出输入条件系统可能采取的操作，这些操作的排序顺序没有约束。
- **条件项**：列出输入条件的其他取值，在所有可能情况下的真假值。
- **动作项**：列出在条件项的各种取值情况下应采取的动作。

规则：将条件项和动作项组合在一起，即在条件项的各种取值情况下应采取的动作。在判定表中贯穿条件项和动作项的每一列构成一条规则，即测试用例。可以针对每个合法的输入组合的规则设计测试用例进行测试。规则计算方式为 2^n 个，其中 n 表示条件个数。

3. 判定表的合并规则

在根据判定表设计好的测试用例中，可能存在相似的规则，即条件桩的取值对动作桩无影响的情况。此时，可以将规则进行合并。合并的规则是动作桩相同情况下，并且条件项中存在相似的关系，则可以合并规则。合并规则如图 3-9 所示，图中 Y 表示真，N 表示假，X 表示动作。

图 3-8 判定表组成   图 3-9 判定表合并规则

4. 判定表分析法的设计用例的步骤

步骤 1：找出条件桩和动作桩。

步骤 2：分析条件项，并计算规则个数，然后构成判定表。

步骤 3：根据条件项的各种取值将动作项填入判定表中。

步骤 4：简化判定表，合并相似的规则

步骤 5：根据每条规则生成对应的测试用例。

在使用判定表时，需要注意，合并是存在风险的，因为它是以牺牲输入条件的组合为代价的。在一般情况下，测试用例少的时候不建议合并，如果用例设计多需要合并时，最多只进行一次合并。

5. 案例解析

某网站中用户登录的需求说明，当输入正确的用户名、密码及验证码时，登录成功；当输入用户名或密码不正确，提示用户名或密码错误；当输入验证码不正确，提示验证码错误。

1）分析条件桩和动作桩，条件项有输入用户名是否正确、密码是否正确、验证码是否正确；动作桩有登录成功、提示用户名或密码错误、提示验证码错误。

2）根据条件来计算规则 2^3 个（即 8），构成判定表，见表 3-8（图中 Y 表示真，N 表示假，X 表示动作）。

表 3-8　判定表

		1	2	3	4	5	6	7	8
条件	用户名是否正确？	Y	Y	Y	Y	N	N	N	N
	密码是否正确？	Y	Y	N	N	Y	Y	N	N
	验证码是否正确？	Y	N	Y	N	Y	N	Y	N
动作	登录成功	X							
	用户名或密码错误			X	X	X	X	X	X
	验证码错误		X						

3）根据合并规则，将 3 和 7、4 和 8、5 和 6 合并得到判定表，见表 3-9。

表 3-9　合并后的判定表

		1	2	3&7	4&8	5&6
条件	用户名是否正确	Y	Y	—	—	N
	密码是否正确	Y	Y	N	N	Y
	验证码是否正确	Y	N	Y	N	—
动作	登录成功	X				
	用户名或密码错误			X	X	X
	验证码错误		X			

4）从表 3-9 中可以发现 3 和 7 合并后与 4 和 8 合并后还可以继续进行合并，最后只剩 4 条规则。看上去用例数减少了，但是很容易产生漏测的风险，所有不建议合并。

5）根据表 3-9 中的规则编写测试用例（略）。

3.2.4　因果图分析法

在利用判定表设计用例的过程中，如果条件过多，导致设计判定表比较困难。为了弥补该缺点，接下来我们介绍一种新的测试用例设计方法——因果图分析法。

1. 因果图定义

因果图分析法是分析输入条件之间的约束情况，然后生成判定表，进行用例设计。下面介绍一下因果图的基本图形符号：因果符号和约束符号。

（1）因果符号

因果是指输入和输出的因果关系。因果符合有恒等、非、或、与 4 种表示方法，如图 3-10 所示，其中 c_1 表示输入的状态，即原因、e_1 表示输出的状态，即结果。c_1 和 e_1 均可取值 0 或 1（0 表示某状态不出现，1 表示某状态出现）。

| (1) 恒等 | (2) 非 | (3) 或 | (4) 与 |

图 3-10　因果符号

- 恒等：当输入条件发生时，则一定会产生对应的输出；相反当输入条件不发生时，则不产生对应的输出。即 c1 为 1 时，e1 一定为 1；否则 c1 为 0，e1 一定为 0。
- 非：与恒等相反，当输入条件发生时，则不产生对应的输出；反之亦然。即 c1 为 1 时，e1 一定为 0；否则 c1 为 0，e1 一定为 1。
- 或：当输入多个条件时，只要有其中一个条件发生，则产生对应的输出。即只要 c1、c2、c3 其中一个为 1，则 e1 为 1；只有 c1、c2、c3 全部为 0 时，e1 才为 0。
- 与：当输入多个条件时，只有所有的输入条件发生时，才会产生对应的输出。即 c1、c2 都为 1 时，e1 才为 1；只要 c1、c2 其中一个为 0，e1 为 0。

（2）约束符合

约束是指输入与输入之间存在的某些依赖关系，称为约束。约束符号有异、或、唯一、要求、强制 5 种表示方法，其中前面 4 种是针对输入条件的约束，最后一种强制只针对输出条件的约束。如图 3-11 所示，其中 a、b 分别代表条件。条件的取值 0 或 1（0 表示某状态不出现，1 表示某状态出现）。

| (1) 异 | (2) 或 | (3) 唯一 | (4) 要求 | (5) 强制 |

图 3-11　约束符号

- 异：在所有输入条件中，至多有一个可能不发生。即图 3-11 中，a 和 b 最多只有一个为 1，不能同时为 1，但可以同时为 0。
- 或：在所有输入条件中，至少有一个发生。即图 3-11 中，a、b、c 最少有一个为 1，不能同时为 0，但可以同时为 1。
- 唯一：在所有输入条件中，有且只有一个发生。即图 3-11 中，a 和 b，只有一个为 1，不能同时为 1，也不能同时为 0。
- 要求：在所有输入条件中，只要有一个发生，则要求其他条件也发生。即图 3-11 中，a 和 b，a 为 1 时，要求 b 也为 1。
- 强制：是针对结果的约束关系，当一个结果发生，强制另一个结果不发生。即图 3-11 中，结果 a 为 1 时，强制 b 为 0。

2. 因果图分析法的设计用例的步骤

步骤 1：找出输入条件（原因）和输出条件（结果）。

步骤 2：画出因果关系图，如果一步不能达到结果，可以借助中间节点。

步骤 3：将因果关系图转换为判定表。

步骤 4：分析判定表，再合并相似的规则，如原因中不可能出现的或组合没有意义的规则。

步骤 5：根据每条规则生成对应的测试用例。

【案例解析】

需求规定：输入的第一列字符必须是 X 或 Y，第二列字符必须是一个数字时，对文件进行修改，如果第一列字符不正确，则给出信息 A；如果第二列字符不正确，则给出信息 B。

1）分析原因和结果，并进行编号，见表 3-10。

表 3-10　原因与结果

	原　　因		结　　果
1	第一列字符为 X	21	修改文件
2	第一列字符为 Y	22	给出信息 A
3	第二列字符为一个数字	23	给出信息 B

2）根据它们之间的对应关系，画出因果图并标记约束符号，如图 3-12 所示。

图 3-12　带约束的因果图

3）根据因果图转换为判定表（Y 代表出现、N 代表不出现），见表 3-11。

表 3-11　转化后的判定表

桩	规则	1	2	3	4	5	6	7	8
条件 （原因）	1	Y	Y	Y	Y	N	N	N	N
	2	Y	Y	N	N	Y	Y	N	N
	3	Y	N	Y	N	Y	N	Y	N
中间节点	11	—	—	Y	Y	Y	Y	N	N
动作 （结果）	22	—	—	N	N	N	N	Y	Y
	21	—	—	Y	N	Y	N	N	N
	23	—	—	N	Y	N	Y	N	Y

4）由于原因 1 和 2 不可能同时出现，故规则 1、2 属于不可能发生的组合，即 1、2 规则的测试用例可以不考虑。

5）根据表 3-11 中的规则编写测试用例（略）。

3.2.5 流程分析法

1. 流程法的定义

流程分析法也称场景法，主要是针对测试场景类型。它是从白盒测试设计方法中的路径覆盖分析法借鉴过来的一种很重要的方法。在白盒测试中，路径就是指函数代码的某个分支组合，路径覆盖法需要构造足够的用例覆盖函数的所有代码路径。在黑盒测试中，若将软件系统的某个流程看成路径，则可以针对该路径使用路径分析的方法设计测试用例。

在实际工作中，流程分析法是最容易理解和执行的，它主要是通过流程对系统的功能点或业务流程进行描述，可以提供测试效果。流程分析法一般包含基本流和备选流，从一个流程开始，通过描述经过的路径来遍历所有的基本流和备选流。

- 基本流：是指程序的主流程，是实现业务流程最简单的路径。
- 备选流：是指实现业务流程时因错误操作或者异常操作，导致最终达到目的流程。

流程分析法如图 3-13 所示。直线表示本基流；其他曲线表示为备选流。由图可以看到，一个备选流可以从基本流开始；也可以从备选流开始。备选流的终点，可以是一个流程的出口，也可以是回到基本流，还可以是汇入其他的备选流。可以确认的流程如下所示。

图 3-13　基本流和备选流

流程 1：基本流。
流程 2：基本流→备选流 1。
流程 3：基本流→备选流 1→备选流 2。
流程 4：基本流→备选流 3。
流程 5：基本流→备选流 3→备选流 1。
流程 6：基本流→备选流 3→备选流 1→备选流 2。
流程 7：基本流→备选流 4。
流程 8：基本流→备选流 3→备选流 4。

2. 流程分析法的基本步骤

步骤 1：根据规格说明，描述程序的基本流和备选流并画业务流程图。

步骤 2：根据业务流程，分析每一个节点的输入和输出。

步骤 3：确定测试流程（路径）。

步骤 4：根据节点的输入、输出，选取测试数据，构造测试用例。

【案例解析】

对某银行 ATM 取款机的取款流程进行测试。

1）画取款的流程图，如图 3-14 所示。ATM 取款中的基本流和备选流，见表 3-12。

图 3-14　ATM 取款流程图

表 3-12　ATM 机基本流和备选流

基本流	1	用户插入正确的银行卡，提示用户输入密码
	2	输入密码，进行检验。显示 ATM 可办的业务
	3	用户选择取款
	4	输入取款金额，进行校验，用户按下确认键
	5	ATM 点钞、出钞，并同步数据
	6	用户取款
	7	显示是否打印凭条
	8	退出银行卡，恢复到初始状态
备选流 1		无效银行卡
备选流 2		输入密码错误
备选流 3		输入密码错误次数超过 3 次
备选流 4		ATM 内没有现金
备选流 5		输入的金额无效，即不是 100 的整数倍
备选流 6		输入的金额超过每次取款的最大限额
备选流 7		取款金额不能超过每天取款的最大限额
备选流 8		账户余额不足
备选流 9		取款超时
备选流 10		不打印凭条
备选流 11		超时未取卡

2）生成 ATM 取款的流程，见表 3-13（备选流 2、5、6、7、10 的循环未写入表中）。

表 3-13　ATM 取款的流程

流程 1：成功取款	基本流
流程 2：插入无效卡退出	基本流+备选流 1
流程 3：输入密码错误次数小于 3 次，返回	基本流+备选流 2
流程 4：输入密码错误次数大于 3 次，退出	基本流+备选流 3
流程 5：ATM 机现金不足，退出	基本流+备选流 4
流程 6：输入的金额无效，即不是 100 的整数倍	基本流+备选流 5
流程 7：输入的金额超过每次取款的最大限额	基本流+备选流 6
流程 8：取款金额不能超过每天取款的最大限额	基本流+备选流 7
流程 9：确认取款后，提示账户余额不足	基本流+备选流 8
流程 10：出钞后，超时未取款，退出	基本流+备选流 9
流程 11：不打印凭条，确认继续	基本流+备选流 10
流程 12：取款完后，超时未取卡	基本流+备选流 11

3）根据表 3-13 中的流程编写测试用例（略）。

3.2.6 状态迁移法

1. 状态法的定义

状态迁移法是通过被测系统，抽象出它的若干个状态，以及这些状态之间的转换条件和路径，那么就可以从状态迁移路径覆盖的角度来设计用例对进行测试。其主要验证在给定的条件内是否能够产生需要的状态变化，是否有不可能达到的状态或非法的状态，是否可能产生非法的状态转移等。在黑盒测试中主要目标是设计足够的用例达到对系统状态的覆盖、状态-条件组合的覆盖以及状态迁移路径的覆盖。

2. 状态法的设计步骤

简单来说，状态迁移就是将程序的业务流程中每个节点用状态来描述，通过触发的事件来完成各状态之间的转换。具体的实施步骤如下。

步骤 1：分析需求规格说明书来绘制状态迁移图。

步骤 2：定义状态——事件表。

步骤 3：根据状态迁移推出测试的路径。

步骤 4：根据测试路径选取测试数据，最后生成测试用例。

实际工作中，在业务流程中都涉及了复杂的业务场景（即业务状态的迁移）。而这些业务场景在需求规格中往往不能够完全阐述清楚，容易出现遗漏。所以当被测系统的业务场景复杂时，在工程中应用这种针对状态迁移测试的思路完成对复杂业务场景的测试有时是很有必要的。

【案例解析】

Bug 单的流程：测试人员提交新问题单，项目测试经理（TPM）审核问题单，如果不是问题，则作为非问题关闭，如果重复则作为重复问题关闭，否则置为打开状态。开发人员分析打开状态的问题单，如果接受则进行修改。否则应与测试人员协商，在问题单提交人同意的情况下，可退回给测试人员作为非问题关闭。对于开发人员拒绝修改，但测试人员无法认同的情况，该问题单需提交 CCB 评审，根据评审结果，如果确认要修改则进入修改状态，如果不是问题则作为非问题关闭，如果是问题但暂时无法解决则挂起，挂起的问题单到达指定修改期限时，会再次进入打开状态。修改后的问题单需由测试人员进行回归测试，如果回归通过则关闭问题单，如果回归不通过则重新进入打开状态。

1）根据描述确定流程的节点，即节点状态，分析状态之间的迁移关系，用圆圈代表状态，箭头代表状态迁移方向，绘制状态迁移图，如图 3-15 所示。

图 3-15 Bug 的状态迁移图

2）根据状态图，将输入不同条件导致的输出和状态迁移列入表中，见表 3-14。

表 3-14　状态事件表

当前状态（前置条件）	触发事件（操作步骤）	下一状态（预期结果）
初始化	TPM 审核，确认是问题	打开
	TPM 审核，确认是重复问题	重复问题关闭
	TPM 审核，确认非问题	非问题关闭
打开	开发确认问题，已接收	修改
	和开发沟通后，确认非问题	非问题关闭
	和开发沟通后，有争议	CCB 评审
修改	开发将 Bug 已经修复	回归
回归	回归测试通过	关闭
	回归测试不通过	打开
CCB 评审	确认是问题	修改
	确认非问题	非问题关闭
	讨论后暂不处理或延期处理	挂起
挂起	指定版本或 Bug 到期	打开

3）可以根据状态事件设计测试路径。

4）根据测试路径编写测试用例（略），还要设计非法状态转换的测试用例。

3.2.7　正交试验法

1. 正交法的定义

正交试验法是从大量的试验点中挑选出适量的、有代表性的点，应用依据迦罗瓦理论导出的"正交表"，合理地安排试验的一种科学的试验设计方法。它是根据正交性从全面试验中挑选出部分有代表性的点进行试验，这些有代表性的点具备了"均匀分散，齐整可比"的特点，是研究多因素多层次采样点的一种设计方法，正交试验设计是一种基于正交表的，高效率、快速、经济的试验设计方法。

2. 正交法术语

正交试验中常用的术语有指标、因子、因子的状态 3 个。

- **指标**：通常把判断试验结果优劣的标准称为试验的指标。
- **因子**：把所有影响试验指标的条件称为因子。
- **因子的状态**：把影响试验因子的因素称为因子的状态。

正交试验表示形式有两种：$L_r(m^n)$ 或 $L_r(m^n, p^q)$，其中 n、q 代表因子数，即正交表中的列；m、p 代表水平数也称状态，单个因子取最大数；r 代表行数，正交表中行的数量，即测试用例数。简单地说，正交试验法就是测试组合的方法，这一点跟判定表法类似，但是判定表法是通过人工对全排列组合来进行化简得到测试用例，而正交试验法是借助数学工具，通过算法从全排列组合中选择组合并放到正交表中，通过查看合适的正交表，可以直接得到测试用例。正交表的原理就是两两组合。

正交表查询网址：https://www.york.ac.uk/depts/maths/tables/orthogonal.htm。

3. 正交试验法设计用例的步骤

步骤 1：提取功能说明，构造因子——状态表。

步骤 2：加权筛选，生成因素分析表。计算各因子和状态的权值，删去一部分比较小的权值，即重要性比较小的因子或状态，使最后生成的测试用例集缩减到允许范围。

步骤 3：利用正交表构造测试数据集。如果各个因子的状态数是不统一的，几乎不可能出现均匀的情况。必须首先用逻辑命令来组合各因子的状态，画出布尔图，根据布尔图查找最接近的相应阶数的正交表。

步骤 4：依照因果图上根节点到叶子节点的顺序逐步替换正交表上的中间节点，得到最终的正交表。

步骤 5：利用正交表每行数据构造测试用例。

【案例解析】

某数据库查询系统，规定查询条件，可以按照功能、结构、逻辑符号等查询类别进行查询；也可按照简单、组合、条件等查询方式进行查询；还可以按照门、功能块等元胞类别进行查询；还可以按照终端显示、图形显示、行式打印等打印方式进行查询。

1）根据规定分析因子和因子的状态，可得到因子——状态表，见表 3-15。

表 3-15　因子——状态表

状态 ＼ 因子	查询类别	查询方式	元胞类别	打印方式
1	功能	简单	门	终端显示
2	结构	组合	功能块	图形显示
3	逻辑符号	条件		行式打印

2）根据规格分析，在表 3-15 中，因为打印方式的权值和查询类别中逻辑符号的权值比较小，所以我们将这些权值比较小的因子或状态进行加权筛选，得到分析表，见表 3-16。

表 3-16　分析表

状态 ＼ 因子	查询类别	查询方式	元胞类别
1	功能	简单	门
2	结构	组合	功能块
3		条件	

3）再将上面的查询方式中简单和组合进行合并，得到合并后的因素表，见表 3-17。

表 3-17　合并后的因素表

状态 ＼ 因子	查询类别	查询方式	元胞类别
1	功能	简单/组合	门
2	结构	条件	功能块

4）再将合并后的因素表，替换到正交表 3 因子 2 状态中，见表 3-18。

表 3-18 替换正交表 3 因子 2 状态

状态＼因子	查询类别	查询方式	元胞类别
1	功能	简单/组合	门
2	功能	条件	功能块
3	结构	简单/组合	功能块
4	结构	条件	门

5）再将表 3-18 进行分解，最后得到具有 6 条测试用例的测试数据集，见表 3-19。

表 3-19　测试数据集

状态＼因子	查询类别	查询方式	元胞类别
1	功能	简单	门
2	功能	组合	门
3	功能	条件	功能块
4	结构	简单	功能块
5	结构	简单/组合	功能块
6	结构	条件	门

6）根据表 3-19 中每行的测试数据编写测试用例（略）。需要注意的是，在最后设计用例时，需要补充已筛选权值比较小的测试用例，即查询类别为逻辑符号的测试用例。

因为在正交表中有 4 因子 3 状态，所以该案例还可以采用直接补空状态进行设计用例。然后再用其他状态替换补空的状态（即空状态可以用门或功能块替换），见表 3-20。

表 3-20　替换 4 因子 3 状态的正交表

状态＼因子	查询类别	查询方式	元胞类别	打印方式
1	功能	简单	门	终端显示
2	功能	组合	功能块	图形显示
3	功能	条件	门或功能块	行式打印
4	结构	简单	功能块	行式打印
5	结构	组合	门或功能块	终端显示
6	结构	条件	门	图形显示
7	逻辑符号	简单	门或功能块	图形显示
8	逻辑符号	组合	门	行式打印
9	逻辑符号	条件	功能块	终端显示

在工作中使用比较广泛，但需要注意正交表中包含的组合并没有考虑实际取值的意义，因此可能出现无效的组合。在设计中需要删除无效组合，还需要补充遗漏的常见组合。

4. 正交工具——allpairs

在实际应用中如果出现现因子或状态很多时，而且在正交表中很难匹配时，可以借助工具来直接导出正交组合。下面介绍一款正交的工具 allpairs 的基本使用。

步骤 1：从网上直接下载 .zip 的压缩包，解压到磁盘根目录，如 D：\allpairs。

步骤 2：在 Excel 表中构造因子状态表。

步骤 3：进入 allpairs 目录，新建文本文档，如 test.txt。

步骤 4：复制 Excel 表中的因子状态到 test 文本文档中。

步骤 5：进入 allpairs 目录，在地址栏输入 cmd，按下〈Enter〉键进入 DOS 窗口。

步骤 6：输入命令：allpairs.exe test.txt > res.txt 按下〈Enter〉键，此时会自动进行组合，并在当前目录 D：\allpairs\下生成 res.txt 文本文档。

步骤 7：用 Excel 打开 res.txt 文本文档，根据生成的组合编写测试用例（略）。

3.2.8 错误推测与异常分析

1. 错误推测

在软件测试中，基于经验和直觉推测程序中可能存在的各种错误，从而有针对性地设计测试用例的方法，就是错误推测法。

它的基本设计思路就是分析程序中最易出错的场景和情况，在此基础上有针对性地设计测试用例。需要测试人员深度熟悉被测系统的业务、需求，对被测系统或类似系统之前的缺陷分布情况进行过系统的分析，包括功能缺陷、数据缺陷、接口缺陷和界面缺陷等。

在实际测试活动中，随着测试人员对产品了解的加深和测试经验的丰富，使得错误推测法设计的测试用例往往非常有效，可以作为测试设计的一种补充手段。简单地说就是积累的经验越丰富，方法使用效率越高。错误推测不是瞎猜，主要是针对系统可能存在的薄弱环节的测试补充，而不是为了覆盖而测试。

2. 异常分析

异常分析就是针对系统有可能存在的异常操作、软硬件缺陷引起的故障进行分析，依此设计测试用例。一方面主要针对系统的容错能力、故障恢复能力进行测试。另一方面，针对系统资源的异常进行测试。简单地说，就是人为地制造异常情况，来检查系统处理能力。

下面主要介绍一下常见的异常分析情况。

1）测试软件不按照正常的流程运行。

2）删除或修改系统的重要配置文件。

3）处理如特殊符号"/"斜杠、"./"点斜杠、"'"单引号以及空格等。

4）强行关闭数据库服务器，制造数据库死机，非法破坏数据表或数据等。

5）增加服务器资源的使用情况，如 CPU、内存、硬盘等。

6）对部分或者所有相关软件进行断电测试。

3.2.9 黑盒测试的优缺点

黑盒测试使用范围比较广泛，其优点主要是站在用户的角度进行测试，测试人员不需要了解程序实现的细节，相对白盒测试而言，黑盒测试的测试数据很容易生成，但是要测试到每一个输入流几乎是不可能的。最大的缺点就是不能针对特定的程序段，这样很容易造成程序路径的漏测，当程序非常复杂时其隐藏的问题很难发现。

在实际工作中，由于黑盒测试的测试人员编程能力相对薄弱，所以大部分测试人员现在研究的都是介于白盒和黑盒之间，就是灰盒测试，也是我们常说的接口测试。

3.3 灰盒测试

灰盒测试（Gray Box Testing）是一种综合测试法，是介于白盒测试与黑盒测试之间的一种测试，不仅关注输出、输入的正确性，同时也关注程序内部的运行情况。白盒测试和黑盒测试是完全不同的出发点，也是两个完全对立点，反映了事物的两个极端，两种方法各有侧重，是不能替代的。灰盒测试不像白盒测试那样详细、完整，但又比黑盒测试更关注程序的内部逻辑，常常是通过一些表征性的现象、事件、标志来判断内部的运行状态。通常灰盒测试关注的粒度是一个模块或模块与模块之间的接口问题。要求测试人员清楚系统内部是由哪些模块构成的，模块之间是如何运作的。因此，测试人员需要熟悉常用的接口测试工具，还可以跟自动化测试相结合，从而提升测试的效率，进一步提升软件的质量。

3.4 同行评审

同行评审（Peer Review）是一种学术成果审查程序，即一位作者的学术著作或计划被同一领域的其他专家学者来加以评审。在软件活动中，通常是指通过评审对象作者的同行来确认缺陷或错误的检查方法，也是静态测试中最常用的技术。一般评审对象是指文档、代码、流程、方法等。在软件活动的每个阶段中都需要开展评审活动，而且是越早越好，便于早期发现缺陷，从而解决缺陷，降低成本和风险，来提高软件的质量。

3.4.1 同行评审的类型

同行评审的组织形式一般分为正规检视、技术评审、走读3种类型。

1. 正规检视

正规检视是在软件开发过程中进行的，发现、排除软件在开发周期各阶段存在的错误、不足的过程，是一种软件静态测试方法，其生存周期为软件的开发周期，应用与开发过程中产生的（非阶段性）软件文档和程序代码。目的是发现存在的缺陷或错误。

正规检视的规模一般很小，是由设计、开发、测试、质量等不同部门中工作性质相关的人员组成，通常检视小组的成员要求具有不同技术领域的经验，这对检视过程非常重要。而且要求每个检测者都从他们自己的观点出发来检查产品，这样有益于发现很隐蔽的缺陷或错误。协作是正规检视的特色，通常一个检视者的想法可能会引起另一个检视者的其他想法，这是正规检视过程中的规范性表现。

2. 技术评审

技术评审是由一个正式的组对产品进行评价。其主要特点，是由一组评审人员按照规范的步骤对软件需求、设计、代码或其他技术文档仔细检查，以确认任何与规格和标准不一致的地方，或在检查后给出可替换的建议。技术评审的严格程度没有像正规检视那么严格。技术评审的参与者包括作者以及产品技术领域内的专家。

技术评审是为了确认和裁决技术问题，而不是为了发现问题。通常技术评审的目的主要包含验证软件符合它的需求规格，以及确认软件符合预先定义的开发规范和标准。

3. 走读

走读的目的是要评价一个产品，通常是软件代码。走读一直以来都与代码检查联系在一起，其实走读也可以应用到别的产品（如结构设计、详细设计、测试计划等文档）上。而走读的最主要目标是要发现缺陷、遗漏和矛盾的地方，改进产品和考虑替换的实现方法。另外走读也有一些其他的目的，包括技术的交换、参与人员的技术培训、设计思想的介绍等。一般走读的形式是比较自由的。

3.4.2 同行评审的角色

同行评审的角色包括组织者、作者、讲解员、评审专家、记录员等。

1. 组织者

组织者支持、运作整个评审活动，其必须明白评审的目的以及开发过程中的作用和重要性。熟悉规范的评审流程，能够培训参与者和对评审内容进行客观的检查。其领导能力必须得到整个评审成员的认可。

2. 作者

指工作产品的开发者，负责对工作产品的介绍及评审后的问题修复。

3. 讲解员

讲解员负责介绍工作产品。在评审会议开始前，讲解员要深入了解工作产品，便于在评审会议上讲解。

4. 评审专家

一般由资深的开发、测试、设计人员、产品担任，主要来发现工作产品的问题或不足的地方，人员通常为3、5、7人。

5. 记录员

在评审会议中准确无误地记录已确认的问题，对未定的问题也要记录。

3.4.3 同行评审的流程

同行评审的流程包括计划阶段、介绍会议、准备阶段、评审会议、第三小时会议、返工阶段以及跟踪阶段7个阶段，如图3-16所示。

图3-16 同行评审的流程

1. 计划阶段

一般由项目负责人指定会议组织者来规划本次评审。首先组织者要确认评审的内容，包括代码、文档等（如果评审内容过多可以分多次评审，一般评审会议时间为2小时）；其次组织者需要指定评审专家,一般专家人数为 3、5、7 人;再次组织者确认会议的时间、地点;最后组织者准备通知单和评审包(评审的内容、参考资料、评审表单以及检查表等),并提前 2~3 个工作日,通过邮件发给相关人员(作者、评审专家、会议记录员、讲解员等)。

2. 介绍会议

该阶段是可选的,一般由评审专家提出申请,再由组织者来决策是否需要介绍会议。如果需要由作者来讲解,否则直接进入准备阶段。

3. 准备阶段

在正式召开评审会议前,首先由专家对评审的内容进行检查,并将发现的缺陷或错误填入评审表单中;组织者收到评审表单后进行整理问题,如果问题过少,则取消评审会议,否则进入评审会议。

4. 评审阶段

评审会议是非常重要的环节,其核心目的是发现及确认问题,仅对工作产品做出评价,不可评价作者的能力。会议开始首先由讲解员讲解工作产品,然后针对评审表单中的问题或会上发现的新问题进行讨论;最后由记录员记录所有的问题及分类,并发给组织者,组织者再更新评审表单。需要注意的是,会议上仅确认、分类并给出问题解决方法建议,不解决任何问题。

5. 第三小时会议

该阶段跟介绍会议一样,都属于可选阶段。在评审会议时,针对有争议的问题或无法确认的问题,由作者来决定是否召开。

6. 返工阶段

该阶段主要由作者对评审会议中发现确认的问题进行修改,问题修改后要更新到评审表单中,便于后续的跟踪确认活动。

7. 跟踪阶段

组织者将作者更新的评审表单再次发送给评审专家,由评审专家进行确认问题是否得到了修改,并且没有引入新的问题。最后由组织者确认无误后对本次评审进行归档。

同行评审是软件研发活动中非常重要的一种发现问题的手段。在实际工作中,评审活动通常存在一些错误行为,如不做计划随机开展、选择不合适的专家、准备工作不充分、评审会议中经常偏离主题或对问题的争论太多以及后期跟踪不及时等。

3.4.4 阶段评审

现在软件越来越复杂,在项目规程中包括研发、测试我们都会划分不同的阶段进行。阶段性评审就是对不同阶段的里程碑进行正式评审。因为,只有前一个阶段的输出物通过了验证评审无误后,才能开展后续的活动。阶段评审主要是从项目的资源、技术、风险、进度以及规模等因素评审项目的状态并确保软件活动是否可以进入下一阶段。阶段评审的目的,主要是评审阶段作品的正确性、可行性及完整性。

阶段评审活动类似于同行评审,主要包括计划阶段、准备阶段、评审阶段、跟踪阶段 4 个环节。

1. 计划阶段

首先项目经理指定组织者,组织者负责制定阶段评审计划,明确阶段里程碑的目标,确认评审时间、资源等；其次确认评审专家，人数通常在 5 人左右，一般是由公司的部门经理、技术总监、架构师、项目经理、研发经理、测试经理、SQA 等人构成。最后根据不同阶段的不同问题，确定对应的评审资料，通过审核后，发送并通知所有参与评审会议的人员。

2. 准备阶段

评审专家收到资料评审资料后，给出相关的评审意见，并在规定的时间内发给组织者进行整理，再由项目经理确定是否进行评审会议。

3. 评审阶段

在评审过程中，参与的评审专家对各自的意见进行表述。由项目经理进行汇总阶段性产物的可行性、正确性以及完整性。根据实际情况判断是否需要进一步推进，进入下一个阶段。

4. 跟踪阶段

主要是对评审结果的跟踪，通常评审的结果有不接收或接收。不接收就是产品或项目没有实现本阶段的预期目标，无法开展下一个阶段；接收分有条件或无条件，无条件接收就是当前阶段的输出产物满足预定的目标，可以进行下一阶段；有条件接收就是存在一定问题，必须先解决相关的问题，才可以开展下一阶段。

3.4.5 同行评审与阶段评审的区别

同行评审与阶段评审相比，主要区别在于关注点、评审的内容、目的、方式、时间以及参与评审人员不同。

1. 评审关注点不同

同行评审侧重技术实现和工件开发。而阶段评审关注于整个产品或项目的进度管理，通过阶段评审了解项目的进展情况，更好地控制项目生产过程及不同阶段里程碑的实现情况。

2. 评审的内容不同

同行评审通常是指项目中产出的工件（文档、代码等）等进行评审。阶段评审主要是项目阶段的不同状态进行评审。

3. 评审的目的不同

同行评审的目的主要是发现评审对象中存在的缺陷或存在不足的地方。阶段评审的目的主要是对评审阶段产物的可行性、正确性和完整性等进行评审。

4. 评审的方式不同

同行评审可以是正式会议评审（正规检视、技术评审），也可以是非正式评审（走读、审查）。阶段评审必须是正式的会议评审。

5. 评审的时间不同

同行评审在工作中随时都可以进行，例如技术评审、走读。而阶段评审主要是一个阶段的完成，通常是项目的关键阶段的时间点上。

6. 评审的人员不同

同行评审的人数一般是 3、5、7 人，而且人员几乎都是作者的同行，而阶段性评审人数一般在 5 人，通常都是经理或经理级别以上。

第4章 软件测试管理

一个好的软件产品离不开一个成熟的测试团队，一个成熟的测试团队必须有一个好的测试管理。简单地说，只要有流程就需要管理，本章主要介绍软件测试的管理，包括配置管理、需求管理、缺陷管理、风险管理以及敏捷管理。

学习目标：

- 熟悉配置管理
- 掌握需求管理
- 掌握缺陷管理
- 掌握风险管理
- 掌握敏捷管理

4.1 配置管理

软件配置管理（Sofware Configuration Management，SCM）是一种标识、组织和控制修改的技术。它贯穿在整个软件生命周期中，是通过对软件生命周期中不同时间点上所产出的文件或代码进行标识，并通过更改这些标识，来进行控制整个过程，从而达到保证软件产品的完整性和可测性。

在软件整个研发过程中，配置管理可以说是一个全民参与的管理活动，其中参与的人员包括项目经理、配置管理员、SQA 工程师、软件开发工程师、软件测试工程师以及变更控制委员会等。配置管理主要是对项目文档以及代码进行规范管理。

4.1.1 配置管理角色与职责

在项目中不管是什么样的管理流程，保证该流程正常运行的前提就是要有明确流程的角色、相应的职责和权限。因此下面主要介绍软件配置管理过程中涉及的角色与职责。

1. 项目经理

项目经理（Project Manager，PM）是整个软件研发活动的负责人，主要对配置管理的整个过程负责，其主要职责有制定配置管理计划，并且指定配置管理员和变更控制委员会的成员。

2. 配置管理员

配置管理员（Configuration Management Officer，CMO）是配置管理活动的负责人，主要工作是建立和维护配置管理库，并且设置相应的访问权限，对项目的配置项进行管理和维护，执行版本控制和变更控制以及备份和归档配置库。

3. 软件开发工程师

软件开发工程师（Software Developer Engineer，SDE）的主要职责是依据项目配置管理计划和相关的规定，进行创建、修改开发相关的配置项。

4. 软件测试工程师

软件测试工程师（Software Test Engineer，STE）的主要职责是依据项目配置管理计划和相关的规定，创建、修改测试相关的配置项。

5. 软件质量保证工程师

软件质量保证（Software Quality Assurance，SQA）工程师的职责是对配置管理的过程质量负责，其主要工作是跟踪当前项目的状态和基线的审核，并且参与项目评审以及验证其修复的结果，同时还要验证配置库的备份。

6. 变更控制委员会

变更控制委员会（Change Control Board，CCB）的职责是对配置项的变更进行合理性的判断并给出解决方案。CCB 一般由资深的开发工程师、测试工程师、系统工程师、产品技术工程师以及软件质量保证人员组成。在一些比较大的公司是由系统分析组来担任。

4.1.2 配置管理的流程

通常配置管理的流程有以下几个步骤。

1. 标识配置库并制定配置管理计划

在项目启动后，由项目负责人指定 CMO 以及 CCB 成员。由 CMO 制定配置管理计划，将配置管理工作贯穿在软件研发的全过程，并对配置项进行标识，要求每个配置项必需被唯一标识，通常配置项标识包括配置项名称和配置项版本的标识。

2. 配置库建立和维护管理

CMO 根据计划建立配置库，针对不同的角色分配相应的权限，并通知项目组成员。然后对配置库定期进行备份，并保证配置库中的数据能够成功恢复。

3. 配置控制与状态发布

在配置项提交评审时（未基线化），CMO 将该配置项纳入配置库并进行标签。此时配置项处于受控状态，在该状态下，配置项每次的更新需要用不同的版本号来进行标识。如果配置项变更，则该配置项必须重新评审后再进行签发。在配置项被基线化后，CMO 应将该配置项的名称和位置，通知项目组成员，以确保配置项的状态能够被相关人员所了解，通常情况下至少两周会发布一次。

4. 基线变更控制

任何已基线化的配置项进行变更，都需要已变更的方式进行申请变更请求。变更请求（Change Request，CR）可以由客户或项目组成员启动，不管由谁来启动，都需要填写变更请求表进行更改。通常基线变更的控制流程，如图 4-1 所示。

5. 配置审计和配置归档

根据配置管理计划，一般在阶段结束会议前，由 QA 和 CMO 进行基线审计，审计主要验证配置项的完整性、正确性、一致性和可跟踪性以及变更控制是否和配置计划一致。当项目结束后，CMO 将配置库进行归档到产品配置库，并删除所有的本地备份。

配置管理的好处：加强了项目团队之间的协调与沟通，增加了团队的竞争力，并规范了测试的流程，对工作量的考核进行了量化，有利于对整个项目的管理。它还保护了企业的知识财富，提供了丰富的业务经验库，缩短项目的研发周期，节省了费用等。

図 4-1 基线变更控制流程

总之，软件配置管理为项目管理提供了各种监控项目进展的视角，为项目经理确切掌握项目进程提供了保证。配置管理也为开发人员提供了一个协作的平台，在此平台上，大家能够更有效率的交流和协作。可以说，配置管理是软件开发的基石。

软件配置管理近年来在中国得到了极大的认可，可以毫不夸张地说，没有配置管理，就谈不上软件开发，就谈不上软件质量，就谈不上软件业的发展。随着软件业规模的扩大，配置管理的实施不是要不要的问题，而是什么时间、如何实施的问题了。

4.1.3　配置管理工具

配置管理工具是指支持完成配置项标识、版本控制、变化控制、审计和状态统计等任务的工具。常用的配置管理工具有：微软公司的 VSS（Microsoft Visual SourceSafe）、开源软件 CVS（Concurrent Version System）和 SVN（Subversion），还有 Rational 公司（现属 IBM）的 ClearCase 等。

1. Microsoft Visual SourceSafe

VSS 是美国微软公司的产品，是一款入门级的工具。VSS 主要采用标准的 Windows 操作界面，安装和配置非常简单，只要对微软的产品熟悉，就很容易上手。它的最大的缺点就是没有提供对流程的管理。由于 VSS 的文件夹都是通过完全共享给用户进行使用的，所以安全性比较低。

2. 开源软件 CVS

CVS 是开放源代码的配置管理工具，也是一款入门级的工具。CVS 是基于 UNIX/Linux 的版本控制，使用者需要对 UNIX/Linux 的系统有所了解。CVS 的功能除了具备 VSS 的所有功能外，CVS 主要采用 C/S 体系，代码、文档的各种版本都存储在服务器端，需要进行各种命令行操作。CVS 的客户端有 WinCVS 的图形化界面，服务端也有 CVSNT 版本，易用性比较强。CVS 的权限设置比较单一，只能通过对 CVSROOT 的 password、readers、writers 文件进行权限设置，无法完成复杂的权限控制。

3. 开源软件 SVN

SVN 也在 CVS 的基础上诞生了开放源代码的配置管理工具。SVN 除了继承 CVS 的基本功能外，还提供了对流程的管理。而 SVN 的客户端 TortoiseSVN 相对 CVS 的客户端 WinCVS

更加方便简洁，SVN 的服务端是采用压缩的形式存放文档和代码，资源的利用率比较高。SVN 还提供了自定协议进行加密的规则，使得配置管理变更更加安全、可靠，所以现在也是比较通用的配置管理工具。

4. ClearCase

ClearCase 是 Rational 公司的产品，是一款商业级的配置管理工具。该工具对配置管理员的要求非常高，需要进行专业的培训。ClearCase 提供 VSS、CVS 所支持的功能，但不提供变更管理的功能。由于 ClearCase 后台的数据库是专有的结构，所以对权限设置更加灵活，并擅长设置复杂的开发过程，ClearCase 的安全级别也非常高。

4.1.4 SVN 工具介绍

SVN 主要分为服务端和客户端，而 SVN 服务端通常由配置管理员来进行管理与维护，针对测试人员主要介绍一下客户端 TortoiseSVN 的安装配置以及基本使用。

首先从官网地址：http://www.visualsvn.com/server/download/下载 TortoiseSVN 客户端和 LanguagePack 客户端语言包。

1. TortoiseSVN 的安装

TortoiseSVN 客户端的安装步骤如下。

步骤 1：双击 TortoiseSVN.msi，出现图 4-2 所示的 TortoiseSVN 安装的对话框。

步骤 2：单击 "Next" 按钮，进入安装组件的选项，如图 4-3 所示。

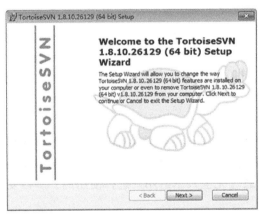

图 4-2 TortoiseSVN 安装界面　　　　　图 4-3 TortoiseSVN 安装路径

步骤 3：单击 "Next" 按钮，进入安装界面，如图 4-4 所示。

步骤 4：单击 "Next" 按钮，进入安装结束界面，如图 4-5 所示。

步骤 5：到此，TortoiseSVN 客户端安装完成。单击 "Finish" 按钮，安装结束。

2. 客户端汉化语言包的安装

TortoiseSVN 语言包的安装步骤如下。

步骤 1：单击已下载的语言包 LanguagePack.msi，出现图 4-6 所示的对话框。

步骤 2：单击图 4-6 中的 "Next" 按钮，出现图 4-7 的界面。

步骤 3：单击图 4-7 中的 "Finish" 按钮，完成安装。

图 4-4 TortoiseSVN 安装界面

图 4-5 TortoiseSVN 安装结束

图 4-6 TortoiseSVN 汉化语言包

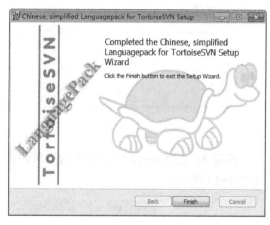

图 4-7 TortoiseSVN 汉化版安装结束

步骤 4：在计算机桌面上右击弹出快捷菜单，然后选择 TortoiseSVN 工具→Settings 命令，如图 4-8 所示。

步骤 5：进入 TortoiseSVN 设计界面，如图 4-9 所示，在 Language 中，选择中文，然后单击"确定"按钮，至此汉化完成。

图 4-8 TortoiseSVN 菜单

图 4-9 TortoiseSVN 设置界面

3. 客户端的使用

由配置管理员在 SVN 服务器上创建项目 ZG-test。

1）检出项目的操作步骤

步骤1：在计算机桌面上右击弹出快捷菜单，选择"SVN 检出"命令，出现界面，如图 4-10 所示。

步骤2：在图 4-10 中，输入版本库地址 https://hujiayi:8443/svn/ZG-test/，单击"确定"按钮，弹出对话框，如图 4-11 所示。

图 4-10　SVN 检出界面

图 4-11　账户认证

步骤3：在图 4-11 中，输入用户名和密码，单击"确定"按钮，弹出对话框检出完成，如图 4-12 所示。

图 4-12　检出完成

步骤4：在图 4-12 中，单击"确定"按钮，此时将项目 ZG-test 检出到本地 D:\SVN 文件夹中，并显示为绿色状态。

2）导入文件/文件夹的操作步骤

步骤1：在计算机桌面上右击弹出快捷菜单，然后选择 TortoiseSVN→"版本库浏览器"命令，输入导入的项目地址 https://hujiayi:8443/svn/ZG-test/，如图 4-13 所示。

步骤2：单击图 4-13 中的"确定"按钮，出现界面，如图 4-14 所示，在界面中选择相应的目录，导入文件或文件夹即可。

3）提交修改文件的操作步骤

步骤1：如果在本地文件夹中修改文件内容保存后，SVN 文件夹显示为红色，表示当前

文件夹中有内容被修改。此时可以选中文件夹右击，选择"SVN 提交"命令，如图 4-15
所示。

图 4-13　输入配置库地址

图 4-14　配置库

图 4-15　SVN 提交

步骤 2：提交后，如图 4-16 所示。在这里最好备注一下修改的信息，方便日后查看。

图 4-16　修改信息

步骤3：单击"确认"按钮后，提交完成，如图4-17所示。

图4-17 提交完成

步骤4：提交完成后，本地SVN文件夹恢复为绿色状态。

4）更新：将配置库中最新的项目文件更新到本地文件夹，该步操作比较简单，选中本地的SVN文件夹，右击选择"SVN更新"命令即可。

5）删除文件或文件夹：可以直接在本地SVN配置库中删除文件或文件夹，然后再选中本地SVN配置库，右击选择"SVN提交"命令即可。

6）查看日志信息：在本地SVN配置库中选择需要查看的日志文件，然后右击选择"TortoiseSVN"→选择"显示日志"命令即可查看该文件的日志信息，如图4-18所示。

图4-18 显示日志

以上功能只是针对测试工程师日常的操作，特别是更新和提交操作必须非常熟练。其他功能可以在使用的过程中慢慢体会。最后，在这里简单地说一下在操作中需注意的事项，在提交修改文件前，建议先更新，再进行修改。

4.2 需求管理

软件的需求包含多个层次，不同层次的需求反映不同程度的细节问题。Standish Group

从大量的项目数据统计中得出，项目失败的"罪魁祸首"就是"需求"。有效的需求管理是项目成功的关键所在。想要进步一步了解需求管理，首先我们要了解什么是需求。

4.2.1 什么是需求

需求是指人们在欲望驱动下的一种有条件的、可行的，又是最优的选择，这种选择使欲望达到有限的最大满足，即人们总是选择能负担的最佳物品。

在软件产品中，需求一词主要是指软件产品必须符合的条件或具备的功能。

在 IEEE 软件工程标准术语中对需求的定义如下。

1）用户解决问题或达到目标所需的条件或权能。

2）系统或系统部件要满足合同、标准、规范或其他正式规定文档所需具有的条件或权能。

满足上述两点所描述的条件或权能的文档说明。

需求不仅包含通常意义上的产品功能，而且还包括行业规范中定义的标准。

4.2.2 需求类型

需求的类型包含业务需求、用户需求、系统需求、功能需求、非功能需求以及约束准则等，如图 4-19 所示。

图 4-19 软件需求组成关系图

1. 业务需求

业务需求（Business Requirement）表示组织或客户对系统产品高层次的目标。业务需求通常来自项目投资人、实际用户的管理者、市场营销部门以及产品策划部门。它主要反映了组织为什么要开发该系统，也就是说组织希望达到的目标。它们通常在使用前景和范围文档来记录业务需求。

2. 用户需求

用户需求（User Requirement）描述的是用户的目标或用户要求系统必须完成的任务。也就是说用户需求描述了用户能使用系统来做些什么。

3. 系统需求

系统需求（System Requirement）用于描述包含多个子系统的产品（即系统）的需求。系统可以是纯软件系统，也可以是软、硬件结合的系统。

4. 功能需求

功能需求（Functional Requirement）定义了开发人员必须实现的软件功能，使得用户能完成他们的任务，从而满足了业务需求。简单地说就是描述了开发人员需要实现什么。

5. 约束准则

约束准则描述了系统必须满足企业方针、政府条例、工业标准、计算方法、行业的规范标准和约束条件等。

6. 软件需求规格说明

软件需求规格说明（Software Requirements Specification，SRS）中说明的功能需求充分描述了软件系统所应具有的外部行为。它在开发、测试、质量保证、项目管理以及相关项目功能中都起了重要的作用。也可以说，就是为了使用户和软件开发者双方对该软件的初始规定有一个共同理解的说明文档，也是整个开发工作的基础。

4.2.3　需求工程

需求工程是随着计算机的发展而发展的。20 世纪 80 年代中期，形成了软件工程的子领域需求工程（Requirement Engineering，RE）。伴随着软件工程技术的发展，需求工程越来越引起人们的关注。进入 20 世纪 90 年代以来，需求工程成为研究的热点之一，并把需求工程划分为两大部分：需求开发和需求管理。

4.2.4　需求开发

需求开发是由需求分析人员与用户接触、交流，并对市场需求进行分析的一系列活动。也可以说就是从用户和市场获取需求，并进行分析，最终形成需求规格说明书的过程，是一系列决定需求内容的过程。需求开发主要包含以下 4 个活动：需求获取、需求分析、需求定义和需求验证。

1. 需求获取

需求获取就是通过与用户交流，对现有系统的观察及对任务进行分析，从而开发、捕获和修订用户的需求，它是需求工程的主体。通常需求获取的人员不宜太多，也不能过少，需要关键的人员参加，一般需求获取人员需要具备深厚的业务背景、敏锐的洞察力、前瞻的预测能力和创造性思维以及很好的沟通能力、亲和力和很强的分析能力。

通常获取需求的方法如下。

1）从用户提供的信息中获取需求。

2）通过对市场进行调研来获取需求。

3）选择用户群体进行问卷调查获取需求。

4）从现有产品中获取需求。

5）从竞争对手的产品中获取需求。

6）从系统业务流程分析中获取需求。

7）通过访谈、交流、一起工作等获取需求。

2. 需求分析

需求分析也称为软件需求分析、系统需求分析或需求分析工程等，是开发人员经过深入细致的调研和分析，准确理解用户和项目的功能、性能、可靠性等具体要求，将用户非形式的需求表述转化为完整的需求定义，从而确定系统必须做什么的过程。需求分析是软件计划阶段的重要活动，也是软件生存周期中的一个重要环节，主要是分析系统在功能上需要"实现什么"，而不是考虑如何去"实现"。

需求分析的目标是把用户对待开发软件提出的"要求"或"需要"进行分析与整理，确认后形成描述完整、清晰与规范的文档，确定软件需要实现哪些功能，完成哪些工作等。此外，软件的一些非功能性需求（性能、可靠性、安全性、易用性等），软件设计的约束条件以及运行时与其他软件的关系等也是软件需求分析的目标。

进行需求分析时，特别需要关注原始需求背后的隐性需求。

这里我们主要说一下用例建模的需求分析法：首先找到系统中的活动者，也就是角色；其次从这些角色入手，分析其可能的所有活动以及这些活动之间的关系，并将这些活动的流程用状态图细化；最后根据状态图对需求进行分析。

例如：在一个简单的电商平台中，角色就是买家、卖家以及系统管理员，我们只有分析买家、卖家以及系统管理员有哪些日常活动以及活动之间的关系，然后将这些活动用状态图细化，这样需求规格也就可以确定下来。

3. 需求定义

需求定义就是将需求分析的结果形成书面文档（软件需求规格说明书）。

常见的软件需求规格说明书内容见表 4-1。

表 4-1　需求规格说明书

需求规格说明书
1　引言
1.1　目的
1.2　产品的范围
1.3　预期的读者和阅读建议
1.4　参考文献
2　综合描述
2.1　产品的前景和功能
2.2　用户类型和特征
2.3　设计和实现的约束限制
2.4　运行环境与假设
3　外部接口需求
3.1　用户界面
3.2　软、硬件接口
3.3　其他接口说明
4　系统特性
4.1　功能需求
4.2　性能需求
4.3　安全性需求
4.4　软件质量属性
4.5　约束和准则
5　其他需求
附件 1：分析模型
附件 2：待确定问题的列表

通常一个完整的软件需求规格说明书需包含以下 7 大特征。

1）完整性：每一项需求必须将所实现的功能描述清楚，便于开发人员获得设计与实现这些功能所需的所有必要信息。

2）正确性：每一项需求都必须准确地陈述其要开发的功能。通常需求的正确性需要用户参与。

3）可行性：每一项需求都必须是在已知系统和环境的限制范围内可以实施的。为避免不可行的需求，通常需要需求分析人员与考虑市场的人员一起探讨，来负责检查技术的可行性。

4）必要性：每一项需求都应把客户真正所需要的和最终系统所需遵循的标准记录下来。也可以理解为每项需求都必须追溯到用户的输入。

5）划分优先级：给每一项需求或特性分配一个实施优先级以指明它在特定产品中所占的分量，为了更好地管理和调控。

6）无二义性：每一项需求有且只能有一个统一的解释，即每一项需求必须用简洁明了的语言表达出来。避免二义性的有效方法就是对需求文档进行评审。

7）可验证性：每一项需求必须能够通过设计测试用例或其他方法进行验证。

4. 需求验证

需求定义主要是在需求定义之后，由客户、公司决策层、专家来最终确定，如需求规格说明中定义的需求是否需要放到项目中，有没有超出预算，有没有遗漏的需求等。避免在后期设计、实现与测试活动带来不必要的影响。

4.2.5 需求管理过程

需求管理是一种获取、组织和记录系统需求的系统化方法，并使客户和项目团队在系统需求变更上保持一致的过程。也可以说，需求管理指明了系统开发所要做和必须做的每一件事，还指明了所有设计应该提供的功能和必然受到的制约。需求管理有需求分配、需求评审、需求基线、需求变更以及需求跟踪。

1. 需求分配

需求本身是有层次的，当一个系统的需求非常多，并且不可能由一个项目组完成时，此时，需要考虑将项目分成若干个子项目，或根据需求优先级来划分目前项目开发的需求和后续版本的项目，在这两种情况下才存在需求的分配。如果项目比较小或需求较少时，则不需要进行需求分配。进行需求分配时意味着基本架构设计已经完成，否则很难进一步分配。

2. 需求评审

需求规格说明在项目中的重要性是众所周知的，所以需求的评审也一样，它是一项精益求精的技术，必须通过正式评审，也就是同行评审。在实际工作中，测试人员往往对需求的评审不够重视，给后期的测试带来很大的困难，甚至会设计出错误的用例，导致测试质量的下降。所以这里主要强调测试工程师在需求评审中需要注意的地方。

1）对每一项需求的描述是否易于理解，是否存在二义性。

2）需求中对特殊含义的术语是否给予了定义。

3）每个特征是否用唯一的术语进行了描述。

4）需求中的条件和结果是不是合理，有没有遗漏一些异常的描述。

5）需求中不能包含不确定性描述，如大约、可能等。

6）环境搭建是否存在困难。

总之在需求评审中，要使客户、产品、研发以及测试人员在理解上必须达到一致。

3. 需求基线

基线就是将配置项在生命周期的不同时间点上通过正式评审而进入一种受控的状态，这个过程被称为"基线化"。建立基线的好处如下。

1）重现性：可以及时返回并重新生成软件系统给定发布版的能力，就是当项目版本更新出现不稳定状态时，可以及时取消变更，回溯版本。

2）可追踪性：建立项目工件之间的前后继承关系，目的就是确保设计满足要求、代码实施设计以及用正确代码编译可执行文件。

3）版本隔离：基线为项目研发的各个环节提供了一个定点和快照，新的项目可以从基线提供的定点中建立。

需求基线管理的流程就是：首先，将需求评审后的相关文档提交到配置库；其次，确认这些文件的版本并建立基线标志；最后进行发布基线，通知项目组的所有成员及相关人员，基线文档存放的位置和标志。如果需求变更，则需要基线重新建立并通知。

4. 需求变更

需求基线建立后，整个研发活动都是以此需求为标准进行的。在整个研发过程中，需求的不确定性使得需求的变更无法避免。需求的变更会引起项目的目标变化：一方面是产品的功能、性能等会发生变化；另一方面是整个开发过程的时间进度、人员成本也会受到影响。需求变更往往会牵一发而动全身，对项目的成本有非常大的影响。

为了更好地控制整个项目的研发，应建立需求变更控制的流程，如图 4-20 所示。

图 4-20　变更控制流程

5. 需求跟踪

需求跟踪是指跟踪一个需求使用期限的全过程，即从需求源到实现的前后生存期。为我们提供了由需求到产品实现整个过程范围的明确查阅的能力。

需求跟踪的目的是建立与维护"需求、设计、编程、测试"之间的一致性，确保所有的工作成果符合用户需求。

为了实现可需求跟踪的能力，必须对每一个需求进行统一的标识并建立需求跟踪矩阵

（Requirement Tracking Matrix，RTM）。

RTM 的跟踪过程：原始需求→需求规格说明→概要设计→详细设计→代码→单元测试→集成测试→系统测试。

4.3 缺陷管理

软件的缺陷是软件产品整个研发过程中的重要属性，它提供了许多信息。通常，缺陷会导致软件产品在某种程度上不能满足用户的需要，开发需要根据它来分析产品潜在问题或缺陷，评估产品的质量，测试也需要进行跟踪与维护。所以针对软件缺陷开展有效的跟踪管理是软件产品质量保证的重点。

缺陷管理就是在软件生命周期中识别、管理、沟通缺陷的过程。其目标可以概括为一个中心、两个基本点、三个要求。一个中心是确保软件的质量；两个基本点是缺陷的管理和维护；三个要求是要求测试人员对每一个缺陷都进行跟踪，要求开发人员对每一个缺陷都进行分析改进，要求每个角色都担负起相应的职能。

如何使企业对缺陷进行全方位的管理，需要先了解一下缺陷管理涉及的角色、缺陷的状态、缺陷管理的基本流程、缺陷管理工具以及缺陷的分析。

4.3.1 软件缺陷的状态

通常软件缺陷的状态有 New、Open、Fixed、Close、Reopen、Postpone、Rejected、Duplicate、Abandon、Pending，见表 4-2。

表 4-2　缺陷的状态

New	缺陷的初始状态	新建
Duplicate	缺陷已被其他人员提交	重复
Open	开发人员开始修改缺陷	打开
Fixed	开发人员修改完毕	修复
Close	回归测试通过	关闭
Reopen	回归测试不通过	重新打开
Postpone	推迟修改	延期
Rejected	开发人员认为不是程序问题	拒绝
Abandon	被拒绝和重复问题，测试人员再次确认后不是问题	非问题
Pending	经 CCB 裁决后暂不处理或推迟处理	挂起

4.3.2 缺陷管理的角色

通常缺陷管理中涉及的角色主要有测试工程师、项目测试经理、项目开发经理、开发工程师以及评审委员会 CCB。

1. 测试工程师

测试工程师是缺陷的发起者，主要负责发现缺陷、提交缺陷、验证修复缺陷即回归。

2. 项目测试经理

项目测试经理对测试工程师提交的缺陷进行审核，主要审核是否为重复缺陷，是否为非问题，是否为无效缺陷以及缺陷的规范。

3. 项目开发经理

项目开发经理对已确认的缺陷再次进行分析，主要分析缺陷的类型以及对缺陷的认可，还有就是对缺陷修复后的代码进行封装。

4. 开发工程师

开发工程师就是对已分配的缺陷进行修复并分析。

5. CCB

CCB 主要是对有争议的缺陷进行最后的裁决。

上述 5 个角色，基本上就可以把缺陷管理的流程介绍清楚了。如果公司想把缺陷管理的流程做得更严谨，还涉及几个角色（配置管理员、项目经理、产品经理、SQA）等。尤其是配置管理员在缺陷管理中也非常重要，它主要负责每个角色的权限分配以及回收。

4.3.3 缺陷管理基本流程

缺陷管理的基本流程，如图 4-21 所示。

图 4-21　缺陷管理的流程

4.3.4 缺陷的等级划分

在不同的企业对软件缺陷等级的划分大同小异，大致可分为 5 个等级，分别为致命的、严重的、一般的、提示的、建议性的。

1. 致命的

致命错误主要指造成系统或应用程序死机、崩溃、非法退出等，造成用户数据丢失或被破坏，或功能设计与需求严重不符以及性能问题等。

2. 严重的

严重错误主要指功能和特性没有实现，导致严重的问题或致命的错误声明，导致模块功能失效或异常退出，还有程序接口错误以及数据流错误等。

3. 一般的

一般错误主要指次要功能丧失，提示信息不太正确，用户界面太差以及删除未提示等，这样的缺陷虽然不影响系统的基本使用，但没有达到预期的效果。

4. 提示的

提示的主要指对功能几乎没有影响，产品及属性仍可使用，如提示窗口未采用行业术语，界面不规范等。

5. 建议的

由问题提出人对测试对象的改进意见或测试人员提出的建议、质疑。

4.3.5 缺陷报告的内容

通常在实践工作中，缺陷报告是测试执行完成后最重要的输出之一，一份良好的缺陷报告也是提高软件质量的重要保障。不同的公司因缺陷管理的流程不一样，可能有不同的缺陷报告模板。但是一个好的缺陷报告通常包含的内容如下。

1. 缺陷编号

用数字进行唯一标识缺陷的，通常是在缺陷管理工具中新建 Bug 时会自动生成。

2. 缺陷状态

通常描述当前缺陷的状态，如挂起、延期等。

3. 缺陷标题

通常用一句比较简洁的话来概括缺陷，开发通过描述可以初步推测缺陷原因，来提高处理的效率。

4. 缺陷类型

类型主要为了进一步描述缺陷产生的原因是什么，通常的类型包括系统缺陷、需求缺陷、数据库缺陷、界面错误、接口缺陷、功能缺陷、性能缺陷、建议性错误等，见表4-3。

表 4-3 缺陷的类型

缺陷类型	描　　述
系统缺陷	引起死机、非法退出、死循环、程序错误等
数据库缺陷	发生死锁、数据库表的约束条件、表中空字段过多、数据库连接错误等
界面错误	操作界面错误、格式错误、删除未提示、界面不规范等
接口缺陷	数据通信错误、程序接口错误、硬件接口与通信错误等
功能缺陷	程序功能未实现、实现错误、额外实现等
性能错误	内存泄漏、响应超时、TPS 值、系统资源等
需求错误	需求不明确导致、需求错误等
建议性错误	功能、操作、说明等建议

5. 所属版本

用例描述当前缺陷所在的测试版本，便于后期回归时注意测试版本。

6. 所属模块

主要是描述缺陷所在的业务模块，便于后期统计缺陷的分布情况，利于在进行回归测试的方法以及测试策略的改进。

7. 严重级别

严重级别主要指缺陷的严重程度。通常，不同的严重程度给软件带来的后果、风险的影响都是不一样的，以及开发人员处理的优先级也不同。

8. 处理优先级

处理优先级有非常紧急、紧急、正常等，是由开发人员根据缺陷的严重级别来确定处理的优先级。通常，处理优先级跟缺陷严重级别相同。

9. 发现人

指缺陷的发现者。这里需要注意的是，缺陷发现人不一定是测试工程师，可能是开发、产品以及维护人员，甚至还可能是客户。

10. 发现日期

一般在提交缺陷时，由缺陷管理工具自动生成，便于后续进行缺陷的跟踪。

11. 重现方式

指缺陷重现的概率，便于开发定位分析。重新方式有必然、偶然、无法重现等。

12. 指定处理人员

指具体修复缺陷的人员，根据缺陷的类型进行指定处理人。通常指定具体的开发人员；如果是需求错误，需要指定产品或需求分析人员，便于后期进行跟踪缺陷。

13. 详细描述

详细描述缺陷引发的原因，包括前提条件、输入数据、重现的步骤、重现次数、预期结果、实际结果等信息。

14. 附件

通常为了加深描述可以添加一些附件信息，如截图、错误的日志信息等。

4.3.6　缺陷分析

整个测试管理中，缺陷分析也是最重要的部分。缺陷分析是对缺陷的信息进行收集、汇总，从而得出分析结果。用来发掘软件系统中缺陷分布、密度以及发展趋势等，最终追溯在整个研发过程中缺陷引入的基本原因，为软件质量分析提供真实的数据依据。

1. 缺陷收敛点与零反弹点

缺陷收敛点与零反弹点，如图 4-22 所示。

图 4-22　缺陷收敛、反弹点

收敛点：由图得知，首轮测试 Bug 数量会不断上升，当上升到峰值后逐渐下降，直到缺陷数量下降到与首轮测试的缺陷数量持平时，该点就是缺陷的收敛点。

零反弹点：由图得知，随着开发不断修复缺陷以及测试时间周期变化，缺陷数量会越来越少，直到零。反弹点通常指修复后引发的新 Bug。

2. 缺陷分析方法

作为一名合格测试人员，如何在整个项目体现存在的价值，发现缺陷只是体现价值的一方面，另外一方面还需要帮助开发定位、分析问题以及要做到后期怎么去规避类似问题。常用的缺陷分析方法有 ODC 分析、Gompertz 分析、DRE/DRM 分析、四象限分析等。

4.3.7 缺陷管理工具

软件缺陷管理的流程需要相关的缺陷管理工具来支撑，否则缺陷管理流程是很难实现的。缺陷管理工具要根据公司的规模大小进行选择，一般规模比较大的公司该工具都是定制的。但是需要注意的是仅缺陷管理流程来说，它们的流程都比较相似。

下面介绍几款缺陷管理工具。

1. Quality Center

Quality Center 的前身就是大名鼎鼎的 TD（Test Director），TD 是 Mercury 公司的产品，它最新发布到 8.0 版本，但后来被 HP 收购了，改名成了 Quality Center，简称为 QC。

QC 是一款商用的，且功能非常强大的基于 Web 的一款软件测试管理工具，可以组织和管理应用程序测试流程的所有阶段，包括制定测试需求、计划测试、执行测试和跟踪缺陷。此外，它还可以创建报告和图来监控测试流程。

通俗地讲，就是 QC 将一个项目测试周期细分成了各个模块，把各个阶段集成到统一的平台上来，通过模块与模块之间的联系来控制项目测试流程的执行。合理地使用 QC 可以提高测试的工作效率，节省时间，以达到保证项目质量的目的，起到事半功倍的效果。但是在提供强大功能的同时，价格也是非常昂贵的。

2. JIRA

JIRA 是 Atlassian 公司推出的问题跟踪工具，被广泛应用于缺陷跟踪、客户服务、需求收集、流程审批、任务跟踪、项目跟踪和敏捷管理等工作领域。

JIRA 注重可配置性和灵活性，功能通过简洁的 Web 交互方式来满足用户的需求。功能覆盖比较全面。目前该软件也得到很多软件组织的认可，被项目的管理人员、开发人员、测试人员以及分析人员广泛地应用。

JIRA 虽然也是一款商业软件，但是对开源项目免费提供支持，因此在开源软件领域有很高的知名度。此外，在用户购买该软件的同时，可得到源代码，方便用户进行二次开发。

3. BugFree

BugFree 是借鉴微软的研发流程和 Bug 管理理念，使用 PHP+MySQL 独立写出的一个缺陷管理工具。命名 BugFree 有两层意思：一是希望软件中的缺陷越来越少直到没有；二是表示它是免费且开放源代码的，大家可以自由使用传播。

BugFree 是一款完全免费的开源软件，它是基于浏览器的一款非常简单的工具，可以使用户快速上手。BugFree 除了缺陷的基本管理之外，还有一个独创的功能就是 E-mail 系统。当一个 Bug 被指派给开发人员的时候，系统会自动给该开发人员发一封邮件，告诉他有个

Bug 需要你处理，这样结合 E-mail 系统，BugFree 被完美使用起来。

4. 禅道

禅道（ZenTao）是第一款国产的优秀开源项目管理软件（英文禅为 Zen、道为 Tao，所以软件的英文名字为 ZenTao）。禅和道是中国文化中极具代表意义的两个字，是中国传统文化的结晶。之所以选用"禅道"作为软件的名字，是希望通过这两个字来传达对管理的理解和思考。希望通过禅道来进行的管理，可以摒弃繁文缛节和官本位的思想，还原事情的本质。

禅道项目管理软件集产品管理、项目管理、质量管理、文档管理、组织管理和事务管理于一体，是一款功能完备的项目管理软件，完美地覆盖了项目管理的核心流程。

禅道项目管理软件的主要管理思想，是基于国际流行的敏捷项目管理方式——Scrum。Scrum 是一种注重实效的敏捷项目管理方式。众所周知，Scrum 只规定了核心的管理框架，但具体的细节还需要团队自行扩充。禅道在遵循其管理方式的基础上，又融入了国内研发现状的很多需求，例如缺陷管理、测试用例管理、发布管理、文档管理等。

此外，禅道还首次创造性地将产品、项目、测试这三者的概念明确分开。产品人员、开发团队、测试人员这三者分立，互相配合，又互相制约，通过需求、任务、缺陷来进行交相互动，最终通过项目拿到合格的产品。

禅道的安装和使用都非常简单，可以参考官网使用教程，在这里就不做详细介绍。

4.4 风险管理

在整个软件的生命周期中都会存在一定的风险，严重影响项目研发和维护。而如何规避这些风险，已经成为软件测试工作开展过程中的核心所在。软件项目的风险管理是软件项目管理的重要内容，它是通过一种规范、可行的一些原则来控制项目中存在的风险。下面我们主要介绍一下风险管理的过程和项目中常见的风险。

4.4.1 风险管理的过程

风险管理的过程主要有 3 个阶段，分别为风险识别、风险评估、风险处理。

1. 风险识别

风险识别就是指风险产生的条件，通常需要有经验的人员或者风险专家来进行，应当在项目的整个生命周期中定期进行。主要内容有市场风险、环境风险、技术风险、人员风险、管理风险等。在实际工作中，主要利用头脑风暴法来进行。

2. 风险评估

风险评估是通过风险模拟来进行，主要评估出现的概率以及对项目目标造成的后果，来确定哪些风险需要制定应对措施。

3. 风险处理

风险处理是指针对不同的风险，采取相应的处理措施，尽可能地把风险带来的损失降到最低。风险处理的方法有 4 种：风险回避、预防风险、风险自留、风险转移。

1）风险回避：该方法属于消极处理技术，它是主动去避开风险。通常采用在处理风险的成本大于其带来的效益和风险出现的频率相当高的情况下。

2）预防风险：该方法就是通过分析找到其出现的原因，彻底消灭或中和。预防风险主要考虑成本与损失的问题，若损失远大于支出成本，就需要采取预防风险的方法。

3）风险自留：该方法就是一种自我保护的方式，也就是说风险由自己来承担。它有主动自留和被动自留两种。主动自留是指该风险通过分析后，发现对用户、企业几乎不带来损失或者是损失在承受的范围之内。被动自留就是指风险处理起来比较麻烦，但是出现风险的概率很小。通俗地讲就是一种侥幸心理，就像无法重现的 Bug 一样。

4）风险转移：该方法就是将风险全部或部分转移到另一方，从而得到保障，也是应用比较广泛的一种方法，就像一种契约，双方需要达成协议。

4.4.2　常见的风险

软件项目中的风险主要体现在人员、技术、成本和进度 4 个方面。项目中常见的风险有需求风险、人员风险、技术风险、管理风险等。

1. 需求风险

需求是一个项目的主体，也是项目成功的关键所在。在实际工作中，往往存在的是已经将需求基线后，还在不断变化，这种情况几乎是无法避免的。如果不加以控制和管理，那很可能导致项目达不到预期的效果，甚至会产出错误的项目。

常见的需求风险如下。

1）在需求讨论中客户参与不够。

2）没有建立有效的需求变更管理过程。

3）对新产品、新市场的认知不足等。

2. 人员风险

大多数公司在做项目时都会考虑质量、成本、进度。人员包含管理人员、研发人员、测试人员等。

常见的人员风险如下。

1）项目缺少一个好的管理者来做带动整个项目组的积极性。

2）对员工缺少精神上的、物质上的激励措施。

3）使用一些不熟悉业务或工具的人员。

4）员工之间沟通交流发生冲突。

5）项目中人员的离职、请假等变动等。

3. 技术风险

技术是项目的核心，主要指研发的技术、测试的技术以及框架平台的技术。

常见的技术风险如下。

1）缺少专业设计人员以及具有特定技能的人。

2）对新技术难以实现。

3）测试人员不熟悉编程语言、网络技术等。

4. 管理风险

1）缺乏规范的流程指导，以致角色、职责不明确。

2）不切实际的承诺。

3）缺少与员工之间的沟通、交流。

总之，风险无处不在，质量需要管理，更需要测试。

下面介绍在测试过程中常见的风险，见表4-4。

表4-4 常见的测试风险

风险	潜在的影响	预防/处理措施	可能的征兆
开发进度延长	推迟系统测试执行的时间和进度	控制开发进度，提前做好沟通和协调	项目计划的变更，各个环节的进度拖延
项目交付日期的变更	测试总时间缩短，难以保证测试的质量	多与客户沟通并得到客户的理解，调整测试策略、测试资源及计划	难以把握，特别是客户提出的这种变更
软件需求的变更	导致测试工作量发生变化	做好需求变更管理，调整测试计划和策略	客户的需求没做控制，项目范围没明确定义
开发代码质量低	Bug太多、太严重，反复测试的次数和工作量极大	提高编码人员的编码水平，严格控制提交测试的版本	没有设计或设计不到位，编码人员编程经验太少
对需求的理解偏差太大	对测试的Bug确认困难	结合界面原型对需求多做沟通	没有界面原型，需求没有通过评审
测试对业务不熟悉	测试数据准备和关键点的测试不充分，测试效率难以提高	测试人员及早介入项目、多沟通，提供一定的业务培训	测试人员介入项目太晚，业务领域太新或是新员工
测试人员的变动	测试进度减慢，甚至不能进行	多沟通做好部门的人事管理，保证对统一业务领域有多人熟悉	测试人员离职，其他更紧急的项目需要支援
测试数据的准备不充分	测试效率和质量降低，难以测到重点，也测不到位	将数据的准备时间安排得充分些；增加测试次数	测试周期太短，业务支持不够，测试人员介入太晚
测试策略不合理	难以满足测试要求，效率得不到保证	多进行沟通或进行有效性评估	测试策略没经过评审，没有进行及时跟踪

4.5 敏捷项目管理

4.5.1 敏捷项目的理解

敏捷项目管理是近年来最为流行的一种项目管理方式，敏捷管理的特点为尽早交付、持续改进、灵活管理、团队投入、充分测试。在软件产品开发和测试过程中，以需求为例，与传统流程做个不合理的比较，如图4-23所示。

1）传统项目：需求、设计、开发、测试、发布，高中低级需求同时进行，每个阶段的输入依赖上个阶段的输出，越晚发现问题，可控性越差。

2）敏捷项目：高级需求、设计、开发、测试、演示与变更；中级需求、设计、开发、测试、演示与变更；低级需求、设计、开发、测试、演示与变更；集成、测试、发布。这样对传统和敏捷流程来做比较显然是不合理的，因为敏捷过程中的人和过程都是倡导自由的，而且敏捷流程中从上对下的影响是很小的，敏捷本身没有一个实际标准的流程模型图。笔者以此来引导，可让初次接触敏捷的人更直观地了解敏捷是分段开发的流程。

计算机技术自从20世纪以来呈几何式变化，而管理项目的流程却停滞不前，这造成大部分的项目的失败。Standish Group软件统计集团每年都会针对美国的软件项目统计，2004年前项目彻底失败在20%左右，受到质疑的项目在40%左右，这些直接带来上千亿美元的损失。时间、成本、需求偏差、质量成主要的失败原因。

图 4-23　传统项目与敏捷项目的比较

敏捷管理应对能力强、改进效率高，更多以经验来控制项目。**敏捷项目按照迭代**（RUP 在前面流程中有详细介绍）的方式运行，把项目分段完成，甚者把某个需求切分成更小的片段来完成，定期对项目进行评估。这就要求每个参与敏捷项目的成员要知道自己即将做些什么。对每个细小的问题都应快速处理与调整，保证下个迭代能顺利进行。项目灵活性得到充分的提高，但对团队的投入也会要求更高。我们做的事并没有因此减少，一次完成的设计、开发、测试，需要分解成多次同样流程的循环。

不难发现敏捷开发的产品运作后在控制质量上有很多可圈可点的地方，具体内容如下。

- 从高级需求向低级需求运作，大大提高了软件发布后的产品期望值。
- 产品在开发过程会有很多需求变更的情况，颗粒式开发大大降低了变更成本。
- 需求变更如果影响到了项目的计划，可以用后面迭代中最低级的需求换取时间。
- 个体互动将更加频繁，需求传递的准确性将大幅提高。
- 阶段性和碎片化的迭代，使项目中的评估针对性将更强。

敏捷团队包括业务人员、项目 IT 人员、敏捷指导。

传统的开发团队只有项目 IT 人员。在敏捷中有了业务人员，减少了烦琐的文档，直接人与人沟通，不但提高质量，也增加的每个人的价值。而敏捷指导是在敏捷推广初期中指导敏捷流程并提出改进建议，在成熟的团队中，项目经理将是敏捷流程的指导。

4.5.2　敏捷项目需求的管理

敏捷项目是尽早开发有价值的需求，和持续不断地满足客户的要求来体现软件的价值。本身提倡提出有价值提议，鼓励任何时候对需求的变更。成熟的敏捷产品，可持续短期内发布有价值的产品。

这意味着从本次版本中的众多需求中进行等级划分，具备价值越高的需求优先级越高，风险越高的优先级越高，高风险高价值优先进行迭代。而对于一次迭代中完成不了的，要将需求进行拆分迭代。

在明确好本次迭代需要做的需求后，做好需求基线，确定需求范围，做好详细的迭代计划，进行迭代开工会，正式启动迭代工作。

需求的分配也不再是由项目经理指定任务分配给每个测试人员，而提倡需求领取的方式，鼓励每个人自主认领需求，自我认领的默认就是自己要承诺的，领取需求的自身特点是自我做主。而项目经理要做的是对技能不足的员工多加关注与指导。

对于每个需求会制作着 Story Card，故事卡的内容主要是：As a…（作为什么角色），I want…（我希望需求如何），So that…（目的是什么）。

有了故事卡，放置于 Story Wall：将每个 Story 的任务卡片制作成不同的颜色，Scrum 成员把任务卡片添加到任务板上的不同状态中，在任务板上随着自己的进度来移动它们，并最终从任务板上拿掉任务卡片。任务板上的不同时间轴和颜色状态，可以很直观地了解和督促每个 Story 的进展。

在项目过程的需求变更是不可避免的，有初期设计缺陷未被提前评审出，也有客户主动要求需求变更。而敏捷项目中提到的提倡需求变更，指的是用户主动对需求的变更，为的是响应市场变化，提升需求价值。在敏捷项目过程中，人力和时间是不改变的，需求变更和客户确认后，尽量减少本次迭代的计划，充分利用计划初期预留的 15% 缓冲（buffer）时间，而在下个冲刺时计划是新制定的，不受任何影响。

4.5.3 敏捷项目时间的管理

敏捷开发采用时间盒（Time Boxing）的方法，即限定时间而不限定范围。特性可以调整，但不过度地去承诺，所以迭代不会延期，因为在迭代终点将放弃未完成的 Story。

在每个迭代中，需要预留 15% 的 buffer 时间，来应对突发需求。

有时可以再在一个 Time Boxing 中设置两个发布节点，来解决一些可能发生变更或复杂的需求。

既然敏捷项目的时间是固定的，又需要在时间盒内创造更具价值的产品，就要不断地评估和调整我们所能够完成的任务。

传统项目的一个痛点就是计划赶不上变化，而敏捷项目中以变化来应对变化，做到快速响应，突出价值。而影响项目计划时间的常见因素如下。

1）所有的需求都是依靠经验来预估的，计划的时间本身就存在偏差。

2）人员技能的不足、业务技能和专业技能都可能存在缺乏的情况。

3）需求设计漏洞，这会造成需求在某个阶段的被动变更。

4）客户主动变更需求，这是我们需要积极配合的，提升了产品的价值和价格。

4.5.4 敏捷项目成本的管理

项目成本管理是指为保障项目实际发生的成本不超过项目预算，使项目在批准的预算内按时、保质、经济高效地完成既定目标而开展的成本管理活动。

成本管理包括项目资源规划、项目成本估算、项目成本预算、项目成本控制等过程。

1）项目成本：包括项目生命周期每一阶段的资源耗费。

2）项目直接成本：指与项目有直接关系的成本费用，是与项目直接对应的，包括直接人工费用、直接材料费用、其他直接费用等。

3）管理费用：指为了组织、管理和控制项目所发生的费用，项目管理费用一般是项目的间接费用，主要包括管理人员费用支出、差旅费用、固定资产和设备使用费用、办公费用、医疗保险费用以及其他一些费用等；指与项目的完成没有直接关系，费用的发生基本上不受项目业务量增减所影响的费用。这些费用包括公司的日常行政管理费用、销售费用、财务费用等，这些费用已经不再是项目费用的一部分，而是作为期间费用直接计入公司当期损益。

4）管理水平对成本的影响：高的管理水平可以提高预算的准确度，加强对项目预算的执行和监督，对工期的控制能够严格限制在计划许可范围内，减少各种更改所造成的成本增加和工期的变更，减少风险损失。

5）成本估算概述：成本估算的输出结果是成本预算的基础和依据，成本预算则是将已批准的估算进行分摊。

4.5.5 敏捷项目质量的管理

软件测试的一系列活动，其最终目的就是为了保证产品的质量，也就是说质量的管理是在整个测试过程中，由各环节所决定的。敏捷的质量管理与传统的质量管理在管理过程中出现以下一些变化。

1. 质量管理的协助角色变化

传统质量管理中除了项目经理，另有质量保证（Quality Assurance，QA）来配合监控公司质量保证体系的运行状况，审计项目的实际执行情况和项目计划中已制定准则的差异，并收集改进措施和输出统计分析报告。可以说是过程中的产品质量的监督与审计者。

而在敏捷项目中，在团队建设的初级阶段，会有敏捷教练的角色加入。敏捷教练是熟知敏捷运作流程的专业人士，他去指导项目团队的流程运作。例如该如何去开展站立会议，该如何计划迭代周期，该如何做好迭代的持续更新，教练不像 QA，他所监控的不是数据，而是流程中的活动是否有效进行，对每个活动环节做持续指导和对应的优化建议，以流程中的活动来提高产品开发效率和质量。以前 QA 制定的一系列的标准和计划的 checklist 不再适用。敏捷项目讲究的是个体自由发挥，不被文档束缚进度，不被规则限制效率，只要出口的准则达到 QA 的监控标准，质量和效率都得到充分的保证。

2. 质量的个人因素

个人因素除了测试本身的专业知识、个人能力、测试经验以外，还有测试人员对于敏捷项目的运作理解和节奏把控上。测试人员是敏捷团队的核心部分，敏捷教练或是测试项目经理（Test Project Manager，TPM）需要向测试提供支持和训练，以使测试适应开发的快节奏。在敏捷项目中，面对面沟通要高于文档的管理，计划会议和设计讨论都需要测试人员的参与，包括产品经理最早对需求的澄清会议，测试都需要参加和团队的其他成员交流。即测试人员、开发人员和产品经理多方协作。在一些公司产品经理或是需求提出人员，称为 BA，即 Bussiness Analyst，BA 和开发人员 DE、测试人员 TE 组成了敏捷开发团队。敏捷项目不再只是看一下需求规格说明书，细细解读需求的过程，敏捷更注重过程的人与人交流。需求测试人员有良好的沟通能力、理解能力和全面的专业技能，才能完成领取的 story，做好充分的质量测试。

3. 自动化测试的比重提升

为什么说敏捷项目自动化越来越被重视？

传统项目的周期和测试重复率要低于敏捷测试。敏捷测试是在原框架上不断提升产品价值和需求，在每轮迭代中都有不同新需求的融入，已开发的需求必然有可能被周边影响，有必要做一些核心功能和基本功能的重复测试，CI（Continuous Integration）持续集成的自动化测试就显得必不可少。自动化测试工程师和 CI 维护工程师在敏捷中的重要性会日渐显现出来，需要项目管理者 TPM 的长期规划和培养。

4. 敏捷活动的有效指导

敏捷是个理念的开发流程，只有合适和高质量的流程控制才能开发出高质量的产品。

敏捷中有哪些特别的活动值得我们推广和持续优化呢？智谷流程管理团队认为，敏捷近史中值得推广的有 Story、Story Wall、Stand-up Meeting 和 CI。

1）Story：站在用户角度去描述一个需求，如同阐述一个故事，制作一个故事卡片，写明"作为……；我想要……；以便……。"故事可以分段阐述，一段段的小故事，便于和用户去沟通，更能准确定位出核心价值，可做到持续交付。Story 需要有验收用例作为需求实现的标准，测试可以更准确地写出符合需求的用例。

2）Story Wall：就是将 story 制作成卡片，张贴在白板墙上。每个 story 以横轴展示所处状态，横轴显示的状态阶段按照本公司的实际流程制定。卡片可以制作成不同的颜色，用于区分不同重要级别、不同的风险或是不同的责任人。在办公区域抬头便可见 Story Wall，让碎片的 story 所处的状态一目了然，有着很直观的视觉冲击感，让成员很明确知道我该优先去处理什么。

3）Stand-up Meeting：高效的站立会议，在每天早上完成。团队站在 Story Wall 前，围成半圈，依次发言。发言主要内容可称为三段论："昨天做了什么？今天准备做什么？碰到了什么困难？"。主持记录，尽量避免讨论。让所有的风险从个体上展现出来，让所有个体的效率全部展现出来，笔者认为这是监控每个人进度、效率、风险的最佳方式。

4）CI：持续集成将测试的自动化用例利用最大化，也让开发每日构建的安装包做到了充分的验证。所谓 CI，就是将开发每日更新提交的代码自动生成安装包，进行自动化安装测试环境，并进行全面的自动化测试用例执行，输出测试报告，并发送邮件给相关人员。这些全部都将在 CI 持续集成框架中自动完成，团队中需要有 CI 维护工程师每日去维护框架、环境、测试用例以及 Fail 用例分析，CI 维护工程师大都由测试人员来担当。CI 能够快速地发现新引入的问题，大大降低了 Bug 修复成本，不会遗留到后期。

敏捷模式比传统流程的质量管理更具多样性和挑战性，加大人员之间的交流，加强与客户的沟通，有效地暴露出存在的风险，快速应对需求变化等，敏捷模式比传统模式更能提升产品的质量。

4.5.6 敏捷项目沟通的管理

项目沟通管理（Project Communication Management）改变了传统注重文档化管理，文档可以有效传承，但效率和应变能力是个弊端，沟通可以快速建立起良好的合作关系，并且能够快速了解批次的性格和工作习惯，久而久之，沟通和工作都将变得更加简单。

从一切通过正式的会议沟通变成随时随地的非正式沟通，所有人都不再被流程框架所限制，发挥自己的长处，展现自己的能力，只要能解决问题，可以用自己擅长的方式，和需要的人直接沟通。测试项目经理要做的不是听你阐述后组成复杂的流程会议，只要知道你需要什么协助，给你提供需要的资源或是需要的联系方式。

业务人员的加入，甚至有客户人员的到访沟通，让敏捷项目的需求变得更加清晰准确。没有比沟通更准确地传递需求方式，尽早面对面沟通是敏捷项目的灵魂，传统与敏捷项目的沟通管理见表4-5。

表4-5 传统与敏捷项目的沟通管理

传统项目沟通管理	敏捷项目沟通管理
特性相关人员多以邮件沟通，不强调面对面沟通	敏捷项目管理将面对面作为基本沟通方式，特性相关人员会安排到一起办公，开发与测试相邻而坐
重文档，可文档化的过程和技术，尽可能地进行文档化，进行资源储备，建立繁杂的资源文档库	轻文档，不要让文档成为累赘，但要在出现争议时也有可查的依据。文档强调言简意赅，恰到好处，敏捷更多是通过沟通更全面和更充分地理解文档内容
团队成员可能会被要求参加大量的会议，不论那些会议是否有用的或者必要的	按照设计，敏捷项目中的会议是尽可能快速的，并将仅包含真正想参加会议并能从会议中受益的人员。敏捷项目会议能够带来面对面沟通的所有好处并避免浪费时间。敏捷项目会议的结构是提高生产效率，而不是降低生产效率

敏捷沟通的常见活动如下。

1. Sprint 计划会议

每个迭代都会以固定时长的 Sprint 会议作为开始，需 Scrum 团队全员参加，沟通关于此迭代的各个阶段的时间点、迭代的目标、人员的安排和配置等，沟通让团队达成共识的目标和一致的理解。

2. 头脑风暴

由特性小组的成员召集一起，随时随地找一个白板就此 Story 的框架设计、疑难问题攻克、设计方案选择、不明确问题澄清进行细致商讨来定制方案。

3. Showcase

开发将已设计并不完善的基本功能进行尽早展示，以确保在设计与需求无偏差的前提下，尽早发现问题和不足，降低成本，提高效率。

4. Stand-up Meeting

亦指每日晨会，固定时间与地点，Scrum 中的各小团队围圈站立进行十五分钟左右的高效会议。轮流简述各自昨天的进展，今天的计划，现在的困难。站立会议不引导讨论，只暴露出问题跟踪解决。

5. 评审会议

在迭代交付中 Sprint Review Meeting 是产品经理对产品增量的成果进行评价和反馈，看是否已达到迭代交付的标准，是否达到计划会议中设定的目标。评审会将收集的反馈问题添加到开发项中，在评估完这次的迭代的情况，来对接下来的迭代需求或开发项进行优先级排序。

6. 回顾会议

迭代结束时全员参与，积极探讨，持续改进建议。沟通改进、流程改进、文档改进、会议改进、用例改进、时间改进，改进一切可优化的。

4.5.7 敏捷项目风险的管理

风险管理是项目管理的重要组成部分，风险管理主要包括风险识别、风险分析、风险应对和风险监控4个过程。

软件项目风险是指在项目开发的过程中遇到各方面的问题以及这些问题对软件项目的直接影响。包含影响项目的进度，增加项目的成本，甚至造成项目周期性的失败。

敏捷流程本身的特点就是尽早实现产品价值，快速的经常性交付，由此看来敏捷项目本身就是解决了最大的传统流程项目的风险，也就是项目无法交付的风险。所以敏捷项目并没有特定风险管理的内容，采用敏捷流程的项目团队一致认可可以减小传统软件项目风险的影响，但是敏捷流程还没到达放弃风险管理的成熟期。

敏捷项目风险管理的思路是：首先分析敏捷项目测试的特点，然后结合传统项目风险管理过程的经验进行有效管理。敏捷项目通过其流程减轻了常见的软件风险，但因此也蕴含了大量的风险。

敏捷测试的风险主要体现在需求风险、人员风险、进度风险。

1. 需求风险

Story定义范围不准确或是太大，增加了大量的验收标准。需要加强用户沟通，抓准需求的核心价值，对需求进行优先级的排序，做好每个迭代周期内Story的具体范围。

2. 人员风险

人员风险主要体现在技术和业务能力不足，情绪干扰，士气底下，人才流失。敏捷本身需要每个人参与沟通，完成自己领取的需求，从测试的技术要求上需要更加全面。可通过内部交流培训提高每个人的技能，从而也做到了不断储备和复制技能，避免人才和技能的流失产生的风险。还需要做好定期的有效沟通，了解团队人员的情绪变化，并做好激励措施，提高团队士气，减少人才流失。

3. 技术风险

技术风险指在软件测试过程中遇到技术性的问题，且在短时间内无法解决。敏捷测试周期短，每个测试工程师职责贯穿整个迭代流程，从而需要有较为全面的技术支撑。但项目成员技能组成呈现为金字塔结构，必然在分配任务后，存在个体上的技术风险，也会存在整个测试团队不具备的技术性问题。需要提前识别出此类风险，引进关键技术的优秀人才。

4. 进度风险

交付期内未达到产品的质量出口准则，会造成直接的经济损失。从项目计划开始就需要制定可行的任务分配安排，不承诺超出团队能力范围的工作量。测试项目经理需要具备丰富的评估工作量的能力，并能及时协调工作内容来降低风险。做好优先级的划分，尽快提升产品的价值，更多时间去应对有价值的需求变更，对无价值的变更坚决说no，对临时任务做好充分的评估再做协调，不冲突核心需求。

项目风险在任何模式下都是无处不在的，项目管理者需要不断在项目管理中汲取经验，做好项目总结工作，持续优化管理流程和改进管理中的细节，做好降低和解决风险的准备。

第 5 章 Web 项目测试

本章主要介绍 Web 端常用的网络协议、项目的测试流程、测试方法以及 Web 端测试技术等。

学习目标：

- 熟悉 Web 端常用协议
- 熟悉 Web 的特点
- 熟悉 Web 工作原理
- 熟悉 Web 页面加载过程
- 掌握 Web 测试技术

5.1 Web 端网络协议

网络协议是通信双方必须共同遵循的一组规则、约定。例如，不同省份的人之间交流时，必须使用普通话，"普通话"既是一种规则，也可以理解为协议。在 Web 端测试中，需要熟悉常见的网络协议有 OSI、TCP/IP、HTTP、HTTPS 等。

5.1.1 OSI 参考模型

OSI（Open System Interconnection）参考模型是在 1979 年由国际标准化组织（ISO）制定的一个用于计算机或通信系统间互联的标准体系，一般称为 OSI 参考模型或七层模型，如图 5-1 所示。它是一个七层、抽象的模型，不仅包括一系列抽象的术语或概念，也包括具体的协议。

在这里简单介绍一下 OSI 的七层模型。

1. 物理层（Physical Layer）

物理层是 OSI 参考模型的第一层，虽然处于最底层，却是 OSI 分层结构体系中最重要、最基础的一层。它是建立在传输媒介基础上，主要负责两台设备之间真正的数据传输工作，通过比特（bit）进行传输物理接口信息、电气特性等。其主要功能是为数据端设备提供传送数据通路和传输数据。

常见的物理层设备有网卡、网线、光纤、集线器、中继器、串口等，其典型的协议有 RS232C、RS449/422/423、V.24 和 X.21、X.21bis（如网线共 8 根线，其中只有 1、2、3、6 四根线用来传输数据）。

2. 数据链路层（Data Link Layer）

数据链路层是 OSI 参考模型的第二层。数据链路层主要是在不可靠的物理介质上提供可靠的传输。该层主要的作用是对物理地址 MAC 寻址，将网络层传输的数据封装为可被物理层接受的帧 frame、流量控制以及负责数据进行检错、重发和修正工作等。

图 5-1 OSI 参考模型

数据链路层的典型设备有二层交换机、网桥，其典型的协议有 SDLC、HDLC、PPP、STP、帧中继等。

3. 网络层（Network Layer）

网络层是 OSI 参考模型的第三层。其主要任务就是将网络地址 IP 翻译成物理地址，并决定通过哪些路径来实现数据传输。

网络层的主要设备就是路由器或普通交换机，其典型的协议包括 IP、IPX、IGP 等。

4. 传输层（Transport Layer）

传输层是 OSI 参考模型的第四层，也是 OSI 模型中最核心的。主要功能是从会话层接收数据，并把数据传送给网络层。在传输前要确定传输协议，以及对数据进行错误检测，传输中进行流量监控，最终为会话提供可靠的、无误的数据传输。

传输层典型的协议包括 TCP、UDP、SPX 等。

5. 会话层（Session Layer）

会话层是 OSI 参考模型的第五层，它的数据传送单位统称为报文。主要功能是建立应用之间的通信链接，确定是否需要传输。除此之外，还进行维持会话，并使会话获得同步以及对会话连接的管理、恢复与释放。

6. 表示层（Presentation Layer）

表示层是 OSI 参考模型的第六层，是数据的表现形式（如 ASCII、GB2312、JPG 等）。其主要功能是对数据进行加密、解密以及数据的压缩、解压。除此之外，还对不同的图片和文件格式进行编码和解码。

7. 应用层（Application Layer）

应用层是 OSI 参考模型的第七层，也是 OSI 模型中的最高层。主要功能为应用程序提供服务，负责它们之间的信息交换。其典型的协议包括用于 Web 的 HTTP 协议、HTTPS 协议，用于传输文件的 FTP 协议，用于 E-mail 的 IMAP 以及网络协议 Telnet、SNMP 等。

5.1.2 TCP/IP 协议

传输控制协议/互联网协议（Transmission Control Protocol/Internet Protocol，TCP/IP）是一个真正的开放系统，它被称作为 Internet 的基础，主要由传输层的 TCP 协议和网络层的 IP 协议组成。TCP/IP 起源于 20 世纪 60 年代末美国政府资助的研究项目，到 20 世纪 90 年代已发展成为计算机之间最常应用的组网形式。

TCP/IP 是一组不同层次上的多个协议的组合，它采用了四层协议进行分层，每一层分别负责不同的通信功能，如图 5-2 所示。

应用层	HTTP、Telnet、FTP 和 E-mail等
传输层	TCP 和 UDP
网络层	IP、ICMP 和 IGMP
链路层	设备驱动程序和网络接口卡

图 5-2　TCP/IP 协议四层

1. 链路层

链路层，有时也称作数据链路层或网络接口层，通常包括操作系统中的设备驱动程序和计算机中对应的网络接口卡。常见的协议有以太网、IEEE802.2/802.3、SLIP（Serial Line Internet Protocol）串行线路网际协议、HDLC（High-level Data Link Control）点到多点的通用协议、PPP（Point-to-Point Protocol）点到点协议等。

在 TCP/IP 协议族中，链路层主要完成以下 3 个目的。

1）为 IP 模块发送和接收 IP 数据报。
2）为 ARP 模块发送 ARP 请求和接收 ARP 应答。
3）为 RARP 发送 RARP 请求和接收 RARP 应答。

2. 网络层

网络层，有时也称作互联网层，处理分组在网络中的活动。在 TCP/IP 协议族中，该层协议包括 IP（Internet Protocol）网际协议、ICMP（Internet Control Message Protocol）控制报文协议、IGMP（Internet Group Management Protocol）组管理协议、ARP（Address Resolution Protocol）地址转换协议、RARP（Reverse ARP）反向地址转换协议。

IP 地址，在互联网上每一个接口必须有一个唯一的 IP 地址，IP 地址长 32bit，这些 32 位的地址通常写成 4 个十进制的数，其中每个整数对应一个字节。这种表示方法称作"点分十进制表示法（Dotted decimal notation）"。IP 地址具有一定的结构，5 类不同的互联网地址格式，如图 5-3 所示。

图 5-3　5 类 IP 地址格式

IP 地址层主要负责接收由链路层发来的数据包，再将数据包发送到传输层；反之也把从传输层接收来的数据包传送到链路层。IP 层的数据包是最不可靠的。

3. 传输层

传输层主要为两台终端上的应用程序提供端到端的通信。在 TCP/IP 协议族中，有两个互不相同的传输协议：TCP（Transmission Control Protocol）传输控制协议和 UDP（User Datagram Protocol）用户数据报协议。

1）TCP：是一种端对端的、面向连接的、可靠的、基于字节流的传输层协议。每一次 TCP 在连接建立时需要经过三次握手（three-way handshake）。

TCP 主要用来确认数据包的发送并添加序号机制，对发送的数据包进行校验，从而保证数据包在传输过程中的可靠性；同时还可以测试所接受数据包的完整性，保证数据包不出现丢失或者是次序错乱。

接下来看一下建立连接时三次握手的过程，如图 5-4 所示。

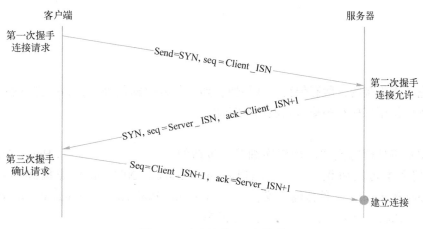

图 5-4　建立连接–三次握手

第一次握手：客户端发送一个 SYN 指明客户端打算连接的服务器的端口，以及初始序号（ISN 随时间而变化）。服务器由 SYN 得知客户端要求建立连接。

第二次握手：服务器在收到建立连接的请求后，给客户端发回包含服务器的初始序号作为应答，同时将客户端的 ISN 加 1 以对 SYN 进行确认请求 ack。

第三次握手：客户端必须进行确认序号，为服务器的 ISN 加 1 以对服务器进行确认。若正确，再次发送确认后的 ISN 与 ack 加 1，服务器收到再次确认后，连接建立成功。

当数据传送完成后，进行释放连接，此时需要经过四次挥手，如图 5-5 所示。

第一次挥手：客户端发送 FIN 和序列，用来关闭从客户端到服务器的数据传送，此时客户端进入等待关闭状态。

第二次挥手：服务器收到客户端发送的 FIN 后，设置客户端序列加 1，用来确认序号，此时服务器进入半关闭状态（服务器需要时间准备）。

第三次挥手：服务器发送 FIN，用来关闭从服务器到客户端的数据传送，此时服务器进入最后的关闭状态（未完全释放，只是关闭了应用程序）。

第四次挥手：客户端收到服务器发送的 FIN 后，设置服务器序号加 1，用来确认序号，此时客户端进入等待中断时间，服务器收到确认信息后，完成 TCP 的连接释放。

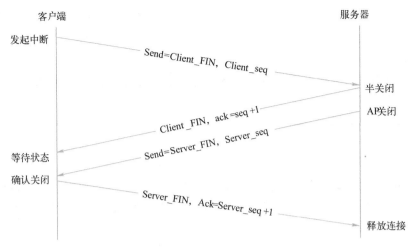

图 5-5　释放连接-四次挥手

2）UDP：传输方式与 IP 类似，同样都是以数据包的方式传输。与之不同的是，IP 协议是通过 IP 地址进行传输，没有端口，而 UDP 协议实现了端口。UDP 是一种一对一（一对多的）、无连接的、不可靠的、基于数据包的传输层协议。

由于它是无连接的，所有传输速度很快，如果一方数据包丢失，另一方只能无限等待。通常应用程序使用广播和多播时只能用 UDP 协议。

4. 应用层

应用层负责处理特定的应用程序细节，包括的高层协议有 HTTP（Hyper Text Transfer Protocol）超文本传输协议、Telnet（TELecommunications NETwork）虚拟终端协议、FTP（File Transfer Protocol）文件传输协议、SMTP（Simple Mail Transfer Protocol）电子邮件传输协议、DNS（Domain Name Service）域名服务等。

应用层包含了 OSI 参考模拟中应用层、表示层和会话层三层，在 TCP/IP 协议族中，该层将所有与应用层相关的功能整合在一起，通过相关的应用协议，为用户的应用程序提供通信服务。

下面通过应用程序的实例，来进一步了解 TCP/IP 协议的传输过程，如图 5-6 所示。

OSI 参考模型与 TCP/IP 模型的关系，见表 5-1。

表 5-1　OSI 参考模型与 TCP/IP 模型的关系

	OSI 参考模型	功能与协议	TCP/IP 模型	功能与协议
第七层	应用层	文件传输，服务，虚拟终端，FTP、HTTP、SMTP、DNS	应用层	HTTP、HTTPS、Telnet、FTP、SMTP、DNS
第六层	表示层	数据加密、解密，无协议		
第五层	会话层	同步数据建立连接，无协议		
第四层	传输层	主要对数据进行错误检测，TCP、UDP、SPX	传输层	TCP、UDP
第三层	网络层	选择路由，IP、ICMP、IGMP	网络层	IP、ARP、RARP、TCMP、IGMP
第二层	数据链路层	错误检测，SDLC、HDLC、PPP、STP	链路层	IEEE802.2、SLIP、HDLC、PPP
第一层	物理层	形成二进制数据，比特，RS232C、IEEE802.3		

图 5-6　TCP/IP 传输-实例

5.1.3　HTTP 协议

超文本传输协议（Hyper Text Transfer Protocol，HTTP）是互联网上应用最广泛的一种网络协议，是一个属于应用层的面向对象的协议，由于其简捷、快速的方式，适用于分布式超媒体信息系统。

HTTP 的原型是在 1990 年提出的，经过几年的使用和发展，在功能和性能上得到了不断的完善和改进，目前在 WWW 中使用最多的是由 RFC2616 定义的 HTTP1.1 版本，HTTPng 的建议已经提出，它将成为下一代协议。

1. HTTP 协议特点

Web 系统的基础就是 HTTP 协议，它是一个基于请求与响应模式的、无状态的、应用层的协议。由于 HTTP 只定义传输的内容是什么，不定义如何传输，所以理解 HTTP，只需要理解协议的数据结构及所代表的意义即可。

HTTP 协议的主要特点有以下几点。

（1）支持客户/服务器模式

HTTP 最初的设计目标就是通过网络来支持 Client 和 Server 之间的事务处理。简单来讲就是由 HTTP 客户端发起一个请求，建立一个到服务器指定端口（默认是 80 端口）的 TCP 连接。HTTP 服务器则在那个端口监听客户端发送过来的请求。一旦收到请求，服务器向客户端做出应答。

（2）简单快速

所以客户向服务器请求服务时，只需传送请求方法和路径即可。请求方法常用的有 GET、POST、HEAD、PUT、DELETE 等，而每种请求方法都规定了不同的类型进行联系，其中 GET 请求的应用最为广泛。由于 HTTP 协议简单，使得 HTTP 服务器的程序规模小，因而通信速度很快。

（3）灵活

HTTP 允许传输任意类型的数据对象（ASCII 文本、二进制流等），传输数据的具体类型在 Content-type 域中加以标记。

（4）无连接

无连接的含义是限制每次连接只处理一个请求。服务器处理完客户的请求，并收到客户的应答后立即断开连接。采用这种方式可以节省传输时间。

（5）无记忆状态

无状态是指协议对于事务处理没有记忆能力。一方面，缺少状态意味着如果后续处理需要前面的信息，则它必须重传，这样可能导致每次连接传送的数据量增大。另一方面，由于服务不需要利用先前信息，从而实现较快应答。

2. HTTP 连接方式

HTTP 是基于 TCP 的连接方式，建立连接的方式有非持久连接和持久连接，绝大多数的 Web 开发，都是构建在 HTTP 协议之上的 Web 应用。在 HTTP 1.0 中使用非持久连接，HTTP 1.1 默认使用了持久连接。

（1）非持久连接

非持久连接就是每次连接只处理一个请求消息和一个响应消息。具体步骤如下。

步骤1：首先 HTTP 客户端与服务器中的 HTTP 服务器建立一个 TCP 连接。HTTP 服务器通过默认端口号 80 监听来自 HTTP 客户的连接建立请求。

步骤2：HTTP 客户经由与 TCP 连接相关联的本地套接字发出一个 HTTP 请求消息。

步骤3：HTTP 服务器经由与 TCP 连接相关联的本地套接字接收这个请求消息，再从服务器主机的内存或硬盘中取出对象，经由同一个套接字向客户端发送包含该对象的响应消息。

步骤4：HTTP 服务器告知 TCP 关闭这个 TCP 连接（TCP 要等客户收到这个响应消息后，才会真正终止这个连接）。

步骤5：HTTP 客户经由同一个套接字接收这个响应消息，TCP 连接随后终止。

步骤6：给每一个引用的对象，重复上述步骤 1~步骤 4 步骤。

客户端和服务器之间每完成一个 HTTP 事务，需要建立一个 TCP 连接来传输报文。也就是说，每次服务器发出一个对象后，相应的 TCP 连接就被关闭，每个连接都不能持续到传输其他对象。由于 TCP 的连接具有慢启动的特性，换言之就是使用过的连接会比新建立的连接速度会快一些。如果同时处理不同客户发送的请求时，对 Web 服务器来说，无疑是严重增加了负担，同样也会造成网络使用效率的降低，这也是非持久连接最大的缺点。

（2）持久连接

持久连接是指每个连接可以处理多个请求和响应事务。具体操作如下。

早期的 HTTP 都是非持久连接，在 HTTP 1.1 版本中持久连接设置为默认行为。也就是说，除非有其他的标识，否则服务器发出响应后让 TCP 连接持续打开，后续的请求和响应都可以通过这个连接进行发送。

HTTP 1.1 采用持久连接结合新连接的方式，这种方式尽可能地减少了新建连接的浪费，同时当现有连接没有办法满足需求的时候，可以建立新连接满足需求，比较灵活。

3. HTTP 报文结构

HTTP 报文有请求报文和响应报文两种，它们都由 5 个成员组成。

(1) 请求报文

请求报文是指从客户端到服务器端发送请求，报文结构如下。

- 第一个成员：请求行（Request-Line）。
- 第二个成员：通用头（General-Header）。
- 第三个成员：请求头（Request-Header）。
- 第四个成员：实体头（Entity-Header）。
- 第五个成员：实体主体（Entity-Body）。

请求行以方法字段开始，后面分别是 URL 字段和 HTTP 协议版本字段，并必须以 CRLF 结尾（也就是回车换行），SP 是分隔符（空行）。

(2) 响应报文

响应报文是指服务器端到客户端的应答，报文结构如下。

- 第一个成员：状态行（Status-Line）。
- 第二个成员：通用头（General-Header）。
- 第三个成员：请求头（Request-Header）。
- 第四个成员：实体头（Entity-Header）。
- 第五个成员：实体主体（Entity-Body）。

状态码由 3 位数字组成，表示请求是否被理解或被满足。原因分析是对原文的状态码作简短的描述，状态码用来支持自动操作，而原因分析用来供用户使用。客户机无须用来检查或显示语法。常见的 HTTP 状态码见表 5-2。

表 5-2　常见的 HTTP 状态码

状态码	英文名称	描述
200	OK	请求已成功，表示正常状态，一般用户 GET 和 POST 请求
301	Moved Permanently	请求的资源已被永久地移动到新 URI，返回信息会包括新的 URI，浏览器会自动定向到新 URI
302	Move temporarily	请求的资源临时从不同的 URI 响应请求。与状态码 301 类似。但资源只是临时被移动，客户端应继续使用原有 URI
403	Forbidden	服务器理解请求客户端的请求，但是拒绝执行此请求
404	Not Found	请求失败，服务器无法根据客户端的请求找到资源
500	Internal Server Error	服务器内部错误，导致了它无法完成对请求的处理
501	Not Implemented	服务器不支持当前请求所需要的某个功能。当服务器无法识别请求的方法，并且无法支持其对任何资源的请求
502	Bad Gateway	充当网关或者代理工作的服务器尝试执行请求时，从远端服务器接收到无效的响应

4. HTTP 请求

HTTP 请求主要由以下 3 个部分构成：方法-URL-协议/版本、请求头、请求正文。

HTTP 1.1 支持 7 种请求方法：GET、POST、HEAD、PUT、DELETE、OPTIONS 和 TRACE。

- GET：请求获取 Request-URI 所标识的资源。
- POST：在 Request-URI 所标识的资源后附加新的数据。

- HEAD：请求获取由 Request-URI 所标识的资源的响应消息报头。
- PUT：请求服务器存储一个资源，并用 Request-URI 作为其标识。
- DELETE：请求服务器删除 Request-URI 所标识的资源。
- OPTIONS：请求查询服务器的性能或者查询与资源相关的选项和需求。
- TRACE：请求服务器回送收到的请求信息，主要用于测试或诊断。

在互联网应用中，最常用的请求方法是 GET 和 POST。下面主要介绍 GET 和 POST 方法。

（1）GET 请求方法

GET 请求就是从服务器上获取数据，仅是获取服务器资源，不对其进行修改。

```
GET / HTTP/1.1
Accept : text/html,application/xaml+xml,image/gif,*/*
Accept-Encoding : gzip,deflate
Accept-Language : zh-CN
Connection : Keep-Alive
Host : www.zhiguyichuan.com
User-Agent : Mozilla/4.0 (compatible;MSIE 8.0;Windows NT 6.1;WOW64;Trident/4.0;SLCC2;
.NET CLR 2.0.50727;.NET CLR 3.5.30729;.NET CLR 3.0.30729;InfoPath.2;.NET4.0C;
.NET4.0E)
```

- 第一行：GET / HTTP/1.1

其中 GET 就是请求方法；/表示请求的 URI（根目录）；HTTP1.1 是协议和具体版本。URI 完整地指定了要访问的网络资源，URL 实际上是 URI 的一种特殊类型。

- 第二行：Accept : text/html, application/xaml+xml, image/gif, */*

Accept 请求头包含许多有关客户端环境和请求正文的有用信息。具体说明所能接受的内容类型，也就是能在客户浏览器中直接打开的格式。

- 第三行：Accept-Encoding : gzip,deflate

Accept-Encoding 是指客户端支持服务器返回的 gaip 压缩数据，这样处理有效地减少网络传输所浪费的时间。例如服务器在传输过程中，会将 HTML、JS、CSS 等类型的资源经过压缩后再传给客户端，客户端收到响应数据后解压缩后进行展示。

- 第四行：Accept-Language : zh-CN

Accept-Language 是指客户端能接受和处理的语言，此处 zh-cn 显示语言为中文。这也是为什么用户访问 google.com 会自动指派到 google.cn 页面上的原因。如果使用中文的操作系统，一般这个属性值都是 zh-cn。

- 第五行：Connection : Keep-Alive

该行是 HTTP 1.1 预设的功能，当完成本次请求后，它使客户端到服务器端的 TCP 连接仍属于可连接状态，当出现对服务器的后继请求时，Keep-Alive 功能避免了建立或者重新建立连接。

- 第六行：Host : www.zhiguyichuan.com

Host 是指请求的主机地址。

- 第七行：User-Agent : Mozilla/4.0 (compatible; MSIE 8.0; Windows NT 6.1; WOW64; Trident/4.0; SLCC2; .NET CLR 2.0.50727; .NET CLR 3.5.30729; .NET CLR 3.0.30729; InfoPath.2; .NET4.0C; .NET4.0E)

User-Agent 表示客户端的信息，对于服务器来说如果没有这个信息它就不知道客户使用什么环境来访问 WWW 服务，所以相关的日志信息记录的就是客户浏览器发送的内容。

- 第八行：空行

该行非常重要，是只有 CRLF 符号的行，它表示请求头已经结束。

（2）POST 请求方法

```
POST /login HTTP/1.1
Accept：text/html,application/xaml+xml,image/gif,*/*
Accept-Encoding：gzip, deflate
Accept-Language：zh-CN
Connection：Keep-Alive
Host：www.zhiguyichuan.com
User-Agent：Mozilla/4.0（compatible；MSIE 8.0；Windows NT 6.1；WOW64；Trident/4.0；SLCC2；
.NET CLR 2.0.50727；.NET CLR 3.5.30729；.NET CLR 3.0.30729；InfoPath.2；.NET4.0C；
.NET4.0E)
Content-Type：application/x-www-form-urlencoded
Content-Length：120
Cache-Control：no-cache

username=hujiayi&password=123456
```

- 第一行：POST/login HTTP/1.1

与 GET 请求不同的是，POST 请求可向服务器提交较大的数据，这就涉及数据的更新，也就是可以更改服务器的数据。POST 请求传递数据无限制，在传递过程中数据存储在 Header 头内，用户看不到这个过程，因此相对 GRT 请求，它的传输过程是安全的。

- 第二行到第七行的意思可参考 GET 请求，这里就不讲解了。
- 第八行：Content-Type：application/x-www-form-urlencoded

Content-Type 是指请求的与实体对应的 MIME 信息，属于内容头部，主要是用来向服务器指明报文主体部分内容属于何种类型，以及接收的数据类型。

- 第九行：Content-Length：120

Content-Length 是指请求发送内容的长度。

- 第十行：Cache-Control：no-cache

Cache-Control 是指定请求和响应遵循的缓存机制，在请求消息或响应消息中设置 Cache-Control 并不会修改另一个消息处理过程中的缓存处理过程。常见的取值有 Public、Private、no-cache、max-age、no-store 等，默认为 private。

- 第十一行：空行

该行非常重要，它表示请求头已经结束，必需也用 CRLF 分隔。

- 第十二行：username=hujiayi&password=123456

此处表示 POST 请求的正文部分。

（3）GET 与 POST 的区别

- 从参数方面来看

GET 请求是从指定的资源获取数据，相当于数据库中的查询语句。在发送 GET 请求时可以带参数也可以不带参数。而 POST 请求是向指定的资源提交被处理的数据，必须带参数。由于 GET 请求中的参数是 URL 的一部分，所以参数的数据类型只允许 ASCII 字符。而 POST 请求的参数对数据类型没有限制。

- 从安全方面来看

GET 请求的数据是对所有人可见的，相比 POST 请求，安全性比较差。而 POST 请求的数据除了没有限制数据类型之外，数据也不会被保存在浏览器的历史中，或 Web 服务器的日志中。

- 从速度方面来看

从请求的过程来分析，GET 请求的数据，是在建立连接中就进行传输。而 POST 请求在建立连接后，从浏览器开始传输数据。所以在理论上 GET 请求的速度要比 POST 请求要快。在实际中，两种请求方法的速度差不多。那为什么在 Web 应用中，GET 方法使用的多呢？主要是由于 GET 方法能被浏览器缓存，而 POST 不能被缓存。

针对测试人员还需要熟悉 GET 请求的 URL 最大长度，该长度是基于浏览器来决定。不同的浏览器对 URL 长度的要求不同。例如，谷歌浏览器长度为 8182，火狐浏览长度为 65536。

5. HTTP 应答

HTTP 的应答与请求类似，主要由以下 3 个部分构成：协议-状态码-描述、应答头、应答正文。对应上述请求的服务器 HTTP 应答如下：

```
HTTP/1.1 200 OK
Server:Apache-tomcat/7.0.63
Content-length:528
Content-Type:text/html;charset=utf-8
Connection:keep-alive
Expires:0
Cache-control: no-cache
Content- Encoding:gzip
Date:Mon,20 May 2019 13:14:00 GMT
Vary:Accept-Encoding


<html>
<head> <table> HTTP 应答示例 </table>
</head>
<body>
正文部分,略……
</body>
</html>
```

- 第一行：HTTP/1.1 200 OK

HTTP/1.1 表示当前通信使用的协议及其版本，200 OK 是 HTTP 响应的状态码，表示服务器已经成功处理了客户端发出的请求。

- 第二行：Server：Apache-tomcat/7.0.63

显示服务器上 Web 服务的名称。

- 第三行：Content-length：528

Content-Length 是指应答数据的正文部分的长度为 528 字节。

- 第四行：Content-Type：text/html；charset=utf-8

显示此连接的内容类型为 text/html，字符集是中文。

- 第五行：Connection：keep-alive

参考 HTTP 请求中的 Connection。

112

- 第六行：Expires：0

Expires 用来控制缓存的失效日期，缓存何时过期。

- 第七行：Cache-control：no-cache

参考 HTTP 请求中的 Cache-control。

- 第八行：Content-Encoding：gzip

Content-Encoding 是指应答数据采用的压缩格式为 gzip。

- 第九行：Date：Mon，20 May 2019 13:14:00 GMT

显示当前服务器上的 GMT 格林尼治时间。

- 第十行：Vary：Accept-Encoding

Vary 是指缓存代理服务器（压缩和非压缩），现在的浏览器都支持压缩了，如果网站启用了 gzip，可以无须指定标头 Vary。

- 第十一行：空行

该行非常重要，应答头和正文必需也用 CRLF 分隔。

- 第十二行：正文部分

服务器应答的正文部分（此处略），也就是服务器返回的 HTML 页面，这里返回的内容为动态压缩内容。

6. HTTP 通信机制

HTTP 通信机制是指完整的一次 HTTP 通信过程，以 Web 为例，主要经过以下 7 个步骤。

步骤 1：建立 TCP 连接

Web 浏览器首先要通过网络与 Web 服务器建立连接，该连接是通过 TCP 来完成的，该协议与 IP 协议共同构建 Internet。HTTP 是比 TCP 更高层次的应用层协议，根据协议规则，通常只有低层协议建立之后才能进行更高层协议的连接。因此，首先要建立 TCP 连接，一般 TCP 连接的端口号默认是 80。

步骤 2：发送请求

一旦建立了 TCP 连接，Web 浏览器就会向 Web 服务器发送请求命令。

步骤 3：请求头信息

Web 浏览器发送其请求命令之后，还要以头信息的形式向 Web 服务器发送其他信息，之后浏览器发送空白行来通知服务器，它已经结束了该头信息的发送。

步骤 4：服务器应答

客户端向服务器发出请求后，服务器向客户端回送应答，如 HTTP/1.1 200 OK。

步骤 5：应答头信息

服务器也会跟客户端一样，随同应答向用户发送关于它自身的数据以被请求的文档。

步骤 6：发送应答数据

Web 服务器向 Web 浏览器发送头信息后，也会发送空白行来表示头信息发送结束，接下来，它以 Content-Type 应答头信息所描述的格式发送用户所请求的实际数据。

步骤 7：关闭 TCP 连接

在一般情况下，一旦 Web 服务器向浏览器发送了请求数据，它就要关闭 TCP 连接。

由于在 HTTP 1.1 中预设了 "Connection：keep-alive" 功能，TCP 连接在发送后将仍然保持打开状态。于是，浏览器可以继续通过相同的连接发送请求。

7. HTTP 缓存机制

HTTP 缓存是 Web 性能优化的重要手段，使用 HTTP 缓存到底有什么好处呢?

在 HTTP 1.1 中缓存的目的是为了减少发送请求，同时可以不需要发送完整响应。前者减少了网络回路的数量，HTTP 利用一个"过期（Expires）"机制实现此目的。后者减少了网络应用的带宽，HTTP 用"验证（Validation）"机制实现此目的。

（1）缓存流程

首先我们来看一下 HTTP 的缓存流程，如图 5-7 所示。

图 5-7　HTTP 缓存流程

（2）缓存策略

在 HTTP 中缓存的策略主要有缓存存储策略、缓存过期策略和缓存对比策略 3 种。

① 缓存存储策略，用来确定 HTTP 应答内容是否可以被客户端缓存，以及可以被哪些客户端缓存。这个策略的作用只有一个，用于决定 HTTP 应答内容是否可缓存到客户端。

对于 Cache-Control 头里的 Public、Private、no-cache、max-age、no-store 等。它们都是用来指明应答内容是否可以被客户端存储，其中前 4 个都会缓存文件数据。no-store 则不会在客户端缓存任何响应数据。HTTP 1.1 中缓存机制默认是 Private，其中 no-cache 和 max-age 比较特殊，它们既包含缓存存储策略也包含缓存过期策略。

② 缓存过期策略，客户端用来确认存储在本地的缓存数据是否已过期，进而决定是否要发请求到服务端获取数据。这个策略的作用也只有一个，那就是决定客户端是否可直接从本地缓存数据中加载数据并展示（否则就发请求到服务端获取）。

Expires 标记告诉浏览器该页面何时过期，并且此过期前不需要再访问 Web 服务器，同 max-age 的效果。Cache-Control 中指定的缓存过期策略优先级高于 Expires，当它们同时存在的时候，Expires 会被覆盖掉。

需要注意的是缓存数据标记为已过期只是告诉客户端不能再直接从本地读取缓存了，需要再发一次请求到服务器去确认，并不等同于本地缓存数据从此就没用了，有些情况下即使过期了还是会被再次用到。

③ 缓存对比策略，它将缓存在客户端的数据标识发往服务端，服务端通过标识来判断

客户端。缓存数据是否仍有效，进而决定是否要重发数据。客户端检测到数据过期或浏览器刷新后，往往会重新发起 HTTP 请求到服务器，服务器此时并不急于返回数据，而是看请求头有没有带标识（If-Modified-Since、If-None-Match）过来，如果判断标识仍然有效，则返回 304 告诉客户端取本地缓存数据来用即可。

常见的 HTTP 缓存头，见表 5-3。

表 5-3　常见 HTTP 缓存头

HTTP 请求缓存头	属　　性	描　　述
If-Modified-Since	Mon，20 May 2018 13:00:00 GMT	记录客户端缓存文件的时间
If-None-Match	"3415g77s19tc3:0"	客户端缓存文件的 ETag 值
Cache-Control	no-cache	缓存机制
Pragma	no-cache（同 Cache-Control）	缓存机制（不缓存）
HTTP 请求缓存头	属　　性	描　　述
Cache-Control	Public、Private、no-cache、max-age、no-store	缓存机制
Expires	Mon，20 May 2018 14:00:00 GMT	缓存过期的 GMT 时间
Last-Modified	Mon，20 May 2018 15:00 GMT	记录服务器缓存文件的时间
ETag	"3415g77s19tc3:0"	服务端缓存文件的 ETag 值

（3）浏览器缓存

缓存就是为了提高访问网页的速度，浏览器会采用累积加速的方法，将历史访问的网页内容（包括图片以及 cookie 文件等）存储在本地，这个存储空间，就称它为浏览器缓存，以后我们每次访问网站时，浏览器会首先搜索这个目录，如果其中已经有访问过的内容，那浏览器就不必从网上下载，而直接从缓存中调出来，从而提高了访问网站的速度。

如何生成缓存内容（由服务器生成）在本地？我们需要建立一种机制（Web 服务器和缓存之间的一种沟通机制），即为 HTTP 中的"缓存协商"。常见的协商有以下几种。

① Last-Modified 和 If-Modified-Since 协商。

Last-Modified 和 If-Modified-Since 分别位于响应头信息的请求头信息中，都是记录请求页面最后的修改时间。在客户端第一次访问 Web 服务器会返回 200 状态，并在浏览器的响应头 Last-Modified 中，记录此页面最后访问的时间，当再次访问时，浏览器会把第一次返回 last-Modified 的时间记录到 If-Modified_since，并作为请求头信息发送到服务器，此时 Web 服务器会通过 If-Modified-since 上的时间，来判断用户的页面是否为最新的。如果不是最新的，则返回新的页面并修改响应头 Last-Modified 时间给用户；如果判断是最新的，则返回 304 状态并告诉浏览器本地的 cache 页面是最新的，浏览器可以直接加载本地页面，这样可以减少网络上传输的数据，并且也减少服务器的负担。

② ETag 协商。

如果把一个文件放在多台 Web 服务器上，用户的请求在这些服务器上之间轮询，实现负载均衡，那么这个文件在各台 Web 服务器的最后修改时间很可能不一样，这样用户每次请求到的 Web 服务器都可能是不同的，Last-Modified 和 If-Modified-since 则无法对应，导致每次都需要重新获取内容，这时候采用直接标记内容的 ETag（HASH）算法，就可以避免出现上述的问题。

③ Expires 缓存过期前不会再发送请求。

Expires 标记告诉浏览器该页面何时过期，并且此过期前不需要再访问 Web 服务器，直接使用本地的缓存文件即可，这样请求响应头都不需要了，确实节省了带宽和服务器的开销，但是即便页面在 Web 服务器上更新后，在 Expires 过期前也不会出现在用户面前。

Expires 表示存在时间，允许客户端在这个时间之前不去检查（发请求），等同 max-age 的效果。但是如果同时存在，则被 Cache-Control 的 max-age 覆盖。

④ Last-Modified、ETag、Expires 混合。

通常 Last-Modified、ETag、Expires 是混合使用的，特别是 Last-Modified 和 Expires 经常一起使用，因为 Expire 可以让浏览器完全不发起 HTTP 请求，而当浏览器强制刷新的时候又有 Last-Modified，这样就可以充分使用浏览器缓存。

Etag 和 Expires 一起使用时，先判断 Expires，如果已经过期，再发起 HTTP 请求，如果 Etag 也过期，则返回 200 响应。如果 ETag 没有过期则返回 304 响应。

Last-Modified、ETag、Expires 3 个同时使用时。先判断 Expires，然后发送 HTTP 请求，服务器先判断 Last-Modified，再判断 ETag 必须都没有过期，才能返回 304 响应。

5.1.4　HTTPS 协议

由于 HTTP 本身不具备加密的功能，即 HTTP 报文使用明文方式发送；又由于 HTTP 本身对通信方的身份也没有进行验证，这样会导致即便加密了，信息仍然可能会在传输中被窃听。为了弥补 HTTP 的这些缺点，在 1994 年，创建了安全超文本传输协议（Hyper Text Transfer Protocol over Secure Socket Layer，HTTPS），它是由 Netscape 开发并内置于其浏览器中，用于对数据进行加密和解密操作，简单讲就是 HTTP 的安全版。

它是通过 HTTP 和安全套接层（Secure Socket Layer，SSL）或安全传输层（Transport Layer Security，TLS）的组合使用，对 HTTP 通信内容进行加密。它的主要作用可以分为两方面：一方面是建立一个信息安全通道，利用加密和验证身份来保证数据传输的安全；另一方面就是确认网站的真实性，可以通过 CA 机构颁发的安全签章来查询网站认证之后的真实信息。HTTPS 默认端口为 443。

1. HTTPS 的特点

在目前的技术背景下，HTTPS 是现行架构下最安全的解决方案。它主要体现在可以对客户端和服务器进行认证，确保数据发送到正确的客户机和服务器；同时通过 SSL 协议进行加密传输，确保数据在传输过程中不被窃听、篡改，确保数据的完整性。

HTTPS 在安全方面表现较为突出，它在技术与成本方面表现不是很好。技术方面体现在相同网络环境下，HTTPS 协议会使页面的加载时间延长近 50%；此外还会影响缓存。成本方面体现在，由于 SSL 证书需要购买，还需要绑定固定 IP，所以增加了一定的费用；同时 HTTPS 连接服务器资源占用比较高，这样又增加企业对服务器配置的费用。

2. 工作原理

1）客户端发送报文开始 SSL 通信，报文包含 SSL 的指定版本、加密算法列表和一个用作产生密钥的随机数发送给服务器。

2）服务器进行 SSL 通信时，首先从客户端发送的算法列表中选择一种加密算法，并和一份包含服务器公用密钥的证书，发送给客户端。

3）服务器给客户端发送一个服务器用作产生密钥的随机数。

4）服务器和客户端建立 SSL 握手协商。

5）客户端对服务器的证书进行验证，再产生一种被称作 pre_master_secret 的随机密码串，并抽取服务器的公用密钥进行加密，再将加密后的报文发送给服务器。

6）客户端与服务器根据 pre_master_secret 以及客户端与服务器的随机数值，独立计算出加密和 MAC 密钥。

7）客户端将所有报文消息的 MAC（Message Authentication Code）发送给服务器。

8）服务器将所有报文消息的 MAC 发送给客户端。

9）服务器和客户端的报文交换完毕后，SSL 连接才算建立完成。

10）开始进行应用协议的通信，客户端发送 HTTPS 请求，服务器返回 HTTPS 响应。

11）最后，由客户端断开连接。

5.1.5　SSL 协议

SSL 安全套接层是 Netscape 公司提出的基于 Web 应用的安全协议。主要用来保障在 Internet 上数据传输的安全，利用数据加密（Encryption）技术，确保数据在网络传输过程中不会被截取及窃听。一般通用规格为 40 bit 的安全标准，美国则已推出 128 bit 的更高安全标准，但限制出境。只要 3.0 版本以上的 IE 或 Netscape 浏览器即可支持 SSL。

SSL 协议位于 TCP/IP 协议与各种应用层协议（如 HTTP、Telnet、FTP 等）之间，主要是提供数据安全性分层的机制。

SSL 协议可分为两层：一层是 SSL 记录协议（SSL Record Protocol），它是建立在可靠的传输协议（如 TCP）之上，为高层协议提供数据封装、压缩、加密等基本功能的支持；另一层是 SSL 握手协议（SSL Handshake Protocol），它建立在 SSL 记录协议之上，用于在实际的数据传输开始前，通信双方进行身份认证、协商加密算法、交换加密密钥等。

1. SSL 记录协议

SSL 记录协议是将数据流分割成一系列的片段，并加以传输来工作的，其中的每个片段都单独进行保护和传输。

在传输数据片段之前，需要计算数据的 MAC 以保证数据的完整性，再将数据片段和 MAC 一起加密并与头信息组成记录（实际传输的内容）。

SSL 记录协议为每一个 SSL 连接提供以下两种服务。

1）机密性：SSL 记录协议会协助双方产生一把共享密钥，利用这把密钥来对 SSL 所传送的数据做传统式加密。

2）完整性：SSL 记录协议会协助双方产生另一把共享 MAC 密钥，利用这把密钥来计算出消息的鉴别码。

2. SSL 握手协议

SSL 握手协议是指在 SSL 协议中，首先客户端和服务器通过握手过程来获得密钥，随后在记录协议中，使用该密钥来加密客户端和服务器间的通信信息。

握手过程首先采用非对称加密的方法来交换信息，使得服务器获得客户端提供的对称加密的密钥（pre_master_secret），然后服务器和客户端通过密钥产生会话密钥。

SSL 握手协议为每一个 SSL 连接提供以下两种服务。

1）安全性：SSL 握手协议通过证书对客户端和服务器进行认证。

2）正确性：SSL 握手协议再通过交换密钥来确保数据发送到正确的客户端和服务器。

5.1.6　TLS 协议

TLS（Transport Layer Security）安全传输层是 IETF（The Internet Engineering Task Force，国际互联网工程任务组）在 1999 年把 SSL 标准化后，将 SSL 名称改为 TLS。该协议继承了 SSL 协议的功能，主要用于两个通信应用程序之间提供保密性和数据完整性。该协议也是由 TLS 记录协议（TLS Record）和 TLS 握手协议（TLS Handshake）组成的。较低的层为 TLS 记录协议，位于某个可靠的传输协议（如 TCP）上面，与具体的应用无关。所以，通常把 TLS 协议归为传输层安全协议。

TLS 的最大优势是独立于应用协议。高层协议可以透明地分布在 TLS 协议上面。然而，TLS 标准并没有规定应用程序如何在 TLS 上增加安全性；它把如何启动 TLS 握手协议，以及如何解释交换的认证证书的决定权留给协议的设计者和实施者来判断。

TLS 包含 3 个基本阶段。

1）对等协商支援的密钥算法。

2）基于私钥加密交换公钥、基于 PKI 证书的身份认证。

3）基于公钥加密的数据传输保密。

5.2　Web 基础

Web 即全球广域网，也称为万维网（World Wide Web），它是建立在 Internet 上的一种网络服务，也是在 Internet 中应该最广泛的一种。主要通过浏览器（Broeser）进行访问，利用超文本传输协议（Hyper Text Transfer Protocol，HTTP）传输超文本（Hypertext）和超媒体（Hypemedia）信息。

5.2.1　Web 的发展

在互联网历史中最伟大的时刻就是 Web 的诞生，Web 早期发展主要是以静态、单向阅读为主，其意图就是为终端用户提供信息（文字和图片），如新浪、搜狐、网易等。也就是说用户可以直接从网站内获取信息，这个阶段可称为 Web 1.0 阶段。

随着互联网技术的发展，在 2005 年，谷歌（Google）使用 AJAX 技术打造了谷歌地图之后，AJAX 获得了巨大的关注。AJAX 技术的诞生标志着 Web 2.0 时代的到来。此时 Web 前端网页不仅仅是单纯的文字和图片，还包含了音频、视频、Flash 等。

Web 2.0 是相对 Web 1.0 的新的一类互联网应用的统称。在 Web 1.0 中，网站内容都是由商业公司为主体把内容往网上，供用户浏览。而 Web 2.0 则是以用户为主，网站的信息大都来源于用户发布，用户与网站形式也变得多样化、个性化，用户不仅是内容的浏览者，也是内容的制造者。

伴随着 Web 2.0 的诞生，互联网进入了一个更加开放、交互性更强、由用户决定内容并参与共同建设的可读写网络阶段。例如，用户可以通过博客把内容发布到网上供其他用户查看、评论甚至转发，达到信息传递的目的。

随着 Web 技术不断发展，互联网也迎来了 Web 3.0，它是 Web 2.0 的进一步发展和延伸（如大数据、云计算、人工智能等）。

5.2.2　Web 的特点

1. 图形化

Web 可以在一页上同时显示色彩丰富的图形和文本的性能，并非常易于导航的。Web可以提供将图形、音频、视频信息集合于一体的特性，只需要从一个链接跳到另一个链接，就可以在各站点之间进行浏览了。

2. 与平台无关

Web 对系统平台（Windows、UNIX、Macintosh 等）没有任何限制，无论用户的系统平台是什么，都可以通过 Internet 访问。

3. 分布式的

Web 页面中大量显示的图形、音频和视频信息可以放在不同的站点上，只需要在浏览器中指明站点就可以了。它使物理上并不一定在一个站点的信息在逻辑上一体化，然而从用户角度来看这些信息是一体的。

4. 动态的

由于 Web 站点的信息也包含站点本身的信息，信息的提供者可以经常对站上的信息进行更新，以保证信息的时间性，所以 Web 站点上的信息是动态的，也具有新闻性。

5. 交互的

Web 的交互性表现在它的超链接上，用户可以向服务器提交请求，也可以通过 FORM的形式可以从服务器方获得动态的信息，服务器可以根据用户的请求返回相应信息。

5.2.3　Web 工作原理

Web 系统主要由浏览器（Browser）和服务器（Server）构成。其工作原理就是用户使用统一资源定位符（Uniform Resource Locator，URL）通过浏览器向服务器发送请求，服务器收到请求后进行处理，然后以超文本标记语言（HyperText Markup Language，HTML）页面形式反馈给浏览器，如图 5-8 所示。

1. 客户通过浏览器地址输入URL
　浏览器通过HTTP协议发送请求

2. 服务器处理请求后作出响应
　浏览器将响应以HTML显示出来

图 5-8　Web 工作原理

URL 是互联网上用来标识某个资源的地址，由 7 个部分组成，如图 5-9 所示。

http://www.zhiguyichuan.com:8888/zhigu/index.php?name=hujiayi&Password=12345#name

①	②	③	④	⑤	⑥	⑦
协议	域名或主机地址	端口	目录	文件名	参数	位置

图 5-9　URL 组成

URL 组成详解如下。

1. 协议部分

HTTP 代表网页使用的协议。在 Internet 中可以使用的协议很多，如 HTTPS、FTP 等。在 HTTP 后面的 "://" 为分隔符。

2. 域名部分

www.zhiguyichuan.com 表示请求的域名，在 URL 中也可以使用主机的 IP 地址作为域名。

3. 端口部分

跟在域名后面的 8888 表示服务器对外开放的端口号，域名和端口之间使用 ":" 作为分隔符。常用的端口的范围从 0~65535，端口管理由 TCP 协议完成，而不是 HTTP 协议。操作系统所占用的端口从 0~1024 共 1025 个。如果省略端口部分，将采用默认端口 80。

4. 虚拟目录部分

从域名后的第一个 "/" 开始到最后一个 "/" 为止，是虚拟目录部分。/zhigu/ 表示页面文件在服务器上的具体目录。

5. 文件名部分

从域名的最后一个 "/" 开始到 "?" 之间是文件名部分 index.php。如果没有 "?"，则是从域名后的最后一个 "/" 开始到 "#" 为止，是文件部分；如果没有 "?" 和 "#"，那么从域名后的最后一个 "/" 开始到结束，都是文件名部分；如果省略该部分，则使用默认的文件名。

6. 参数部分

从 "?" 开始到 "#" 之间的部分为参数部分 name=hujiayi&passwd=12345，又称搜索部分、查询部分。参数可以允许有多个参数，参数与参数之间用 "&" 作为分隔符。

7. 位置部分

从 "#" 开始到最后是网页的位置，name 则是位置的标识符，也称为锚点。

5.2.4 Web 页面加载过程

Web 页面加载的过程简单地讲就是用户在浏览器输入域名开始，到 Web 页面加载完成。整个工作过程如下。

1. 在浏览器输入域名

首先用户在浏览器输入需要访问的域名，例如在浏览器输入 "www.baidu.com"，如图 5-10 所示。

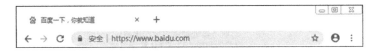

图 5-10　浏览器显示域名

2. 查找域名的 IP 地址

当用户输入域名并按下回车键后，需要把域名转换为对应的 IP 地址，这个过程被称为 DNS 解析。DNS 解析的过程如下。

1）浏览器首先搜索浏览器自身缓存的 DNS 记录。

2）如果浏览器缓存中没有找到需要的记录，此时浏览器会从系统缓存中查找。

3）如果系统缓存中也没有找到记录，则通过发送请求到路由器缓存查找。

4）如果路由器缓存中也没有找到记录，则通过 ISP 缓存 DNS 的服务器继续查找。

5）如果域名解析服务器也没有域名记录，则开始 DNS 递归查找。

6）最后获取域名对应的 IP 地址后，逐步向上返回给浏览器。

3. 浏览器发送 HTTP 请求

浏览器向 Web 服务器发送一个 HTTP 请求，其本质就是建立 TCP 连接。此时，在请求中通常包含浏览器存储该域名的 Cookie。Cookie 会以文本形式存储在客户端，每次请求时发送给服务器。

4. 网站服务的永久重定向响应

当用户在输入域名时没有带 www，例如在浏览器输入 "baidu.com"，如图 5-11 所示。

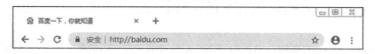

图 5-11　浏览器显示重定向

此时服务器给浏览器一个 301 永久重定向响应，意思是把访问带 www 的和不带 www 的地址归到同一网站下，即访问的就是 "http://www.baidu.com"。

5. 浏览器跟踪重定向响应

当浏览器得知需要访问的正确地址是 "http://www.baidu.com" 时，会重新发送一个带 "www.baidu.com" 的请求。

6. 服务器处理请求

服务器接收到获取请求后，进行处理并返回一个响应。在请求处理时，首先读取请求以及请求的参数和客户端的 Cookie，也可能更新一些数据，并将数据存储在服务器上；然后将生成一个 HTML 响应。

7. 服务器返回 HTML 响应

服务器返回的内容以编码头（Content- Encoding）的形式，告知浏览器整个响应体进行了压缩（通常以 gzip 算法），并将响应报头中的 Content-type 设置为 "text/html"，浏览器会根据报头信息决定如何解释该响应，同时也会考虑其他因素。

8. 浏览器 HTML 响应

最终浏览器根据报头信息将响应内容以 HTML 形式呈现给用户。

9. 浏览器获取嵌入在 HTML 中的对象

浏览器开始解析 HTML 代码，首先发现 head 标签，如果标签引用外部 CSS 文件，浏览器发送 CSS 文件请求，服务器返回这个 CSS 文件；接下来继续解析 HTML 中 body 的部分代码，开始进行页面的渲染，在渲染中会引用一些图片，同样向服务器发出请求图片；最后 HMTL 页面为了增加动态功能和交互行为，引用 JavaScript 来执行脚本代码。需要注意的是有些文件可能不需要与服务器通信，而是从缓存中直接读取。

10. 浏览器发送异步 AJAX 请求

AJAX 异步请求就是浏览器把请求交给代理对象——XMLHttpRequest（绝大多数浏览器都内置这个对象），由代理对象向服务器发送请求，接收、解析服务器响应的数据，并把数据更新到浏览器指定的控件上，从而实现页面数据的局部刷新。简单理解，异步请求就是使浏览器不需要等待服务器处理请求，也不用重新加载整个页面来展示服务器响应的数据。

5.3 Web 测试技术

目前大部分业务系统都采用 Web 结构，由于 Web 应用与用户直接相关，因此 Web 项目必须要经过全面的测试。测试方法主要针对功能、性能、安全性、兼容性以及接口等。

Web 项目的研发流程，如图 5-12 所示。

图 5-12　Web 项目研发流程

5.3.1 Web 功能测试

不管是什么系统，用户关注的是系统能通过功能需求来满足用户的业务需求。所以在所有的系统中，保证基本功能的正确性是整个测试活动中最重要的环节。通常情况下，Web 系统的功能可以从以下几个方面考虑。

1. 链接测试

页面链接是 Web 系统的一个很重要的特征，一般可关注以下几点。

1）检查每一个链接是否都按照需求链接到了指定的页面。

2）检查所链接的页面是否真实，内容是否正确。

3）检查系统中是否有单独存在的页面，即没有链接指向。

4）检查链接的层次，一般不超过 3 层。

2. 表单测试

表单就是用户在 Web 系统上向服务器提交信息，也可以理解为单个功能点的测试。如注册、登录、信息变更等，一般可以关注以下几点。

1）检查输入框的长度。输入超出需求所描述的长度限制，看系统是否检查长度，会不会出错，出错有没有相应的提示。通常这类错误可能造成数据溢出。

2）检查输入框的类型。输入不按照指定类型的内容输入，看系统是否检查其类型，是否报错，出错有没有相应的提示。通常这类错误可能造成数据异常。

3）检查输入特殊字符。输入一些特殊字符，如斜杠、空格等。看系统处理是否正确。通常这类错误可能造成程序异常或写库错误。

4）检查输入中文字符。在允许输入中文的系统中输入中文，看是否出现乱码或出错。

5）检查按钮的功能。如注册、登录、提交、确定、保存等。这里需要注意，如果多次单击按钮会出现什么问题。

6）检查重复提交表单。当成功提交表单后，返回提交页面再次提交，看系统是否做了处理。

7）检查下拉列表。检查下拉列表的信息是否正确，是否有重复，是否可以多选以及下拉框是否有联动，联动的信息是否正确等。

8）检查快捷键的实现。如 Tab 键、〈Enter〉键等。

9）检查必填项。对必填项是否有提示信息，如在必填项前加"＊"。如果没有填写时系统是否都做了处理。

表单测试时，涉及的因素很多，在测试时需仔细认真，从用户的需求出发，尽可能地模拟用户操作来降低系统发布后出错的可能性。

3. 图形测试

图形是 Web 系统显示信息中最为常见的一种手段，图形测试也可以理解为 UI 测试。如图片、动画、颜色、背景、字体、按钮等。通常可以关注以下几点。

1）检查图形的标准规范。Web 界面中的图形要符合软件现行的标准和规范。

2）检查用户视觉角度。用户的界面是否干净，布局是否合理，是否有多余的功能。

3）检查图形的风格。主要检查按钮、菜单选项以及术语等，设计是否一致。

4）检查图形的灵活性。主要检查图片、按钮等设计是否适应窗口大小的变化。

4. 整体界面

Web 系统主要的使用者是用户，因为大多数用户都是目的驱动，所以针对 Web 系统的整体界面要考虑对用户的指引导航以及帮助信息，还需要考虑用户浏览时的舒适度以及整体的风格。通常测试整体界面时，最后由最终的用户参与。

5.3.2 Web 性能测试

Web 系统的性能测试涉及的面很广，种类也很多，如并发测试、压力测试、负载测试、稳定性测试、配置测试、网络测试以及大数据量测试等。

Web 系统的性能测试，针对服务器而言，主要关注事务的响应时间、事务的处理能力、系统的吞吐量、点击率、访问量以及服务器资源等。相对于 C/S 架构的应用系统，在 Web 应用系统中，用户的所有数据都需要从服务器端下载。相对用户而言，主要是指用户在打开

Web 应用系统时，页面的加载时间需要多久，这是用户关注的，也就是前端页面的加载。减少前端页面加载的方法主要是提升浏览器的缓存和减少请求数量和请求大小等。

1. 单业务的性能测试

单业务通常指 Web 系统的核心业务和用户使用频繁的业务，这是 Web 系统性能测试的重点，需要针对单业务进行以下内容。

1）单业务的并发测试，主要是获取用户的最佳并发数，检查程序或数据库的问题。

2）单业务的压力测试，主要是获取最大并发数，找出系统中的性能瓶颈在哪里。

3）单业务的负载测试，主要是获取 TPS 指标，检查服务器的处理能力。

2. 组合业务的性能测试

在 Web 系统中组合业务是最接近用户实际使用情况的测试，也是性能测试的核心。需要针对组合业务进行以下内容。

1）组合业务的并发测试，主要是检查程序对多业务交互时的性能问题和数据库锁的处理方式。

2）组合业务的负载测试，主要是获取最佳负载数，检查服务器的处理能力。

3）组合业务的压力测试，主要是获取服务器的最大负载数，检查服务器的稳定性，此时服务器的处理能力已经不重要了。

3. 大数据量的性能测试

大数据量主要是针对一些数据储存、传输、统计、查询等业务。进行大数据量的性能测试。大数据量的来源主要有两种：一种是运行时引入的大数据量；另一种则是历史数据引起的大数据量测试，例如大数据量的查询测试，需要在数据库表中存有上百万甚至上千万的数据，此时主要用来获取查询的响应时间，检查数据库中对索引的使用是否合理。

4. 第三方接口的性能测试

这里主要说一下 Web 端中第三方接口的性能测试，常见的 Web 端中的第三方接口，如登录时无须注册，可以通过 QQ、微信、微博等账号直接登录；还有就是在 Web 系统中涉及的支付和实名认证等。针对第三方接口需要进行以下内容。

1）接口的并发测试，主要检测第三方接口支持的最大并发数。

2）接口的负载测试，主要检测第三方接口支持的最大负载数。

5. Web 前端性能

Web 前端性能主要就是减少 HTTP 请求和资源的数量，适当地设置浏览器缓存机制；对传输资源进行压缩，以便节省网络带宽的传输速度；同时尽量减少 Cookies 的传输。

因为 HTTP 协议是无状态的应用层协议，每次请求都需要建立通信进行数据传输，在服务器端会对每个 HTTP 请求启动独立的线程来处理，并且每次发送请求都会进行 DNS 解析，所以减少请求的数目可以有效提高访问性能。

减少 HTTP 请求的手段就是将一次需要访问的 CSS、JavaScript 以及图片合并成一个文件，此时浏览器只需要一次请求即可；同时适当地设置浏览器缓存，也可以减少 HTTP 请求。如果传输过程中资源文件太多，需要采取压缩的方式传递数据。

下面介绍一下前端性能优化时，如何恰当使用 Cookie 和 Session。

（1）Cookie

Cookie 是由 Web 服务器保存在客户端浏览器上的一个小文本文件，它包含用户的一些相关信息。通常 Cookie 用来判断用户是否访问过网站，是否为合法用户，以及记录用户访问过的一些数据信息，以便在下一次访问时直接获取。Cookie 的保存机制有两种：一种是保存到硬盘中，此时会指定一个生命周期，超过生命周期 Cookie 会被清除；还有一种是保存到内存中，通常关闭浏览器 Cookie 自动清除。

通常一个浏览器能创建的 Cookie 数量最多为 300 个，并且每个不能超过 4 KB，每个 Web 站点能设置的 Cookie 总数不能超过 20 个。

（2）Session

Session 可以理解为会话，通常存储在服务器端。当用户访问 Web 系统时，服务器将在服务端为该用户生成一个 Session，并将相关数据记录在内存中；同时服务端生成一个 Session ID（用来唯一标识该 Session，默认保存时间为 30 分钟），并通过响应发送到浏览器，浏览器将 Session 保存到 Cookie 中。

（3）Cookie 与 Session 的区别

Cookie 存储在客户端，而 Session 存储在服务器端。相对于 Session 而言 Cookie 的安全性不高，很容易被窃取或篡改，所以考虑到安全时应该使用 Session，通常涉及个人隐私的信息存储在 Session 中。但是 Session 会在服务器端保存一段时间，当访问过多时会影响服务器的性能，考虑到减轻服务器性能，应该使用 Cookie。

所以在测试 Web 前端时，需要关注 Session 和 Cookie 的使用。特别在优化 Web 前端性能测试时，需要关注 Session 和 Cookie 对性能的影响。

5.3.3 Web 兼容测试

Web 系统的兼容性测试其目的就是保证软件质量，提高用户体验。通常体现在客户端的兼容性，主要是针对不同的浏览器、操作系统以及分辨率进行的测试。

1. 浏览器兼容性

针对 Web 系统，目前主流浏览器的内核有 IE、Firefox、Chrome、edge（仅限 Windows 10 系统）。大多数 Web 用户使用的浏览器基本都是 IE 内核，如百度、QQ、360、搜狗、猎豹等。目前一些 Web 系统还要考虑手机浏览器的兼容性，如 Safari 浏览器。

在实际测试工作中，大多数都是手工测试，而这么多浏览器相对于测试工程师来说，其工作量也很庞大，测试覆盖考虑也不太全面。建议在测试前，先创建一个兼容性矩阵，来测试不同厂商、不同版本的浏览器，也可以借助测试工具进行测试。

2. 操作系统兼容性

目前主流的操作系统有 Windows、UNIX、Linux 以及 Mac 等操作系统。同一个应用在不同的操作系统下，能否正常运行，功能能否正常使用，显示是否正确等。但是不管是浏览器，还是操作系统的兼容性相对 Web 用户，主流的还是 Windows 系列。测试人员需要针对软件使用的主流操作系统进行兼容性测试，目前大多用户以 Windows 7、Windows 10 及 Mac、Android 系统。

3. 分辨率兼容性

不同的分辨率可能会导致 Web 页面变形，严重时会导致功能无法使用，因此需要测试在不同分辨率下的表现。常见的 PC 端分辨率有 1024×768、1280×1024、1920×1080 等，除了考虑 PC 端外，还需要在笔记本和手机上进行测试。

5.3.4 Web 接口测试

做好 Web 端接口测试的关键就是接口文档，一般接口文档包括接口的说明、调用的 URL、请求方式（GET 或 POST）、请求参数、参数类型、请求参数的说明以及返回结果等。测试人员根据接口文档设计接口测试用例，然后通过工具来完成接口测试。

一般接口的用例设计需要考虑以下几点。

1. 功能测试

首先根据接口文档中的参数，输入正常参数验证接口返回是否正确；其次就是对接口参数的组合测试，要考虑参数是否必填、参数的类型和长度以及参数的约束限制等；最后在设计用例时要尽可能保证所有的组合情况都能覆盖到。

2. 安全测试

首先测试用户的权限是否可以绕过授权，例如，某些功能需要特殊权限操作，普通用户后是否可以操作；其次考虑敏感参数的加密规则是否容易破解，例如，登录的用户信息以及密码等；最后还需要关注是否可以绕过验证，例如，提交一个订单时，修改价格等。

3. 性能测试

不管是程序接口还是第三方接口，都需要关注接口的性能，接口的性能需要考虑并发测试、负载测试、压力测试、可靠性测试等。

4. 自动化测试

当进行批量的接口测试，或通过接口来实现完整的流程测试，或实现持续化集成测试时，可以进行接口自动化测试。利用 Python、Java 等编程语言来编写自动化测试脚本，也可以利用 Jmeter、soapUI 等测试工具实现。

总之设计用例是测试的关键，需要测试人员从业务逻辑、用户角度、用例设计方法 3 个维度进行考虑。接口测试用例模板，见表 5-4。

表 5-4　接口用例模板

用 例 编 号		用 例 标 题	
前置条件		优先级	
接口名称		接口描述	
接口地址		请求方式	
接口参数		预期结果	
请求报文		返回报文	
实际结果		设计人	

5.3.5 Web 安全测试

随着互联网的发展，基于 Web 环境的互联网应用越来越广泛。目前很多业务都依赖于互联网，如网上银行、网络购物、网络游戏等，很多恶意攻击者出于不良的目的对 Web 服务器进行攻击，想方设法通过各种手段获取他人的个人信息谋取利益。对 Web 服务器的攻击也可以说是形形色色、种类繁多，常见的有 SQL 注入、跨站脚本攻击、跨站请求伪造、缓存区溢出等。

1. SQL 注入

在 Web 安全测试中，SQL 注入是最为常见的一种手段。主要是指攻击者通过巧妙的构建非法的 SQL 查询命令，插入表单或请求的字符串中后提交，根据返回的结果来获得想要的数据，这就是所谓的 SQL Injection，即 SQL 注入。

SQL 注入的方法一般有猜测法和屏蔽法。猜测法主要是通过猜测数据库可能存在的表名和列名，根据组合的 SQL 语句获取数据表的信息。屏蔽法主要是利用 SQL 输入的不严谨进行逻辑验证，从而使得 SQL 验证结果始终为真，从而绕开验证的目的。

（1）猜测法

在 Web 安全测试中，经常会对如下 URL 请求进行猜测。

①	http://www.ZGtest.com? userid=59

如上述 URL 请求可在 URL 地址中嵌入如下②或③，这是经典的测试法。

②	http://www.ZGtest.com? userid=59;and 1=1
③	http://www.ZGtest.com? userid=59;and 1=2

如果②显示结果和①基本相同，③显示内容为空或提示找不到记录，则表示可以注入。接下来可以在地址中嵌入如下④SQL 攻击语句，看是否可以列出所有的数据信息。

④	http://www.ZGtest.com? userid=59'or'1'='1

注意写法：应该为 userid=59→写成 userid=59'or'1'='1，这样单引号刚好闭合。

如果需要猜测对应的表名，还可以写成如下⑤：

⑤	http://www.ZGtest.com? userid=59 and (select count(*) from user)>=0

如果不存在该表，则可能会报错，说明 user 表无效，并告知是哪种数据库类型，然后在根据不同的数据库类型，使用对应的系统表名进行查询攻击。

如果表名猜出来以后还可以继续猜字段名，如下：

⑥	http://www.ZGtest.com? userid=59 and (select count(name) from user)>=0

如果表名和字段猜对后，还可以使用 ASCII 逐字解码法，来猜测字段的长度，如下：

⑦	http://www.ZGtest.com? userid=59 and (select len(name) from user limit 1)>0

注意：英文和数字的 ASCII 码在 1~128 之间，通常采用折半法加速猜测。

（2）屏蔽法

在 Web 安全测试中，经常会利用 SQL 语句运算符 AND 和 OR 的运算规则（AND 运算规则高于 OR）来进行攻击，以便绕过验证。例如管理员的账号密码都是 admin，通常登录 SQL 的验证语句如下：

    select * from user where username='admin' and passwd='admin';

接下来在语句中使用'or'1'='1 用作用户名密码，那么查询就变成如下形式：

    select * from user where username=''or'1'='1' and passwd=''or'1'='1';

这里一共有 4 个查询语句，即"假 OR 真 AND 假 OR 真"，由于 AND 的运算规则高于

OR，所以先执行 AND，再执行 OR，结果为"假 OR 假 OR 真"，整个 SQL 语句最终结果为真，这样可以成功绕过验证直接登录系统。

上述的两种方法是 SQL 注入最基础的、最简单的，在实际工作中还需要更深入的学习。在测试过程中需要注意命名的规则，还有就是对关键词的屏蔽等。

2. 跨站脚本攻击

跨站脚本攻击（Cross-Site Scripting，XSS），是一种迫使 Web 站点回显可执行代码的攻击技术，而这些可执行代码由攻击者提供，最终被用户浏览器加载。通俗的说法就是攻击者往 Web 页面里插入恶意 Script 代码，当用户浏览该页之时，嵌入其中 Web 里面的 Script 代码会被执行，从而达到恶意攻击用户的目的。

XSS 最为常见的攻击方法分为两种，分别为反射型 XSS 和存储型 XSS。

反射型 XSS 又称为非持久型跨站点脚本攻击，它是最常见的跨站脚本攻击 XSS。漏洞产生的方式需要欺骗用户，让用户自己去点击链接才能触发攻击者注入在数据响应中的 XSS 代码（服务器中没有这样的页面和内容）。

存储型 XSS 又称为持久型跨站点脚本攻击，也是最直接的危害类型，它的代码是存储在服务器中的，当用户打开一个页面时，触发 XSS 代码自动执行。这种 XSS 比较危险，容易产生蠕虫及盗窃用户 Cookie 等危害。

造成这种安全问题的原因主要是在编程过程中对一些敏感的符号未进行处理，如"/""." """ ""'" "<" ">" "?"等，除了特殊字符外，还有对数据库字段、数据库类型以及长度的限制等未进行处理。

3. 跨站请求伪造

跨站请求伪造 CSRF（Cross-Site Request Forgery），是一种对网站的恶意利用。它通过伪装来自受信任用户的请求来利用受信任的网站。与 XSS 攻击相比，CSRF 攻击往往不太流行和难以防范，所以被认为比 XSS 更具危险性。简单判断存在 CSRF 漏洞的方法就是通过抓取正常请求的数据包，然后通过去掉 Referer 字段后再重新提交，如果该提交还有效说明存在 CSRF 漏洞。

防止 CSRF 的最常见的方法就是在 AJAX 异步请求地址中添加 Token 并进行验证。

4. 缓存区溢出

缓冲区溢出是一种非常普遍的漏洞，在各种操作系统、应用软件中广泛存在。利用缓冲区溢出攻击，可以导致程序运行失败、系统关机、重新启动，或者执行攻击者的指令，例如非法提升权限等。在缓冲区溢出中，最为危险的就是堆栈溢出，它可以利用堆栈溢出，在函数返回时将程序的地址修改为攻击者想要的任意地址，达到攻击者的目的。其最典型的例子是 1988 年利用 fingerd 漏洞进行攻击的蠕虫病毒。

造成缓冲区溢出的主要原因是对输入、输出的数据没有限制大小、长度以及格式等，还有就是对用户的特殊操作没有做异常处理导致。所以在测试过程中需要注意输入输出的大小长度以及格式规范限制，还有需要多模拟一些异常，关注异常的处理情况。

对 Web 应用软件来说，安全性包含 Web 服务器、数据库、操作系统以及网络的安全等，只要其中任何一个部分出现安全漏洞，都会导致整个系统的安全性问题。Web 安全测试是比较难解决的问题，这个取决于要达到什么程度。简单说软件不可能做到 100% 的测试，所以也不要期望可以达到 100% 的安全。

在实际测试过程中，测试人员主要是针对用户的权限以及数据库的安全性进行测试，还可以借助 IBM 的安全漏洞扫描工具 APPScan 来进行漏洞扫描。

第6章 接口测试——Jmeter

本章主要介绍接口测试以及接口测试工具 PostMan 以及 Jmeter 的基本操作。

学习目标：

- 理解接口测试的原理以及意义
- 熟练 PostMan 的基本使用
- 掌握 Jmeter 常用组件的使用
- 掌握 Jmeter 数据驱动测试
- 掌握 Jmeter 性能测试

6.1 理解接口测试

首先了解一下由敏捷大师 Mike Cohn 提出的测试金字塔的概念，如图 6-1 所示。

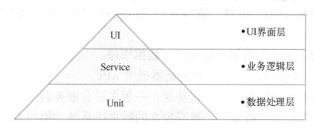

图 6-1 测试金字塔

在图 6-1 中，将测试大致分为 3 层，最底层为数据处理测试，中间层为业务逻辑测试，最顶层为 UI 界面测试。分层测试倡导的是从黑盒（UI）到灰盒（Service）再到白盒（Unit）的测试体系，从黑盒到对系统的不同层次进行测试。

单元测试是应用程序的最小可测试部分，在面向过程编程中，单元往往是单个函数，在面向对象编程中，单元一般是类与方法。模块测试是针对完整功能的代码块进行的测试，单元测试可能只是模块的一部分小的功能。

目前模块测试和单元测试几乎都是由开发人员自行完成，这里不做详细介绍。

6.1.1 为什么做接口测试

由于现如今的软件系统越来越复杂，传统的测试方法使得成本逐渐增加，而且测试效率逐渐下降，所以需要对接口进行测试。简单总结为以下几点。

- 提高开发效率，保证软件质量。
- 在迭代开发中方便验证前后台的交互以及实现第三方交互。

● 为后期的软件维护提供便捷，也就是说有时代码需要修改，但是接口无须改变。

6.1.2　接口测试的分类

接口测试主要是对系统各组件之间的接口进行测试，主要用于检测系统内部模块之间以及与外部系统之间的交互。接口大致分为两大类：程序接口和协议接口。

1. 程序接口

程序接口是指程序模块之间的接口，具体到程序中一般就是提供了输入输出的类、方法或函数。对于程序接口的测试，一般需要使用与开发程序接口相同的编程语言，通过对类、方法和函数的调用，验证其返回结果来进行测试。这一类测试工作，既可以由开发人员自行完成，也可以由有良好编程能力的测试人员完成。

2. 协议接口

协议接口一般是指系统通过不同的协议提供的接口，例如 HTTP、SOAP 协议等。这种类型的接口对底层代码做了封装，通过协议的方式对外提供调用。因为不涉及底层程序，一般不受编程语言的限制。我们可以通过测试接口工具或其他编程语言进行测试。目前这一类测试工作多数情况下由测试人员完成。

协议接口从调用方式不同，接口大致分为以下 3 种：

（1）系统与系统之间的接口

系统间接口既可以是公司内部不同系统间调用的接口，也可以是不同公司不同系统间的接口。例如第三方登录（QQ、微信、微博等）接口就是不同公司之间不同系统的接口。

（2）下层服务对上层服务的接口

一般的系统分为 3 层：应用层、服务层、数据库层。

● 应用层就是 UI 功能层，例如 Web 浏览器或者 APP。
● 服务层是服务器所提供的数据处理功能，一般由后台服务器完成。
● 数据库层用来存储用户数据，一般有独立的数据库系统，例如 Oracle、MySql 等。

各层之间的交互就是通过接口完成，应用层与服务层主要通过 HTTP 接口。服务层与数据库层主要通过 DAO（Data Access Object）数据库访问接口完成。

（3）系统内部、服务与服务之间的调用接口

服务之间的接口大多情况是程序之间的调用，在系统内部完成。

6.1.3　接口测试的原理

协议接口的原理主要是发送请求报文，服务器接收请求报文后对相应的报文做处理并向客户端返回应答，客户端接收响应数据后并进行判断的一个过程。

做好协议接口测试的 3 个维度是请求（接口地址、方法）、参数、返回值。如何获取这些维度？通常需要开发人员提供接口文档。编写接口文档是接口开发中非常重要的一个环节，开发的接口一般是给其他开发人员调用的，所以需要提供参考的接口文档。接口文档一般需要内容准确无误，并且要及时更新。

通常接口文档一般包括接口名称、接口的描述、接口的地址（URL）、调用方法、接口的参数、返回结果，见表 6-1。

表 6-1 接口文档

接 口 名 称	登 录	
接口描述	用户登录	
URL 地址	http://www.zhiguyichuan.com/user/login	
请求方法	POST	
数据格式	Application/json	
请求参数	username	用户名
	password	密码
	code	验证码
返回结果	{"msg":"登录成功","status":"200"}	用户登录成功

接口测试的重点有以下几点。

1）状态的检查：请求是否正确，例如请求成功是 200 或 OK。

2）检查返回数据的正确性，一般用 JSON 格式数据，检查关键字是否正确。

3）边界和异常扩展检查，主要关注参数是否必填、是否有空、参数的类型、参数的默认值、参数错误的检查等。

4）接口之间的关联测试，例如测试购物流程，依次要调用登录接口，商品加入购物车接口，提交订单接口，支付接口。需要按照接口的逻辑流程进行测试，通常前一个接口会动态产生一个特定的数据关联到下一个接口。

5）接口的安全性，通常接口一般不会暴露在网上任意被调用，需要做一些限制，例如调用次数的限制。

6.1.4 接口测试的意义

根据分层测试的定义，底层的白盒测试一般由开发人员完成，最上层的 UI 功能测试可以由测试人员手工测试，也可以从 UI 层做自动化测试。那么接口测试的意思是什么呢？

1. 更早地发现问题

测试须尽早介入，然而功能测试必须要等到系统提供可测试的界面后才能进行，这时候往往项目进度已经进行了一半，如果还没有进行测试，会白白浪费测试的时间。而接口测试可在功能界面开发出来之前介入，充分利用前期的时间进行测试。在实际项目开发过程中，开发人员并没有足够时间编写单元测试，而且往往开发对自己编写的代码有足够的自信，所以也不愿意将时间浪费在编写单元测试上面，这个时候接口测试就会变得非常重要。

2. 缩短产品研发周期

更早介入测试带来的另一个好处是可以缩短产品周期。接口测试的介入可以更早地发现并解决 Bug，可以有效地控制功能测试阶段的 Bug 数量，从而缩短整个项目的上线时间。

3. 发现更底层的问题

在软件中经常会存在一些 Bug 是由系统的底层逻辑上的问题导致的，而这类 Bug 往往通过 UI 功能测试发现会比较困难，需要构造复杂的测试条件，通过接口测试可以容易覆盖到底层的代码逻辑，从而发现这些隐藏的 Bug。

6.1.5 数据格式

在当前的 Web 接口开发中，最常用的协议就是 HTTP。接口测试中返回的数据格式主要有 JSON 和 XML 两种，其中 JSON 数据格式应用比较广泛。

1. JSON 数据格式

JSON（JavaScript Object Notation，JavaScript 对象表示法）是一种轻量级的数据交换格式。采用独立语言和平台来存储和表示数据，JSON 解析器和 JSON 库支持不同的编程语言。JSON 具有自我描述性，比较容易理解。

下面代码是一个 JSON 数据格式的例子。

```
{
"employees":
            [
                   {"name":"Tom", "age":23},
                   {"name":"Jack", "age":24},
                   {"name":"Amos", "age":25}
            ]
}
```

JSON 数据语法是 JavaScript 对象表示语法的一个子集，语法格式很像 Python 语言的字典，数据放在键-值对里面，所有数据用大括号括起来。值里面如果有多项数据需要用方括号括起来，相当于 Python 中的列表。语法特征如下：

- 数据在键-值对中。
- 多项数据用逗号分隔。
- 大括号把数据项括起来。
- 中括号括起多组数据。

2. XML 数据格式

XML（Extensible Markup Language，可扩展标记语言），可以用来标记数据、定义数据类型，是一种允许用户对自己的标记语言进行定义的标记语言。XML 仅仅是一个纯文本，只用来结构化、存储以及传输数据信息。XML 数据语法格式跟 HTML 类似，与其不同的是，在 XML 中的标签是可以自己定义的。语法特征如下：

- 所有 XML 元素必须有关闭标签，只要有起始标签都必须有一个结束标签。
- XML 标签对大小写特别敏感。
- XML 标签必须按正确的顺序进行嵌套，在标签内打开的元素，必须在标签内结束。
- 所有的特性必须都有值，而且属性值比较加上双引号。
- 在 XML 中，空格会被保留。

6.2 接口工具介绍

用于接口测试的工具非常多，如 POSTMan、RESTClient、Poster、Jmeter、SoapUI、Load-Runner 等。接口工具大致进行一个分类，主要分为以下几类：

- 接口功能测试工具：POSTMan、RESTClient、Poster、Jmeter。
- 接口自动化测试工具：Jmeter、SoapUI。
- 接口性能测试工具：Jmeter、SoapUI、LoadRunner。

注意，在学习接口测试工具前，必须要熟悉 HTTP 协议（参阅 5.1.3 小节）。

6.2.1 POSTMan

Postman 是众所周知的一款 API 调试工具，它的使用简单方便，而且功能非常强大。最早 Postman 存在于 Chrome 浏览器的插件中。由于 2018 年年初 Chrome 停止对 Chrome 应用程序的支持。现 Postman 提供了独立的安装包，不再依赖于 Chrome 浏览器了。

1. Postman 安装

在 Postman 的官网（https://www.postman.com/）下载 Postman 的安装包进行安装，启动后的界面，如图 6-2 所示。

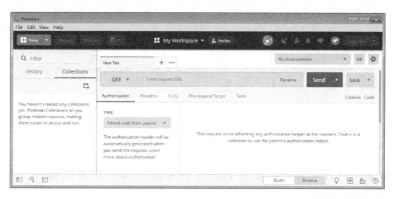

图 6-2　Postman 启动界面

2. 发送 GET 请求

GET 请求的操作相对比较简单，只需在地址栏中输入 URL 地址，单击"Send"按钮即可。这里不做详细介绍了。

3. 发送 POST 请求

根据表 6-1 接口文档描述，测试登录接口。首先在 Postman 中选择 POST 请求，再输入接口地址，再输入接口参数，单击"Send"按钮，进行测试，返回"status"："200"表示成功，如图 6-3 所示。

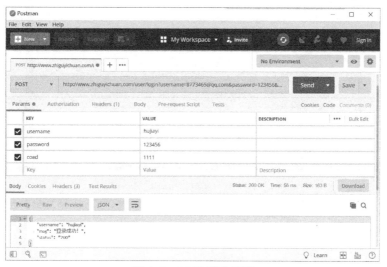

图 6-3　POST 请求界面

4. Postman 生成代码

利用 Postman 生成 Python 自动化测试脚本。单击图 6-3 中的"Code"按钮，选择 Python 语言，生成测试代码如图 6-4 所示。

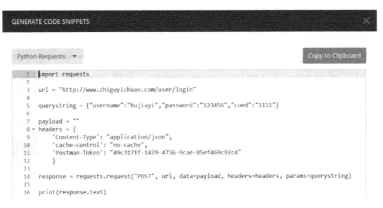

图 6-4　生成的 Python 代码

6.2.2　RESTClient

RESTClient 是国内开发的一款基于 Firefox 浏览器的 Web 服务的插件，因为比较简单，这里只介绍一下工具的安装。

首先下载 Firefox 浏览器，然后启动火狐浏览器，在右上角单击"打开菜单"，然后选择"附件组件"，搜索 RESTClinet，单击"添加"按钮后进行安装。重启浏览器右上角出现图标，单击图标打开 RESTClinet 插件，如图 6-5 所示。

图 6-5　RESTClinet 工具

6.3　压力测试工具 Jmeter

Jmeter 是 Apache 使用 Java 开发的一款开源的压力测试工具，它最初用于 Web 应用测试，但后来扩展到其他测试领域。

6.3.1 Jmeter 安装与配置

由于它是基于 Java 虚拟机运行的，首先需要安装配置 JDK。

1. JDK 安装

在官网下载 jdk-8u5-windows-x64.exe，直接单击运行，进行安装。待安装完成后，再配置环境变量。安装时需要注意，安装的路径最好不要含中文、特殊字符以及安装的路径不要太深（一般小于 3 级路径），建议最好安装在 C 盘根目录。安装步骤简单这里不做介绍了，主要介绍一下配置环境变量。具体操作步骤如下。

步骤 1：右击"我的电脑"→选择"属性"命令→单击"高级系统设置"→在系统属性中"高级"选项下→单击"环境变量"，出现图 6-6 所示的对话框。

图 6-6　配置环境变量

步骤 2：在系统变量中配置 JAVA_HOME 的环境变量。在"系统变量"中→单击"新建"按钮→弹出"编辑系统变量"的对话框，在变量名处输入"JAVA_HOME"，在变量值处输入 JDK 的安装目录，此处输入 C:\Java\jdk1.8.0_05，如图 6-7 所示，单击"确定"按钮，完成 JAVA_HOME 环境变量的配置。

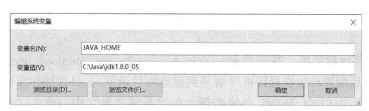

图 6-7　配置 JAVA_HOME 环境变量

步骤3：在 Path 环境变量中添加 JDK 可执行文件的路径。在"系统变量"中→找到 Path 变量→单击"编辑"按钮→弹出"编辑环境变量"的对话框，在变量值后面添加 JDK 安装目录下的 bin 目录，如图 6-8 所示。

图 6-8　添加 JDK 的 bin 目录

注：在 Windows 7 中添加新变量前面加上"；"分号，与其他变量值隔开。

步骤4：添加 CLASSPATH 环境变量（JDK1.6 版本前）。在"系统变量"中→单击"新建"按钮→弹出编辑系统变量的对话框，在变量名处输入"CLASSPATH"，在变量值处输入 . ;%JAVA_HOME% \ lib 和%JAVA_HOME% \ lib \ tools. jar，单击"确定"按钮，完成 CLASSPATH 环境变量的配置。参考第一步，注意，在变量值中的".；"千万不能少。

步骤5：配置好上述环境变量后，验证 JDK 的配置是否成功。单击"开始"→在"运行"命令中→输入"cmd"按〈Enter〉键确认，进入命令提示窗口。然后输入"Java""Javac"或者"Java -version"进行验证，出现以下相关信息表示配置成功，如图 6-9 所示。

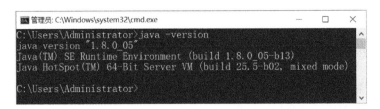

图 6-9　JDK 版本信息

2. Jmeter 安装

Jmeter 的安装比较简单，在官网 http：//jmeter. apache. org/download_jmeter. cgi 下载最新版压缩包，解压后配置环境变量即可（解压到磁盘根目录下）。具体操作步骤如下。

步骤1：配置 JMETER_HOME 环境变量。在"系统变量"中→单击"新建"按钮→弹出"编辑系统变量"的对话框，在变量名处输入"JMETER_HOME"，在变量值处输入

Jmeter 的安装路径, 如图 6-10 所示。

图 6-10 添加 JMETER_HOME 环境变量

步骤 2: 在系统变量 path 中添加, Jmeter 解压后的 bin 目录, 如图 6-11 所示, 注意在 Windows 7 系统中, 用 ";" 号将每个变量隔开。

图 6-11 添加 path 变量

步骤 3: 单击 "开始" → "运行" 输入 "cmd" 进入命令行提示窗口。然后输入 "jmeter" 按 "Enter" 键即可启动 Jmeter。

3. Jmeter 启动

Jmeter 的启动方式有以下 3 种。

1) 进入 Jmeter 的 bin 目录, 双击 ApacheJMeter. jar 文件, 启动 Jmeter。

2) 进入 Jmeter 的 bin 目录, 双击 Jmeter. bat 文件, 启动 Jmeter。

3) 开始→运行→输入 "CMD" →进入 DOS 窗口, 输入 "Jmeter" 按 "Enter" 键, 启动 Jmeter。

推荐使用第一种方法启动, 后面两种启动后, DOS 窗口不能关闭。

4. Jmeter 汉化

由于 Jmeter 默认安装是英文版, 为了方便读者使用, 在这里介绍一下 Jmeter 的汉化。

(1) 在 Jmeter 界面中汉化

启动 Jmeter 后, 单击菜单栏中 "Options" → "Choose Language", 选择 Chinese (Simplified）即可，此方法只是将当前打开的界面转为中文（重启后恢复英文界面）。

（2）修改 Jmeter 配置文件汉化

进入 Jmeter 的 bin 目录下，用记事本打开 jmeter. properties 文件，找到"#language＝en"该行，将注释"#"号去掉，并将值 en 修改为 zh_ CN，重新启动 Jmeter 即可，用此方法修改，每次启动都是中文版。

6.3.2　Jmeter 目录介绍

1. bin 目录

该目录主要存储可执行文件、配置文件以及示例脚本。常用几个文件如下。

- Jmeter. properties：系统配置文件。
- ApacheJMeter. jar：java 环境下 Jmeter 启动文件。
- Jmeter. sh：Linux 系统中 Jmeter 的启动文件。
- Jmeter. bat：Windows 系统中 Jmeter 的启动文件。
- Jmeter-serve：Linux 系统中以服务器的模式启动 Jmeter。
- Jmeter-server. bat：Windows 系统中以服务器的模式启动 Jmeter。

2. docs 目录

该目录提供 Jmeter API 的离线帮助文档。

3. extras 目录

该目录提供了构建工具 Ant 的支持，可以利用 Ant 构建自动化测试框架，还可以与第三方 Jenkins 构建性能测试框架。在执行脚本时，把产生的数据记录到 HTML 格式的报表中，并在该目录下会自动生成 . jtl 文件，便于生成测试统计报表。

4. lib 目录

该目录是 Jmeter 比较重要的目录，主要存储 . jar 的依赖包。用户使用的依赖包直接存储在该目录下，其中 ext 子目录存储 Jmeter 所有组件的 jar 包，JUnit 子目录存储 JUnit 测试脚本。

5. printable_docs 目录

该目录中的 usermanual 子目录是用户的操作手册，其中 component_reference. html 是 Jmeter 最常用到的核心元件的帮助文档。

6.3.3　Jmeter 组件详解

Jmeter 的组件很多，下面主要介绍常用组件的使用。

1. 测试计划（Test Plan）

测试计划是使用 Jmeter 进行测试的开始，是其他测试元件的容器。启动 Jmeter 后，在左边的树型结构中可以看到"测试计划"，如图 6-12 所示。

测试计划的作用是指完成测试所需组件的添加，以及组件的设置和执行都是在测试计划中完成的。测试计划的名称是整个测试保存的名称，通常取一些可以表达脚本意义的名称。测试计划中常用选项"独立运行每个线程组"和"添加目录或 jar 包到 ClassPath"。

- 独立运行每个线程组。它的作用是控制测试计划中多个线程组的执行顺序。默认测试计划中多个线程组的执行顺序是并行执行。勾选后，按照线程组的顺序执行。

图 6-12　测试计划界面

- 添加目录或 Jar 包到 ClassPath。它的作用是加载文件或第三方 Jar 包。

2. 线程组（Thread Group）

线程组就是测试计划的起点，通俗地讲，就是所有的测试都是在线程组下进行。线程组也可以理解为虚拟用户组。右击"测试计划"→添加→线程→线程组，线程组界面如图 6-13 所示。

图 6-13　线程组界面

（1）线程分类

Jmeter 添加线程组主要有 3 种：setUp 线程组、线程组、tearDown 线程组。它们的执行顺序为 setUp 线程组→线程组→tearDown 线程组，具体描述如下。

- setUp 线程组：是线程组的一种特殊类型，就是在执行线程组前的动作，也可以理解为执行前的初始化操作，类似 LoadRunner 的 Vugen_init 操作。
- 线程组：通常添加运行的就是该线程组，主要添加其他的组件。

- tearDown 线程组：也是线程组的一种特殊类型，就是在执行线程组后的动作，也可以理解为执行后的操作，类似 LoadRunner 的 Vugen_end 操作。

（2）线程属性

- 线程数：一个线程数就相当于一个虚拟用户数，默认为 1 个。
- Ramp-Up 时间：启动所有线程数所需的时间，默认为 1，单位为秒。在图 6-13 中，设置线程数为 10，启动时间为 10，意思就是启动 10 个线程所需 10 秒。
- 循环次数：执行每个线程循环的次数，默认为 1 次。
- Same user on each iteration：指每次迭代使用相同的用户，默认选择项。
- 延迟创建线程直到需要：默认在测试开始的时候，所有的线程组被创建完成。
- 调度器-持续时间：测试计划执行的时间，单位为秒。
- 调度器-启动时间：单击"启动"按钮后等待的时间，单位为秒。

（3）线程执行顺序

整个测试计划中的线程组，在默认情况下同时进行，但是执行顺序是随机的。

3. 配置元件（Config Element）

配置元件主要提供对静态数据配置的支持，如初始化默认值和变量等。在这里介绍配置元件中常用的组件：CSV 数据文件设置、HTTP 信息头管理器、HTTP Cookie 管理器、HTTP 请求默认值、JDBC Connection Configuration、用户定义的变量。

注意添加配置元件的其他组件有两种方法，如下：

- 方法一：选中"测试计划"右击→选择"添加"→"配置元件"再选择其他组件，这种方式添加相对于全局变量，在整个测试计划生效。
- 方法二：选中"线程组"右击→选择"添加"→"配置元件"再选择其他组件，这种方式添加相当于局部变量，在当前线程组内生效。

（1）CSV 数据文件设置

通常 CSV 数据文件设置选项设置，如图 6-14 所示。

图 6-14　CSV 数据文件设置界面

（2）HTTP 信息头管理器

通常 HTTP 信息头管理器设置，如图 6-15 所示。

图 6-15　HTTP 信息头管理器界面

（3）HTTP Cookie 管理器

通常 HTTP Cookie 管理器不需要做任何设置即可使用。也可以手动添加 Cookie，设置如图 6-16 所示。注意名称、值、域、路径必须添加。

图 6-16　HTTP Cookie 管理器界面

（4）HTTP 请求默认值

该组件主要是在使用多个 HTTP 请求时，如果服务器、端口等参数相同时，可以添加 HTTP 请求默认值来进行统一的管理，如图 6-17 所示。

（5）JDBC Connection Configuration

该组件主要用来配置连接数据库，如图 6-18 所示。在连接数据库前，必须先下载数据库的 Jar 包，并将 Jar 包复制到 Jmeter 的 lib 目录下，下载时需要注意数据库的版本。

① JDBC Connection Configuration 的属性描述如下：

● Variable Name for created pool：输入变量名，注意必须与 JDBC Request 中一致。

● Max Number of Connections：允许使用的最大连接数，通常将此值设为 0。

● Database URL：数据库 JDBC 连接字符串。一般格式为 JDBC：数据库：//地址：端口/连接的数据库，还可以添加字符编码等。

● JDBC Driver class：JDBC 驱动类的名称。

② 案例：MySQL 5.7 的 JDBC 配置，如图 6-18 所示。

图 6-17   HTTP 请求默认值界面

图 6-18   MySQL-JDBC 配置界面

（6）用户定义的变量

用户可以根据需求自定义变量名，如图 6-19 所示。

图 6-19   用户定义变量界面

4. 取样器（Sampler）

取样器就是告诉 Jmeter 发送一个请求到指定服务器，并等待服务器的请求。取样器会按照其在测试树中的顺序去执行，还可以用逻辑控制器来改变采样器运行的重复次数。在这里介绍取样器中常用的组件：HTTP 请求、调试取样器、JDBC Request。

（1）HTTP 请求

选中"线程组"右击→选择"添加"→"取样器"→选中"HTTP 请求"，出现 HTTP 请求的界面，如图 6-20 所示。

图 6-20　HTTP 请求界面

HTTP 请求界面中参数选项介绍如下。

- 协议：向 Web 服务器发送请求时的协议，通常为 HTTP 或 HTTPS。
- 服务器名称或 IP：HTTP 请求发送的 Web 服务器名称或 IP 地址。
- 端口号：Web 服务器的端口号，默认值为 80（可以不填）。
- 方法：发送 HTTP 请求的方法，常用方法有 GET、POST、HEAD、PUT、DELETE 等。
- 路径：为 URL 请求的路径（注意不包括服务器地址和端口）。
- 内容编码：内容编码方式，默认值为 iso8859，通常设置为 utf-8。
- **自动重定向**：发出的 HTTP 请求得到响应是 302 或 301，只用于 GET 和 HEAD 请求。
- **跟随重定向**：默认选项，当请求响应的状态码是以 3 开头，则自动跳转至目标地址。
- **使用 KeepAlive**：默认选项，与目标服务器之间使用 Keep-Alive 方式进行通信。
- **对 POST 使用 multipart/from-data**：当请求方法为 POST 时使用。
- **与浏览器兼容的头**：取决于在 HTTP 信息头管理器中使用的类型。
- 参数：发送请求时需要传递参数，与请求一起发送。
- 消息体数据：发送 JSON 格式的参数。
- 文件上传：发送文件或图片，与 POST 或 PUT 请求一起发送。

（2）调试取样器

该组件主要在调试脚本时使用，用来查看参数化的取值是否正确，以及使用正则表达式提取的参数是否正确等。

（3）JDBC Request

使用该组件必须先配置 JDBC Connection Configuration，可参考图 6-18。

① JDBC Request 的属性配置如下：

- Variable Name for Pool declared in JDBC Connection Configuration：这里的变量名必须与 JDBC Connection Configuration 中的一致。
- Query Type：选择查询的类型。
- Query：输入 SQL 语句。
- Parameter values：**查询数据的参数值，多个值用逗号分隔，也可使用参数替换。**
- Parameter types：**查询参数值的参数类型。**
- Variable names：**查询语句返回结果的变量名，默认为查询字段。**
- Result variable name：**创建变量名来保存查询结果。**
- Query timeout：**查询超时时间，单位为秒。**
- Limit ResultSet：**限制显示查询结果的行数。**
- Handle ResultSet：**定义如何处理调用语句返回的结果。**

② 案例：查询类型。

- 查询类型 Select Statement：不能传参数的查询，如图 6-21 所示。

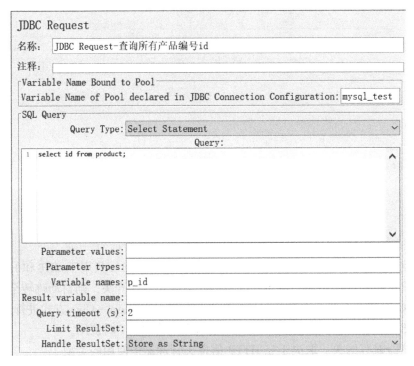

图 6-21　Select Statement 案例设置界面

- 查询类型 Prepared Select Statement，可以传参数进行查询，如图 6-22 所示。

5. 前置处理器（Pre Processors）

前置处理器主要是在采样器发出请求前对一些变量的值（这些变量的值不在服务器响应中获取）进行特殊处理，常用的组件就是用户参数，如图 6-23 所示。

每次迭代更新一次属性：默认未选中该框，表示对其范围内的每个请求更新参数。选中复选框是指用户参数元素是否应仅在每次迭代中更新一次其变量。

图 6-22　Prepared Select Statement 案例设置界面

图 6-23　用户参数界面

6. 后置处理器（Post Processors）

后置处理器就是对发出请求之后得到服务器响应的数据进行特殊处理，也就是请求之间的依赖关系，可以理解为请求之间的关联。在这里介绍后置处理器中常用的组件：正则表达式、JSON 提取器、BeanShell 后置处理程序等。

（1）正则表达式

① 常用的正则表达式操作符，见表 6-2。

表 6-2　常用正则表达式的操作符及含义

操 作 符	含 义
（）	括号中表示要提取的内容，括号外表示提取内容的左、右边界
［］	括号中表示要提取的任意内容，如［0-9］表示提取匹配任意一个数字

操 作 符	含 义
.	表示匹配任意字符，换行符除外。注意单行模式下也可以匹配换行符
+	表示从开始匹配一次或多次
?	表示找到第一个匹配的结果立刻停止（第一次出现右边界时停止）
*	同+?相同，表示进行0次或多次匹配，直到找到第一次匹配后停止
\	表示转义符，需要查找的字符中出现需要用转义字符来完成
|	表示选择匹配，在|符合左右两边进行选择匹配
^	表示非，需要指定匹配字符的开头
$	表示匹配字符的结尾
\d	匹配任意一个数字，相当于［0-9］
\D	匹配除数字之外的字符，相当于［^0-9］
\w	匹配任意单个字符，包括字母、数字、下画线，相当于［_0-9a-zA-Z］
\W	匹配任意非单个字符，包括字母、数字、下画线，相当于［^_0-9a-zA-Z］
\s	匹配任意空白字符，包括空格、换行符、制表符，相当于［ \r\t\n\f］
\S	匹配任意非空白字符，相当于［^ \r\t\n\f］

② 正则表达式的界面，如图 6-24 所示。

图 6-24　正则表达式的界面

③ 正则表达式界面的属性说明如下。

● 要检查的响应字段：根据响应字段所在的位置进行选择，参考图 6-24。

● 引用名称：用来存储匹配内容的变量名，引用方法：${变量名}。

● 正则表达式：通用语法格式：左边界（.+?）右边界，使用（.+?）与（.＊）相同。

● 模板：从匹配项中创建字符串，引用语法格式：1表示第一组，2表示第二组，依次类推。

● 匹配数字（0代表随机）：指出要使用的匹配项，数字 1 为第一项，数字 2 为第二项依次类推，−1 表示匹配全部项。

● 缺省值：当匹配不到数据时，引用变量返回的一个值。

（2）JSON 提取器

① JSON 提取器的界面，如图 6-25 所示。

图 6-25　JSON 提取器的界面

② JSON 界面的属性说明如下。

- Names of created variables：用来存储提取数据的变量名，多个变量用分号分隔。
- JSIN Path expression：如果返回的 JSON 是一个 key 键，提取表达式为$. key；如果返回的 JSON 是一个 List 列表，提取表达式为$. key［＊］. key；提取多个变量用分号分隔。
- Match No（0 for Random）：提取参数匹配的序号，数字 1 为第一项，数字 2 为第二项依次类推，-1 表示匹配全部项，0 表示随机匹配，多个序号用分号分隔。
- Default Values：当提取不到数据时，引用变量返回的值，多个值用分号分隔。

③ 案例：从 JSON 列表中提取多个参数（参阅 6.1.5 节中 JSON 数据格式），如图 6-26 所示。

图 6-26　JSON 提取多个参数

（3）BeanShell 后置处理程序

这个组件通常用在不同线程组之间传参数，利用函数 Jmeter 内置函数__setProperty 实现。通用格式为：${__setProperty(变量名,${参数},)} 把参数存储到变量名中。引用函数格式为:${__P(变量名,)}。

7. 断言（Assertions）

断言主要用来检查在测试中从服务器获得的响应内容是否符合预期，也可以理解为对测试的结果进行判断是否正确，常用的断言有响应断言和 JSON 断言。

（1）响应断言

在响应断言中需要注意断言的测试字段所在的位置，如图 6-27 所示。

（2）JSON 断言

在 JSON 断言中需要注意 JSON 数据中键的位置，如图 6-28 所示。

8. 监听器（Listener）

监听器主要收集 Jmeter 在测试期间的结果，并将结果数据给出一些展示的方式。常用的展示结果的元件有查看结果树、聚合报告、图形结果等。

图 6-27　响应断言的界面

图 6-28　JSON 断言的界面

（1）查看结果树

该组件主要用来展示取样器中每个请求和响应的细节，便于调试脚本。

（2）聚合报告

该组件主要记录事务的总体吞吐量、响应时间。具体参数说明见表 6-3。

表 6-3　聚合报告参数含义

参　　数	含 义 说 明
Label	表示线程组中每个请求的类型
#Samples	表示线程组中每个请求总共发送到服务器的数目
Average	表示事务的平均响应时间，单位为毫秒
Median	表示中间值数，也就是 50% 用户的响应时间，单位为毫秒
90%line	表示请求中 90% 的响应时间比所得数值还要小，单位为毫秒
95%line	表示请求中 95% 的响应时间比所得数值还要小，单位为毫秒
99%line	表示请求中 99% 的响应时间比所得数值还要小，单位为毫秒
Min	表示服务器响应的最小时间，单位为毫秒
Max	表示服务器响应的最大时间，单位为毫秒
Error%	表示线程组中请求错误的百分比
Throughput	表示服务器每单位时间处理的请求数，注意表示的单位
Received KB/sec	表示每秒接收请求的字节数
Send KB/sec	表示每秒发送请求的字节数

（3）图形结果

该组件主要会将系统吞吐量、响应时间绘制在一张图片中。

9. 逻辑控制器（Logic Controller）

逻辑控制器可以控制 Jmeter 的测试逻辑，特别是何时发送请求。逻辑控制器可以改变其子测试元件的请求执行顺序。常用的控制器有如果（If）控制器、循环控制器、事务控制器等。

（1）如果（If）控制器

如果（If）控制器主要用于控制哪些组件是否运行，如图 6-29 所示。

图 6-29　If 控制器的界面

界面属性说明如下。

- Interpret Coodition as Variable Expression：默认选择项，条件在输入时进行判断。此时注意不能直接写表达式，例如：${res}=200。需要借助函数(__jex13 或__froovy)对表达式进行判断是否为 True 或 False，例如图 6-29 中：${__jex13(${res}==200,)}。如果取消该选项，控制器在内部使用 JavaScript 进行解析条件，这样可能会导致性能的损失。当使用 Jmeter 做性能测试时，建议使用默认情况。
- Evaluate for all chidren：该选项如果被选中，则在如果（If）控制器中的每个节点执行前，都需要进行条件的判断。

（2）循环控制器

该控制器主要是用来控制节点的循环次数，如图 6-30 所示。

图 6-30　循环控制器的界面

（3）事务控制器

该控制器使用在性能测试中，通常与简单控制器嵌套使用，主要用来统计每个测试元素所需的总时间，如图 6-31 所示。

界面属性说明如下。

- Generate parent sample：选择该选项时，除了统计事务控制器下每个节点所需要的时间，控制器外的每个节点所需要的时间也会统计。
- Include duration of timer and pre-post processors in generated sample：选择该选项时，统计时间会加上定时器和后置处理器所需的时间。

图 6-31 事务控制器的界面

10. 定时器（Timer）

定时器有一个作用域的概念，主要控制采样器或者逻辑控制器的子项的延迟，也可以理解为请求之间的等待时间。

（1）固定定时器

固定定时器主要是模拟每个线程在两次请求之间的等待时间，默认延迟 300 毫秒，相当于 LoadRunner 中的思考时间，如图 6-32 所示。

图 6-32 固定定时器的界面

（2）同步定时器

同步定时器主的作用就是阻塞线程，直到到达设置的线程数，然后同时释放，相当于 LoadRunner 中的集合点，主要用来模拟并发测试，如图 6-33 所示。

图 6-33 同步定时器的界面

界面属性说明如下。

- 模拟用户组的数量：该属性用来设置阻塞的线程数，也可以理解为并发数。
- 超时时间以毫秒为单位：该属性默认值为 0，即用户没有超时时间，直到所有阻塞的线程数到达开始释放。如果设置值，则该值的时间内等待线程数。如果在超时间隔后仍未达到等待的用户数，计时器将停止等待。

6.3.4 Jmeter 常用内置函数

本节介绍常用的内置函数有 counter、CSVRead、groovy、jexl3、Random、RandomDate、

RandomString、setProperty、P 等，其他函数请参阅 Jmeter 的函数助手。

1. 函数：__counter(,)

说明：该函数可以作为计数器使用，从 1 开始记录，最大值到 2147483647。

使用格式：${__counter(逻辑值,变量名)}，逻辑值默认是 FALSE，变量名为可选。

- ${__counter(TRUE,)}，每个线程有独立的计数器。
- ${__counter(FALSE,)}，所有线程共享计数器。

2. 函数：__CSVRead(,)

说明：该函数可以直接从本地的 CSV 数据文件中读取参数使用，列是从 0 开始。

使用格式：${__counter(CSV 文件的绝对路径,文件中列的序号)}，当线程数比 CSV 文件中的行数多，此时循环读取数据。

- ${__CSVRead(D:\user.csv,0)}，读取 user.csv 数据文件的第一列数据。
- ${__CSVRead(D:\user.csv,1)}，读取 user.csv 数据文件的第二列数据。

3. 函数：__groovy(,)和__jexl3(,)

说明：两个函数的用法相同，主要是用来判断条件表达式是否成立，函数的返回结果为 TRUE 或 FALSE。通常用在 if 和 while 控制器中，用来判断条件是否成立。

使用格式：${__groovy(条件表达式,)}、${__jexl3(条件表达式,)}。

- ${__groovy(1==1,)}，判断条件表达式为真，返回结果为 TRUE。
- ${__jexl3(1==2,)}，判断条件表达式为假，返回结果为 FALSE。

4. 函数：__Random(,,)

说明：生成一个随机数字。

使用格式：${__Random(最小值,最大值,变量名)}，变量名为可选。

- ${__Random(1,10,)}，从 1~10 随机生成一个数。
- ${__Random(1,10,num)}，从 1~10 随机生成一个数，并保存到变量 num 中。

5. 函数：__RandomDate(,,)

说明：生成一个随机日期。

使用格式：${__RandomDate(日期格式,开始日期,结束日期,区域设置,变量名)}，默认格式 yyyy-MM-dd，默认开始日期是当前日期，区域和变量名为可选。

- ${__RandomDate(,2018-01-01,2020-01-01,)}，从 2018-01-01 至 2020-01-01 之间的随机生成一个日期。
- ${__RandomDate(,2019-01-01,2020-01-01,zh_CN,date)}，从 2019-01-01 至 2020-01-01 之间的随机生成一个日期，保存到变量 date 中，设置区域为 zh_CN。

6. 函数：__RandomString(,,)

说明：生成一个随机字符串。

使用格式：${__RandomString(长度,所选字符,变量名)}，所选字符和变量名为可选。

- ${__RandomString(4,0123456789,)}，从 0~9 中随机生成一个 4 位数。
- ${__RandomString(4,0123456789,code)}，从 0~9 中随机生成一个 4 位数，并保存到 code 中。

7. 函数：__setProperty(,,)和__P( )

说明：该函数主要配合 BeanShell 组件使用，生成一个全局变量，然后在使用__P 函数来调用参数。

使用格式：$\{\_setProperty(name,value,true)\}$，默认为 false，不会返回 value 值。也可以这样理解，将 value 值保存到 name（全局变量）中。引用格式：$\{\_P(name,)\}$。

6.4 Jmeter 案例讲解

Jmeter 的强大在于组件，本小节主要通过一些案例进一步讲解组件的用法（为了节省版面下面有些步骤请参考 6.3.3 小节内容——Jmeter 组件详解）。商城接口文档见表 6-4。

表 6-4 商城接口文档

接口名称	登　录	接口描述	用户登录
URL 地址	http://192.168.1.251:9013/user/login		
请求方法	POST		
请求参数	username	用户名	
	password	密码	
	code	验证码	
返回结果	{"status":"200"}	登录成功	
	{"status":"101"}	用户名或密码错误	
	{"status":"102"}	验证码错误	
	{"status":"103"}	用户不存在	
接口名称	购物车	接口描述	将商品添加购物车
URL 地址	http://192.168.1.251:9013/product/addCart		
请求方法	POST		
请求参数	pid	商品表的编号 pid（从 SQL 中随机商品编号）	
	count	购买的商品数量-实现随机数（1~10）	
返回结果	{"status":"200"}	用户登录成功	

6.4.1 简单的案例

案例：实现简单的登录接口测试，接口参阅表 6-4。具体步骤如下。

步骤 1：基于测试计划→添加→线程→线程组（即用户）。

步骤 2：基于线程组→添加→取样器→HTTP 请求，根据表 6-4 接口文档，填写协议、请求地址、端口、方法、参数，如图 6-34 所示。

注意：如果接口参数为 JSON 格式，必须添加 HTTP 信息头管理，参数必须添加到"消息体数据"中进行发送。

步骤 3：基于 HTTP 请求→添加→断言→响应断言，如图 6-35 所示。

步骤 4：基于 HTTP 请求→添加→查看结果树，如图 6-36 所示。

图 6-34 HTTP 请求的界面

图 6-35 响应断言的界面

图 6-36 查看结果树的界面

6.4.2 实现同线程之间传 Cookie

案例：在一个线程组中，实现登录接口，然后取出登录后的 Cookie 值，传到购物车接口中，接口参阅表 6-4。具体步骤如下：

步骤 1：基于测试计划→添加→线程→线程组。

步骤 2：基于线程组→添加→取样器→HTTP 请求（登录接口）。

步骤 3：基于线程组→添加→监控器→查看结果树（查看请求信息）。

步骤4：运行脚本，单击查看结果树，在 HTTP 请求（登录）→响应数据→Response headers 中可以看到登录成功后的 Cookie 值，如图 6-37 所示。

图 6-37 查看结果数-查看 Cookie

步骤5：基于 HTTP 请求→添加→后置处理器→正则表达式提取器（提取 Cookie 值），如图 6-38 所示。注意 Cookie 是在响应的头信息中。

图 6-38 正则表达式提取器设置

步骤6：基于线程组→添加→取样器→HTTP 请求（购物车接口）。

步骤7：基于 HTTP 请求（购物车）组→添加→配置元件→HTTP 信息头管理，添加参数名称：cookie，参数值引用正则表达式提取的参数${cookieid}，如图 6-39 所示。

图 6-39 HTTP 信息头管理的界面

步骤8：运行脚本，在查看结果树→HTTP 请求（购物车）→响应数据中是否有 Cookie 值，如图 6-40 所示。

图 6-40 运行后查看 Cookie 信息

6.4.3 实现不同线程之间传 Cookie

案例：把登录接口和添加购物车的接口放到不同的线程组中，实现从第一个线程组中提取登录成功后的 Cookie 值，在下一个线程组中使用登录后的 Cookie，接口参阅表 6-4。具体步骤如下。

步骤1：基于测试计划→添加→线程→线程组（登录）。

步骤2：基于线程组（登录）→添加→取样器→HTTP请求（登录接口）。

步骤3：基于线程组（登录）→添加→监控器→查看结果树（查看请求信息）。

步骤4：基于HTTP请求（登录接口）→添加→后置处理器→正则表达式提取器（提取cookie值）。

步骤5：基于HTTP请求（登录接口）→添加→后置处理器→BeanShell后置处理程序，使用内置函数"__setProperty"，将正则表达式提取的cookieid保存到新参数cookie-id中，如图6-41所示。

图6-41　BeanShell界面设置

步骤6：基于测试计划→添加→线程→线程组（购物车）。

步骤7：基于线程组（购物车）→添加→取样器→HTTP请求（购物车接口）。

步骤8：基于线程组（购物车）→添加→配置元件→HTTP信息头管理，添加参数名称：cookie，参数值使用内置函数"__P"取cookie-id的值，如图6-42所示

图6-42　使用__P取Cookie值

步骤9：单击测试计划，勾选"独立运行每个线程组"，然后运行脚本，在查看结果树→HTTP请求（购物车）→请求数据中是否有Cookie值，如图6-43所示。

图6-43　运行后查看Cookie值

在上面案例中，也可以将**步骤8**修改为，添加 HTTP Cookie 管理器，再添加参数 Cookie 值来实现（注意域名和路径必须写正确），如图 6-44 所示。

图 6-44　Cookie 管理器添加 Cookie

6.4.4　直接调用数据库的数据

案例：在一个线程组中，添加登录、购物车接口。如果用户登录成功后，添加 5 件商品到购物车，商品要求从 mysql 数据库中 new_shop. product 数据表中随机选择商品，商品购买的数量从 1~10 中随机选择。如果登录失败就停止。具体步骤如下。

步骤 1：基于测试计划→添加→线程→线程组（即用户）。

步骤 2：基于测试计划→添加→配置元件→JDBC Connection Configuration，配置 JDBC 如下：

- Variable Name for created pool：shop_test
- Database URL：jdbc:mysql://192. 168. 1. 251:3306/new_shop
- JDBC Driver class：com. mysql. jdbc. Driver
- Username：root
- Password：zhigu1618

步骤 3：基于线程组→添加→取样器→HTTP 请求（登录）。

步骤 4：基于 HTTP 请求（登录）→添加→断言→响应断言（检查登录是否成功）。

步骤 5：基于 HTTP 请求（登录）→添加→后置处理器→正则表达式处理器（提取 Cookie）。

步骤 6：基于 HTTP 请求（登录）→添加→后置处理器→JSON 提取器，提取登录成功后 status 的值（登录成功返回 "status"："200"），如图 6-45 所示。

图 6-45　JSON 提取返回值

步骤 7：基于线程组→添加→逻辑控制器→如果（If）控制器（判断登录是否成功）。

- Expression:${__jexl3(${res_status} = = 200,)}

步骤 8：基于如果（If）控制器→添加→逻辑控制器→循环控制器（控制添加次数

156

5次)。

步骤9：基于如果（If）控制器→添加→配置元件→HTTP信息头管理，然后添加，输入名称Cookie，输入值${cookie}。

步骤10：基于循环控制器→添加→取样器→JDBC Request。从数据库查询商品编号id，JDBC Request设置，如图6-46所示。注意Variable Name名称必须与JDBC配置的名称一致。

图6-46　JDBC Request界面设置

步骤11：基于JDBC Request→添加→后置处理器→正则表达式提取器。从数据库查询结果中随机提取一个商品id，设置如图6-47所示。

图6-47　正则表达式随机提取ID

步骤12：基于循环控制器→添加→取样器→HTTP请求（添加购物车），输入表6-4中购物车接口的协议、地址、端口、方法、路径、编码、参数，数量从1~10中随机取值，如图6-48所示。

图6-48　参数设置随机值

步骤13：基于 HTTP 请求（添加购物车）→添加→断言→响应断言（检查添加是否成功）。

步骤14：基于线程组→添加→监听器→查看结果树（查看请求信息）。

步骤15：基于线程组→添加→取样器→调试取样器（查看参数信息）。

运行结果，如图 6-49 所示。

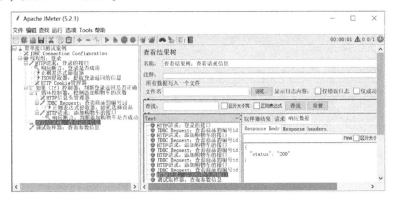

图 6-49　运行结果图

6.4.5　实现数据驱动

数据驱动是一种创建自动化测试的方法，其本质就是对测试数据进行参数化，然后用这些测试数据获取不同的测试结果。

案例：针对表 6-1 中的登录接口设计测试用例，如图 6-50 所示。注意一定要保存为 CSV 格式，如 user. csv 文档。

Caseid	Casename	URL	method	Rank	username	password	code	res
C001	login	http://192.168.1.251:9013/user/login	POST	H	8773465@qq.com	123456	1111	200
C002	login	http://192.168.1.251:9013/user/login	POST	H	8773465@qq.com	654321	1111	101
C003	login	http://192.168.1.251:9013/user/login	POST	H	8773465@qq.com	123456	1234	102
C004	login	http://192.168.1.251:9013/user/login	POST	M	hujiayi	123456	1111	103
C005	login	http://192.168.1.251:9013/user/login	GET	L	8773465@qq.com	123456	1111	104

图 6-50　CSV 文件数据

利用 Jmeter 实现数据驱动测试，具体步骤如下。

步骤1：基于测试计划→添加→线程→线程组（测试登录接口）。

步骤2：基于线程组→添加→逻辑控制器→循环控制器（根据数据文档设置循环 5 次）。

步骤3：基于线程组→添加→配置元件→CSV 数据文件设置，如图 6-51 所示。

CSV 数据文件设置

名称：　CSV 数据文件设置：引入user.csv文件名，文件编码UTF-8，忽略首行True

注释：

设置 CSV 数据文件

文件名：D:/user.csv　　　　　　　　　　　　　　　　　　　浏览...

文件编码：UTF-8

变量名称(西文逗号间隔)：Caseid, Casename, URL, method, Rank, username, password, code, res

忽略首行(只在设置了变量名称后才生效)：True

分隔符（用'\t'代替制表符）：,

是否允许带引号？：False

遇到文件结束符再次循环？：True

遇到文件结束符停止线程？：False

线程共享模式：所有现场

图 6-51　CSV 界面设置

步骤4：基于循环控制器→添加→逻辑控制器→如果（If）控制器，该 If 控制器用来判断请求方法是否为 POST 请求，如图 6-52 所示。

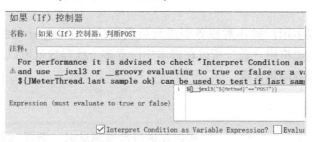

图 6-52　If 控制器的设置

步骤5：基于如果（If）控制器→添加→取样器→HTTP 请求（POST 请求），根据 user.csv 的数据进行参数化设置（只对部分参数进行了设置，如协议、地址、端口、路径等也可以实现数据驱动），如图 6-53 所示。

图 6-53　HTTP 请求参数化设置

步骤6：基于 HTTP 请求（POST 请求）→添加→断言→响应断言，将断言的结果进行参数化，如："status"："${Res}"。

步骤7：基于循环控制器→添加→逻辑控制器→如果（If）控制器，该 If 控制器用来判断请求方法是否为 GET 请求，具体设置参考**步骤4**。

步骤8：基于如果（If）控制器→添加→取样器→HTTP 请求（GET 请求），具体设置参考**步骤5**。

步骤9：基于 HTTP 请求（POST 请求）→添加→断言→响应断言，具体设置参考**步骤6**。

步骤10：基于线程组→添加→监听器→查看结果树，用来查看请求信息。

运行结果，如图 6-54 所示。

图 6-54　运行结果界面

6.5 Jmeter 性能测试

性能测试是模拟多用户操作对服务器进行负载测试。在 Jmeter 的组件中，线程组就是用户组，线程数就是虚拟用户数，所以在脚本中设置多个线程数就可以进行性能测试。关于性能测试的理论，请参阅第 8 章。

6.5.1 Jmeter 插件管理

Jmeter 工具本身不提供资源监控，所以在进行性能测试时，需要添加插件来进行资源的监控。从官网（https://jmeter-plugins.org/wiki/PluginsManager）下载 Jmeter 的插件管理器 Plugins Manager。然后启动 Jmeter 后，在菜单栏"选项"中可以看到 Plugins Manager 插件管理器，单击后下载相关插件 Extras、Standard。或直接下载 JmeterPlugins-Extras.jar 和 Jmeter-Plugins-Standard.jar，然后复制到 Jmeter/lib/ext 目录下，重新启动 Jmeter 即可。

1. jp@gc – Stepping Thread Group 组件

右击测试计划→添加→线程→Stepping Thread Group 组件，该线程组主要用在性能测试时，对线程数的设置，如图 6-55 所示。

图 6-55　负载线程组的界面

图 6-55 中的属性与设置说明如下。

- This group will start［10］threads：设置线程数（虚拟用户数）。图中为 10 个用户。
- First，wait for［1］seconds：开始启动线程的等待时间，默认为 0。图中为 1s 后开始启动线程。
- Then start［0］threads：设置从多少个线程开始增加线程，默认为 0。
- Next，add［5］threads every［1］seconds，using ramp-up［2］seconds：设置每隔几秒

启动几个线程，启动线程后，开始运行几秒后再启动下一个线程。图中为每隔 1 s 启动 1 个线程，启动 1 个线程后，开始运行 2 s 再启动下一个线程。

- Then hold load for [20] seconds：设置全部线程启动后的运行时间。图中为 10 个线程全部启动后，开始运行 20 s。
- Finally，stop [1] threads every [1] seconds：当运行时间完成后，设置每隔几秒退出几个线程。图中为每隔 1s 退出 1 个线程。

2. jp@gc –PerfMon Metrics Collector 组件

右击测试计划→添加→监听器→PerfMon Metrics Collector 组件，该组件主要用来监控系统资源：CPU、内存、磁盘、网络，如图 6-56 所示。监控时需要再服务器上安装并启动 ServerAgent（默认端口为 4444）。

图 6-56　资源监控的界面

6.5.2　接口性能测试

在本章第 6.4.1 节中，介绍了一个简单的登录功能的接口测试。如何测试 100 人并发登录呢？在上述案例中需要进行改进，性能测试还需要添加组件：事务控制器、聚合报告、图形结果、同步定时器，具体步骤如下。

步骤 1：基于测试计划→添加→线程组（即用户），设置线程数 100，启动 100 线程所需时间 10 s，循环次数 10 次，具体设置如图 6-57 所示。

图 6-57　线程属性的设置

步骤 2：基于线程组→添加→配置元件→CSV 数据文件设置（存储 100 个账号）。

步骤 3：基于线程组→添加→定时器→同步定时器（设置集合点），设置模拟用户数量为 100，超时时间默认 0，如图 6-58 所示。

步骤 4：基于线程组→添加→逻辑控制器→事务控制器，如果是取样器只有一个时，该组件可以不加。

步骤 5：基于事务控制器→添加→取样器→HTTP 请求（登录接口），对输入的参数进

图 6-58 集合点的设置

行参数化，引用 CSV 文档中的参数。

步骤 6：基于 HTTP 请求→添加→断言→响应断言（判断是否登录成功）。

步骤 7：基于线程组→添加→监听器→查看结果树，对参数进行参数化。

步骤 8：基于线程组→添加→监听器→聚合报告，主要显示响应时间和吞吐量的信息，如图 6-59 所示。

图 6-59 聚合报告的界面

步骤 9：基于线程组→添加→监听器→图形结果（将测试数据生成图形结果）。

6.5.3 Web 端性能测试

本节主要介绍 Jmeter 如何做 Web 端的性能测试：一方面，Jmeter 可以通过 HTTP 代理服务器进行录制 Web 端的脚本；另一方面，可以借助 Badboy 工具进行录制脚本。

案例：使用两种方式，录制智谷商城的登录脚本。

1. 通过 HTTP 代理服务器录制生成 Jmeter 脚本

具体步骤如下。

步骤 1：首先对浏览器设置代理服务器（以谷歌为例）。启动谷歌浏览器→单击设置→找到高级→系统→打开计算机的代理设置。找到手动设置代理，选择使用代理服务器，输入本机地址"localhost"，端口号"8888"，如图 6-60 所示。

步骤 2：启动 Jmeter，右击测试计划→添加→非测试元件→HTTP 代理服务器，如图 6-61 所示。

步骤 3：右击测试计划→添加→线程→线程组。

步骤 4：Jmeter 的代理设置，进入 HTTP 代理服务器界面，在目标控制器中，选择测试计划→线程组，然后切换到 Reque Filtering 界面，在排除模式中添加排除图片格式（＊.gif、＊.png、＊.jpg、＊.png）等，如图 6-62 所示。

图 6-60　谷歌代理设置

图 6-61　Jmeter 添加代理服务器

图 6-62　代理服务器排除资源的界面

步骤 5：在 HTTP 代理服务器界面，单击"启动"按钮，如图 6-63 所示。

图 6-63　代理服务器启动按钮

步骤 6：出现 Recorder：Transactions Control 界面，如图 6-64 所示。

Recorder: Transactions Control   ✕

HTTP Sampler settings
⊗ 停止   Prefix
Create new transaction after request (ms)：

图 6-64   代理服务器录制开始界面

步骤 7：打开谷歌浏览器，输入网址进行登录操作，此时 Jmeter 会自动生成脚本，待操作完成后，单击图 6-44 中的 "停止" 按钮。

到此录制完成，打开线程组，如图 6-65 所示。

图 6-65   代理录制后的界面

录制生成的脚本还需要进一步的调整及优化（此处略）。

2. 通过 Badboy 录制生成 Jmeter 脚本

从官网下载 Badboy（官网地址：https://badboy.en.softonic.com）安装。

具体步骤如下。

步骤 1：启动 badboy，在地址栏中输入需要录制网站的 URL，单击 URL 后面的 "→" 图标，在 badboy 的页面中出现网站，如图 6-66 所示。

图 6-66   Badboy 录制界面

步骤 2：进行登录的操作，单击页面中右上角的 "登录"，进入登录界面，然后输入账号和密码单击 "登录" 按钮，登录成功后再单击 "退出"（在录制中尽量一次性完成操作）。

步骤 3：录制完成后，单击菜单栏 File→选择 "Export to JMeter"→导出扩展名为

".jmx"的文件，取文件名为登录，如图6-67所示。

图6-67 Badboy录制后导出jmx文件

步骤4：启用Jmeter，单击菜单栏文件→打开，选择导出的"登录.jmx"的文件，导入后的界面，如图6-68所示。

图6-68 Jmeter导入jmx文件

步骤5：导入后的脚本需要进行调试，添加CSV数据文件、断言、定时器、事务查看器、聚合报告等，在调试时需要注意Cookie的管理，以及请求的重定向问题。具体设置如下。

- 为了方便查看，首先修改测试计划、线程组、取样器的名称，将线程数设置100，启动时间为10，循环为10。
- 基于测试计划→添加→配置元件→CSV数据文件设置（存储100个登录账号）。
- 基于线程组→添加→逻辑控制器→事务控制器，通常做性能测试少用循环控制器，所以把录制后的取样器移动到事务控制器中。
- 如果只是对登录做并发测试，基于登录的取样器→添加→定时器→同步定时器（设置登录的集合点），模拟用户数量设置为100，超时时间默认为0。
- 基于登录的取样器→添加→断言→响应断言（判断登录是否成功）。
- 将Cookie管理移动到登录的取样器中，再将登录的取样器设置为跟随重定向，再对参数进行参数化，引用CSV的数据。
- 基于线程组→添加→监听器→查看结果树。
- 基于线程组→添加→监听器→聚合报告。

为节省版面，这里直接附上调试后的脚本，如图6-69所示。

图 6-69 优化后的 Jmeter 脚本

6.5.4 Jmeter 生成测试报告

Jmeter 做性能测试通常是在非 GUI 模式下进行的。不管哪种模式进行性能测试，需要注意：如果是要进行高并发测试，需要配置集群进行压测，也就是说需要控制多台计算机进行压测。通常一台计算机的可以支持的最大线程数在 1000 左右，为什么？

道理很简单，例如对接口进行并发测试，通常发送的是 POST 请求，一个 POST 请求的大小就按 200 KB 左右计算。那么 $1000 \times 200/1024 \approx 195$ MB，一般局域网的带宽为千兆 1000 GB/8 = 125 MB，带宽已经出现阻塞了。

Jmeter 在非 GUI 模式下，可以使用命令生成一份测试报告。通常在非 GUI 模式下启动后就可以看到命令：jmeter −n −t ∗.jmx −l ∗.jtl −e −o file_path，如图 6-70 所示。

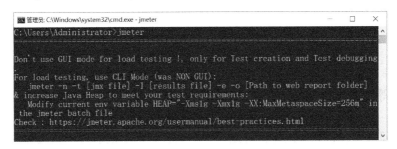

图 6-70 非 GUI 模式下启动后的界面

命令参数说明如下。

- −n：表示非 GUI 模式执行 Jmeter。
- −t：测试计划保存的路径及文件名，建议使用绝对路径，如 C:\login.jmx。
- −l：保存生成测试结果的文件，文件扩展名必须为 .jtl 格式。
- −e：表示测试结束后，自动生成测试报告。
- −o：生成的测试报告存储的路径，建议使用绝对路径，文件名一定不能存在。

示例：执行 C:\>jmeter −n −t C:\login.jmx −l result.jtl −e −o D:\result 命令。

说明：执行 C:\login.jmx 脚本，生成 result.jbl 文件，生成的 html 测试报告存储在 D:\result 目录下。

注意：DOS 所在的当前目录必须与测试报告所在的目录一致，而且 result.jtl 文件和 D:\result 目录都不能存在。

第7章 自动化测试——Selenium

本章主要介绍自动化测试的分层、自动化测试模型、自动化测试工具 selenium 以及 unittest 自动化测试框架等。

学习目标：

- 理解自动化测试与手工测试的区别
- 熟悉前端技术
- 掌握 selenium 定位元素的方法
- 掌握自动化测试模型
- 熟悉 unittest 自动化测试框架

7.1 理解自动化测试

对于测试人员来说，不管是进行功能测试、自动化测试还是性能测试一般都要编写测试用例，测试用例的好坏往往能准确地体现测试人员的经验、能力以及对项目需求的理解深度。在学习自动化测试前，要熟悉自动化测试的概念、自动化测试类型、前端技术以及自动化测试用例的一些特点以及如何编写自动化测试用例。

7.1.1 自动化测试的分层概念

根据自动化测试的金字塔概念，自动化测试分 3 层：单元自动化测试、接口自动化测试和 UI 自动化测试。

1. 单元自动化测试

单元自动化测试是指对软件中的最小可测试单元进行检查和验证。对于单元的含义，一般指一个函数、一个类的方法等。单元测试一般会用到对应编程语言的单元测试框架，例如 java 的 Junit，python 的 unittest，C/C++的 cppunit 等。

2. 接口自动化测试

接口自动化测试一般分为两类：模块接口测试和协议接口测试。

1）模块接口测试，主要测试模块之间的调用与返回结果。一般也会用到单元测试的工具。

2）协议接口测试，主要测试客户端与服务器的调用接口。Web 一般分前端和后端，用户的操作是在前端页面上，需要后端提供服务器接口，前端通过调用这些接口来获得需要的数据。通过 HTTP 协议实现前后端的数据传递。

3. UI 自动化测试

UI 层是用户使用产品的入口，所有功能都通过这一层提供并展现给用户，测试工作大多集中在 UI 界面层，为了减少这一层的测试人力，可以使用自动化测试工具对该层进行自动化测试。

7.1.2 自动化测试类型和内容

1. 测试静态内容

静态内容测试是最简单的测试，用于验证静态的、不变的 UI 元素的存在性。例如：页面是否包含预期的标题，主页是否包含重要的图片，页脚是否包含正常的信息等。

2. 测试链接

Web 站点的一个常见错误为失效的链接或链接指向无效页面。链接测试涉及各个链接和验证预期的页面是否存在。

3. 功能测试

功能测试是自动化测试比较复杂的测试类型，也是最重要的。典型的功能测试包括登录、注册、账户管理、数据搜索、其他功能模块的常用功能。一般做冒烟测试对会这些基本功能进行测试。

7.1.3 什么项目适合自动化测试

一般有以下特征的项目可以进行自动化测试：
- 测试任务明确，大体功能确定。
- 每天会构建新的版本进行测试验证。
- 比较频繁的回归测试。
- 软件系统界面稳定，变动少。
- 需要在多个平台或浏览器上进行相同的用例测试，大量的重复测试任务。
- 软件维护周期长。
- 项目进度压力不是特别大。
- 被测软件开发较为规范，能够保证系统的可测试性。
- 兼容多个测试平台。
- 测试人员具备较强的编程能力。

当然，也不是以上都具备的情况下才能开展自动化测试，一般满足以下 3 个条件就可以对项目开展自动化测试。

1）软件需求变动不是太频繁。
2）项目周期较长。
3）自动化测试脚本可重复使用。

7.1.4 前端技术介绍

由于 Selenium 是基于 Web 端的自动化测试技术，而我们要操作的对象是 Web 页面，所以有必要对前端 Web 技术与工具做一个简单介绍。

HTML 是超文本标记语言，是网页的基础，它并不是一种编程语言，而是一种标记语言，可以在 HTML 标签中嵌入各种前端脚本语言，如 VBScript、JavaScript 等。HTML 通过各种标签来控制每个元素。

1. 基本元素

文本、图片、声音、超链接、表单、按钮、JS 特效等。

2. HTML 语法结构

HTML 语法主要由标签、属性和元素组成，其语法结构为：

<标签 属性1="属性值1" 属性2="属性值2" … >元素的内容</标签>

标签是用一对尖括号<>括起来，每个标签都有特定的功能，HTML 文档就是通过不同的功能标签来控制 Web 页面内容的。标签由开始标签和结束标签组成，开始标签用<标签>表示，结束标签用</标签>表示，这种形式称为双标签，如：<h1>欢迎学习 HTML 网页</h1>。还有一种是单标签，格式为：<标签/>，如：
。

属性在开始标签里面，用来表示标签的特性，多个属性用空格分开。

3. HTML 语法规范

1）标签分单标签和双标签，所有标签都必须关闭，如< br/>、< img/>、< p >.</p>等。

2）标签名和属性一般用小写字母，HTML 不区分字母的大小写。

3）多数标签可以嵌套，但不允许交叉。

4）并不是所有的标签都有属性，如换行标签。

5）属性值都用双引号括起来。

4. HTML 文档结构

HTML 文档是一种纯文本格式的文件，主要有文档标签、头标签、标题标签和主体标签组成。

1）文档标签格式：<html>HTML 文档的内容</html>，每个 HTML 文档均以<html>开始，以</html>结束。

2）头标签格式：<head>头部的内容</head>，头标签不是必须的，一般有保护标题、文件地址和创作信息等。

3）标题标签格式：<title>标题名</title>，在头标签中定义，在浏览器的标题栏中显示。

4）主体标签格式：<body>网页的内容及各种其他标签</body>，定义网页上显示的主要内容与显示格式，是整个网页的核心，网页中要真正显示的内容都包含在主体中。

5. HTML 的各种标签

（1）注释标签

格式：<!-- 注释内容 -->

（2）段落标签

格式：<p   align="left|center|right"> 文字</p>

align 属性用来设置段落文字在网页中的对齐方式：left（左），center（居中），right（右），|表示"或者"。

（3）换行标签

格式：文字

浏览器解释时，碰到
便换行，换行标签单独使用，使页面清晰整齐。

（4）水平线标签

格式：<hr　align="left" size="粗细" width="长度" color="色彩"/>

水平线标签用来画一条水平线做段落的分隔，属性 size 用于设定粗细，以像素为单位。

（5）标题文字标签

格式：<h# align="left|center|right">标题文字</h#>

#可以是 1~6 中的任意值，值越小字体越大，h1 表示最大字体，h6 表示最小字体。

（6）超链接标签

格式：<ahref="url" title="文字" target="窗口名字">热点文本</a>

href 属性定义这个链接所指向的目标地址，target 属性设定链接被单击后所要打开窗口的方式，_blank 表示在新窗口中打开被链接的文档。

（7）图像标签

格式：<img src ="路径" alt="替代文字" width="宽" height="高" border="边框宽度"/>

src 指定图像的 url 路径，alt 表示如果图像无法显示，代替图像的说明文字，border 指定图像的边框大小。

（8）列表标签

格式如下：

```
<ul　type="符号类型">
<li　type="类型 1"> 第 1 个列表项
　　……
</ul>
```

（9）表格标签

格式如下：

```
<table　border="边框宽度" width="宽" height="高" cellspacing="单元间隔">
<caption　align="left|right|top|bottom">标题</caption>
    <tr><th>表头 1</th><th>表头 2</th>...<th>表头 n</th></tr>
    <tr><td>表项 1</td><td>表项 2</td>...<td>表项 n</td></tr>
    ……
</table>
```

（10）分区标签

<div>标签，格式如下：

```
<div　align="left|center|right">元素内容</div>
```

<span>标签，格式如下：

```
<span>内容</span>
```

（11）表单标签

格式：<form name="表单名" action="URL" method="get|post"> 内容</form>

结合上面的标签，我们可以总结出以下常用的标签。

6. 使用 Chrome 定位网页标签

使用 Selenium 做 Web 自动化测试时需要定位页面的元素，可以使用 Chrome 来定位，

Chrome 浏览器访问网页时, 在键盘上按〈F12〉键, 然后在查看器窗口里面移动鼠标, 通过查看页面焦点的变化来查看具体的元素, 如图 7-1 所示。

图 7-1   Chrome 定位元素的界面

7.1.5   手工测试与自动化测试用例

手工测试用例是针对功能测试人员的, 而自动化测试用例是针对自动化测试程序或工具的; 前者是功能测试人员通过手工方式来执行用例, 后者是通过程序或工具进行用例的解析执行。两者各自的特点在于, 前者具有较好的异常处理能力, 通过人工准确判断不同的逻辑结果, 而且人工测试分步跟踪, 能够准确定位问题; 而后者是完全按照测试用例的步骤进行测试, 只能在已知的步骤与场景中发现问题, 而往往因为网络问题或功能的变化导致用例执行异常, 自动化的执行也很难发现新的 Bug。

1. 手工测试用例特点

1) 较好的异常处理能力, 能通过人为判断校验当前步骤的功能是否能正确实现。

2) 人工执行用例具有一定的步骤跳跃性。

3) 人工测试分步跟踪, 能够解决细致的定位问题。

4) 主要用来发现功能缺陷和新的 Bug。

2. 自动化测试用例特点

1) 执行对象是脚本程序, 任何一个判断都需要编码完成。

2) 用例步骤之间关联性强。

3) 用来保证主要功能的正确和完整, 让测试人员从烦琐重复的工作中解脱出来。

4) 不能发现新的 Bug, 主要用来做冒烟测试和回归测试。

3. 自动化测试用例注意事项

1) 不是所有的手工用例都能转换为自动化测试用例。

2) 考虑测试脚本开发的成本, 不要选择流程太复杂的用例, 可以把流程拆分成多个用例来实现。

3) 用例一般有一定的目的性, 可以做冒烟测试, 也可以做回归测试。

4) 自动化测试也可以用来做配置检查、数据库检查等。

5) 可以用自动化测试脚本构造一些复杂的测试数据或做重复性的压力测试。

7.1.6 自动化测试用例编写原则

1) 一个用例为一个完整的场景，从用户登录系统到最终退出并关闭浏览器。

2) 一个用例只验证一个功能点，不要在用户登录系统后把所有功能都验证一遍。

3) 用例与用例之间尽量避免产生依赖。

4) 一条用例完成测试之后需要对测试场景进行还原，以免影响其他用例的执行。

7.2 工具 Selenium

7.2.1 Selenium 介绍

Selenium 是一款开源的 Web 自动化测试工具，可以直接模拟用户在不同平台（Linux、Windows、Mac 等）、不同浏览器（IE、Chrome、Firefox、Safari 等）中运行。Selenium 还支持不同语言生成脚本，如 Python、Java、Ruby 等。

1. Selenium 的安装

如何在 Python 环境下安装 Selenium，具体步骤如下。

步骤 1：进入 DOS 命令窗口，输入"where pip"，查找 pip 所在的位置，如图 7-2 所示。

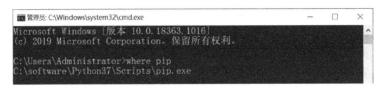

图 7-2 DOS 下查找 pip

步骤 2：输入命令"cd C:\software\Python37\Scripts\"，按下〈Enter〉键，切换到 pip.exe 所在的目录，如图 7-3 所示。

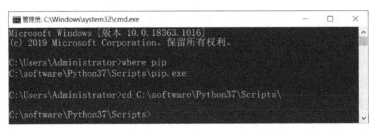

图 7-3 DOS 进入 pip 的目录

步骤 3：使用 pip 命令安装 selenium 包，输入命令"pip install selenium"，按下"Enter"键，直到出现"Successfully installed selenium-3.141.0"，说明安装成功，如图 7-4 所示。

步骤 4：在命令行输入"python"，再输入"import selenium"引入 selenium 包，即可。

2. Selenium 的工作原理

1) Selenium 通过 WebDriver 启动浏览器驱动程序 chromedriver.exe。

2) 发送 HTTP 请求，浏览器驱动程序解析请求，打开浏览器并获得 session 值。

3) 启动浏览器后，Selenium 调用 request 方法，再次发送请求。

图 7-4   DOS 提示安装完成

4）浏览器通过请求的内容执行对应动作。

5）浏览器再把执行的动作结果通过浏览器驱动程序返回给测试脚本。

7.2.2　编写第一个自动化脚本

环境安装好之后，我们可以写一个简单的例子使用 Selenium。

案例：功能是启动谷歌浏览器，输入百度网站，并输入自动化测试，进行搜索，得到搜索的结果。代码如下：

```
from selenium import webdriver
driver = webdriver.Chrome(executable_path = "C:\\Selenium\\chromedriver.exe")
driver.get("http://www.baidu.com")
driver.find_element_by_id("kw").send_keys("自动化测试")
driver.find_element_by_id("su").click()
driver.maximize_window()
```

代码说明如下：

第一行：从 Selenium 加载 WebDriver。

第二行：加载 WebDriver 来启动谷歌浏览器，C:\\Selenium\\chromedriver.exe 是谷歌浏览器驱动的路径及文件名。

第三行：调用 get 函数输入百度网址，登录百度网站。

第四行：找到输入框的 id 是 kw，调用函数 find_element_by_id 控制该 id，并调用 send_keys 输入"自动化测试"。

第五行：找到"百度一下"按钮的 id 是 su，调用函数 find_element_by_id 控制该 id，并调用 click 按钮。

第六行：使用最大化浏览器显示内容。

7.2.3　WebDriver 的多浏览器测试

WebDriver 编写的脚本程序可以在不同的浏览器上运行，常用的浏览器是 IE、Chrome 和 Firefox。

1. 使用 IE 浏览器进行测试

```
from selenium import webdriver
driver = webdriver.Ie(executable_path = "IEDriverServer.exe")
driver.get("http://www.baidu.com")
```

对于 IE 浏览器来说，安全设置里面需要把所有保护模式设置一致，即把所有保护模式都选上。

操作步骤如下。

步骤 1：在工具菜单下选择 Internet 选项。

步骤 2：在 Internet 选项对话框中，单击"安全"标签页。

步骤 3：在选择区域查看或更安全设置中选择每个区域，确定每个区域的保护模式保持一致。

2. 使用 Firefox 浏览器进行测试

```
from selenium import webdriver
driver = webdriver. Ie( executable_path = "IEDriverServer. exe")
driver. get( "http://www. baidu. com")
```

7.3 WebDriver API 使用

7.3.1 网页元素定位

WebDriver 根据网页中页面元素拥有不同的标签和属性等特征来定位不同的页面元素，并完成对已定位到的页面元素的各种操作。

测试程序中常用的页面元素操作步骤如下。

步骤 1：定位网页上的页面元素，并获得该页面元素对象。

步骤 2：通过获取的页面元素对象拥有的属性操作该页面元素，例如单击页面元素。

步骤 3：设定页面元素的操作值。例如在输入框输入内容或者下拉框选择具体的选项。

Webdriver 提供了 8 种不同的定位函数，分别为 id、name、class、XPath、tag、link、partial link 以及 CSS selector 等。

1）id 属性在 HTML 中是唯一的，类似于人的身份证号码，WebDriver 提供的 id 定位就是通过元素的 id 属性来查找元素。

2）name 是元素的名称，属性值不是唯一的，有可能重复，有时候单从 name 可能定位不到想要的元素。

3）XPath 是一种在 xml 文档中定位元素的语言，是通过元素的路径来定位元素。

4）class 是指元素的类名。

5）tag 是 html 的标签，因为标签往往用来定义类功能，html 文件中一般有多个相同的标签，很难只通过标签来区分不同的元素。

6）link 专门用来定位文本链接。

7）partial link 是部分文本链接定位，有些文本链接字符串可能比较长，用 link 操作可能比较麻烦，可以通过 partial link 选部分字符串来识别这个链接。

8）CSS selector 是 CSS 选择器，用来描述 html 的展现，CSS 使用选择器来为页面元素绑定属性。

7.3.2 使用 id 定位元素

1）函数：find_element_by_id("id 名称")。

说明：通过具体的 id 名称得到对应的元素。

使用格式：变量名 = driver. find_element_by_id("password")。

2）函数：find_element(by = "id"，value = "id 名称")。

说明：by 是关键字参数，by = "id"表示通过 id 来定位，value 也是关键字参数，id 名称就是具体 id 的值。

3）案例：访问搜狗首页，用 id 定位输入"selenium"和搜索按钮完成搜索操作，程序代码如下：

```
from selenium importwebdriver
driver = webdriver. Chrome( executable_path = "chromedriver. exe" )
driver. get( "http://www. sogou. com" )
driver. find_element_by_id( "query" ). send_keys( "selenium" )
driver. find_element_by_id( "stb" ). click( )
```

7.3.3　使用 name 定位元素

1）函数：find_element_by_name("name 的值")。

说明：通过具体的 name 的值得到对应的元素。

使用格式：变量值 = driver. find_element_by_name("username")。

2）函数：find_element(by = "name"，value = "name 的值")。

说明：by = "name"，表示通过 name 来定位，value = "name 的值"，表示通过 name 的值来定位元素。

使用格式：变量值 = find_element(by = "name"，value = "username")。

3）函数：find_elements_by_name("name 的值")。

说明：通过具体的 name 得到值相同的所有元素，结果是一个列表。

使用格式：列表 = driver. find_elements_by_name("username")。

4）函数：find_elements(by = "name"，value = "name 的值")。

说明：by = "name"表示通过 name 来定位，value = "name 的值"表示通过 name 的值来定位元素。

使用格式：列表 = find_elements(by = "name"，value = "username")。

5）案例：用 name 属性定位百度搜索输入框元素，搜索"流浪地球"，程序代码如下：

```
from selenium importwebdriver
driver = webdriver. Chrome( executable_path = "chromedriver. exe" )
driver. get( "http://www. baidu. com" )
driver. find_element_by_name( "wd" ). send_keys( "流浪地球" )
driver. find_element( by = "id"，value = "su" ). click( )
```

6）更多说明：页面元素的 name 属性和 id 属性有区别，name 属性值在当前页面可能不是唯一的，所以以用 name 方法定位时可能会得到多个元素，此时需要进一步定位得到相应的元素。

7.3.4　使用 class 定位元素

1）函数有以下 4 种：

① c = driver. find_element_by_class_name("class 名称")。

② c = driver. find_element(by = "class　name"，value = "class 名称")。

③ list = driver. find_elements_by_class_name("class 名称")。

④ list = driver. find_elements(by = "class　name"，value = "class 名称")。

2) 案例：用 class 定位百度搜索输入框输入"流浪地球"进行搜索，程序代码如下：

```
from selenium importwebdriver
driver =webdriver. Chrome( executable_path = "chromedriver. exe")
driver. get("http://www. baidu. com")
driver. find_element_by_class_name("s_ipt"). send_keys("流浪地球")
driver. find_element_by_id("su"). click()
```

3) 说明：根据 class 属性值可以定位得到一个或者一组相应的元素，如果有多个值相同的元素，第一种和第二种函数只能得到第一个元素，第三种和第四种函数可以得到所有元素组成一个列表。

7.3.5　使用 tag 标签名定位元素

1) 函数：find_element_by_tag_name("标签名")。

说明：通过标签名得到对应的元素。

2) 函数：find_element(by = "tag name", value = "标签名")。

说明：by = "tag name"表示通过标签名来定位，value 的值是标签名。

3) 函数：find_elements_by_tag_name("标签名")。

说明：通过标签名得到对应的所有元素。

4) 函数：find_elements(by = "tag name", value = "标签名")。

说明：by = "tag name"表示通过标签名来定位，value 的值是标签名。

5) 案例：获取百度首页所有链接文本字符串，程序代码如下：

```
from selenium importwebdriver
driver =webdriver. Chrome( executable_path = "chromedriver. exe")
driver. get("http://www. baidu. com")
e = driver. find_elements_by_tag_name("a")
for i in e: print(i. text)
```

7.3.6　使用 link 链接定位元素

1) 函数：find_element_by_link_text("链接字符串")。

说明：通过具体的链接字符串完整内容得到对应的元素。

使用格式：变量名 = driver. find_element_by_link_text("百度搜索")。

2) 函数：find_element(by = "link　text", value = "链接字符串")。

说明：by = "link text"表示通过链接来定位，value 也是关键字参数，值是完整的链接字符串内容。

3) 案例：用 link text 定位元素访问百度新闻页面，程序代码如下：

```
from selenium importwebdriver
driver =webdriver. Chrome( executable_path = "chromedriver. exe")
driver. get("http://www. baidu. com")
driver. find_element_by_link_text("新闻"). click()
```

7.3.7　使用 partial link 部分链接定位元素

1) 函数：find_element_by_partial_link_text("部分链接字符串")。

说明：通过部分链接字符串完整内容得到对应的元素。

使用格式：变量名=driver. find_element_by_partial_link_text("部分链接字符串")。

2）函数：find_element(by="partial link text",value="部分链接字符串")。

说明：by="partial link text"表示通过链接来定位，value 的值是部分链接字符串内容。

3）案例：用部分链接字符串定位元素访问百度 hao123 页面，程序代码如下：

```
from selenium importwebdriver
driver = webdriver. Chrome( executable_path = "chromedriver. exe" )
driver. get( "http://www. baidu. com" )
driver. find_element_by_partial_link_text("hao123"). click()
```

7.3.8　使用 XPath 定位元素

1. XPath 的定义

XPath 是 XML path 语言的缩写，是一门在 XML 文档中查找信息的语言，主要用于在 XML 文档中选择节点。基于 XML 树状文档结构，XPath 语言可以用于在整棵树中沿着路径或步数来寻找指定的节点。XPath 使用路径表达式来选取 XML 文档中的节点或节点集，节点是通过沿着路经或者步数来选取。

2. XPath 节点

XPath 语言中提供了 7 种节点：根节点、元素、属性、文本、命名空间、处理指令和注释。XML 文档被作为节点树对待，树的根被称作文档节点或者根节点。

（1）节点说明

打开 XML 例子文件 node. xml，具体的节点说明如下。

① xml 文档的所有节点都可以自己定义。

② <book>文档节点或根节点，是整个文档的开始节点，就是祖先节点，有开始，有结束</book>。

③ <class>元素节点，属于 book 中的子节点。name="软件测试"属性节点，是 class 节点的一个属性，name 是属性名字，值是"软件测试"。

（2）节点间的关系

① 父节点：每个元素及属性都有一个父节点，book 元素是 class 的父节点，class 又是 title 的父节点。

② 子节点：一个元素节点可有零个、一个或者多个子节点，class 有 3 个子节点。

③ 兄弟节点：拥有相同父节点的节点，title、author、pagenum 就是兄弟节点。

④ 先辈节点：某节点的父节点以及所有的祖先节点，title 的先辈节点有 class、book。

⑤ 后代节点：某节点的子孙节点，book 的后代节点有 class、title、author、pagenum。

3. xpath 定位语法

HTML 语言是 XML 的子集，XPath 也支持在 HTML 代码中定位 HTML 树状文档结构的节点。

1）函数：q=driver. find_element_by_xpath("xpath 路径")。

2）使用谷歌浏览器定位元素的 xpath 路径。

3）定位方法：打开谷歌浏览器，输入"www. baidu. com"按〈Enter〉键，然后在百度

搜索栏中，右击→检查→在元素源码上，再右击→Copy→Copy XPath，得到百度搜索框的
XPath 为：//＊[@id="kw"]，如图7-5所示。

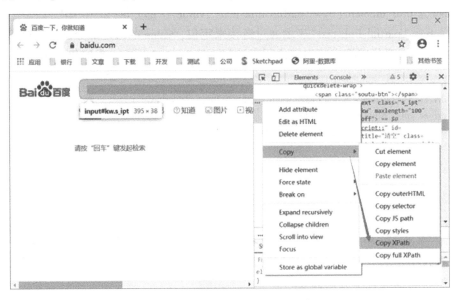

图7-5　定位百度搜索栏 XPath 的方法

4. 案例1

用 XPath 定位百度输入框进行搜索"流浪地球"，程序代码如下：

```
from selenium importwebdriver
driver = webdriver. Chrome(executable_path = "chromedriver. exe")
driver. get("http://www. baidu. com")
driver. find_element_by_xpath('//＊[@id="kw"]'). send_keys("流浪地球")
driver. find_element_by_xpath('//＊[@id="su"]'). click()
```

5. 案例2

用 XPath 定位浏览 qq 新闻，程序代码如下：

```
from selenium importwebdriver
driver = webdriver. Chrome(executable_path = "chromedriver. exe")
driver. get("http://www. qq. com")
driver. find_element_by_xpath('/html/body/div[1]/div[3]/div/ul/li[1]/a'). click()
```

7.3.9　使用 CSS selector 定位元素

1. CSS selector 的定义

CSS Selector 指的是 CSS 中的一种选择模式，用于选择需要添加样式的元素，是前端开
发操作 HTML 元素，添加样式的一种开发技巧。

2. CSS selector 定位语法

CSS 的查找方法，主要包括以下内容。

1）#id 或 tag#id，#后面跟标签的 ID 属性值或者标签#ID 属性值。

2）. class 或者 tag. class，. 后面跟 class 属性的值或者标签 . class 属性的值。

3）［attri-name='attri_value'］或 tag［attri-name='attri_value'］，［属性的名称='属性的值'］。

当然上面 3 种方式，可以综合利用，粘贴在一起，组合成具有递进关系的 CSS。同时 CSS 还拥有一些更高级的表示方式，例如模糊匹配、相近匹配等，见表 7-1。

表 7-1　CSS 表示方式

选　择　器	例　　子	例　子　描　述	版本
. class	. intro	选择 class="intro" 的所有元素	CSS1
#id	#firstname	选择 id="firstname" 的所有元素	CSS1
*	*	选择所有元素	CSS2
element	p	选择所有 <p> 元素	CSS1
element, element	div, p	选择所有 <div> 元素和所有 <p> 元素	CSS1
element element	div p	选择 <div> 元素内部的所有 <p> 元素	CSS1
element>element	div>p	选择父元素为 <div> 元素的所有 <p> 元素	CSS2
element+element	div+p	选择紧接在 <div> 元素之后的所有 <p> 元素	CSS2
［attribute］	［target］	选择带有 target 属性所有元素	CSS2
［attribute=value］	［target=_blank］	选择 target="_blank" 的所有元素	CSS2
［attribute~=value］	［title~=flower］	选择 title 属性包含单词"flower"的所有元素	CSS2
［attribute|=value］	［lang|=en］	选择 lang 属性值以"en"开头的所有元素	CSS2
: link	a : link	选择所有未被访问的链接	CSS1
: visited	a : visited	选择所有已被访问的链接	CSS1
: active	a : active	选择活动链接	CSS1
: hover	a : hover	选择鼠标指针位于其上的链接	CSS1
: focus	input : focus	选择获得焦点的 input 元素	CSS2
: first-letter	p : first-letter	选择每个 <p> 元素的首字母	CSS1
: first-line	p : first-line	选择每个 <p> 元素的首行	CSS1
: first-child	p : first-child	选择属于父元素的第一个子元素的每个 <p> 元素	CSS2
: before	p : before	在每个 <p> 元素的内容之前插入内容	CSS2
: after	p : after	在每个 <p> 元素的内容之后插入内容	CSS2
: lang(language)	p : lang(it)	选择带有以"it"开头的 lang 属性值的每个 <p> 元素	CSS2
element1~element2	p~ul	选择前面有 <p> 元素的每个 <ul> 元素	CSS3
［attribute^=value］	a［src^="https"］	选择其 src 属性值以"https"开头的每个 <a> 元素	CSS3
［attribute$=value］	a［src$=".pdf"］	选择其 src 属性以".pdf"结尾的所有 <a> 元素	CSS3
［attribute*=value］	a［src*="abc"］	选择其 src 属性中包含"abc"子串的每个 <a> 元素	CSS3
: first-of-type	p : first-of-type	选择属于其父元素的首个 <p> 元素的每个 <p> 元素	CSS3
: last-of-type	p : last-of-type	选择属于其父元素的最后 <p> 元素的每个 <p> 元素	CSS3
: only-of-type	p : only-of-type	选择属于其父元素唯一的 <p> 元素的每个 <p> 元素	CSS3
: only-child	p : only-child	选择属于其父元素的唯一子元素的每个 <p> 元素	CSS3
: nth-child(n)	p : nth-child(2)	选择属于其父元素的第二个子元素的每个 <p> 元素	CSS3
: nth-last-child(n)	p : nth-last-child(2)	同上，从最后一个子元素开始计数	CSS3
: nth-of-type(n)	p : nth-of-type(2)	选择属于其父元素第二个 <p> 元素的每个 <p> 元素	CSS3
: nth-last-of-type(n)	p : nth-last-of-type(2)	同上，但是从最后一个子元素开始计数	CSS3
: last-child	p : last-child	选择属于其父元素最后一个子元素每个 <p> 元素	CSS3
: root	: root	选择文档的根元素	CSS3
: empty	p : empty	选择没有子元素的每个 <p> 元素（包括文本节点）	CSS3

选 择 器	例 子	例子描述	版本
:target	#news:target	选择当前活动的#news元素	CSS3
:enabled	input:enabled	选择每个启用的\<input\>元素	CSS3
:disabled	input:disabled	选择每个禁用的\<input\>元素	CSS3
:checked	input:checked	选择每个被选中的\<input\>元素	CSS3
:not(selector)	:not(p)	选择非\<p\>元素的每个元素	CSS3
: :selection	: :selection	选择被用户选取的元素部分	CSS3

当然我们在实际工作中，通常并不需要自己去书写这个 CSS selector，手写的比较容易出错，同时也比较耗费时间，这个时候我们可以使用 chrome 插件提供的功能来获取 CSS selector，获取方法，如图 7-6 所示。

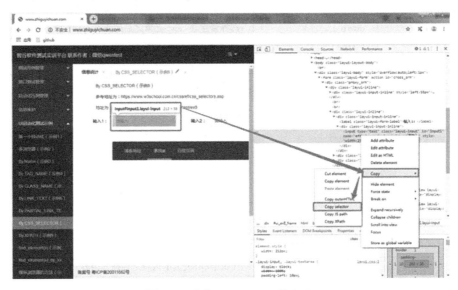

图 7-6　定位 CSS selector 的方法

选中元素后右击→Copy→Copy selector，就可以将此元素的查找值获取到。

3. 案例

进入智谷测试平台，选择输入框，搜索"示例代码"，程序代码如下：

```python
# coding:utf-8
# 引用以下模块
from selenium importwebdriver
from selenium. webdriver. common. by import By
import time
# 新建一个 webdriver 的 Chrome 对象
wd =webdriver. Chrome( executable_path =r'D: \dirver\chromedriver. exe')
# 访问指定的页面
wd. get('http://amn. zhiguyichuan. com:9012/ui/test/ex8')
# 等待页面加载完成的时间为 5 秒
wd. implicitly_wait(5)
# 利用 css_selector 方法选择 input1
wd. find_element( By. CSS_SELECTOR ,'input#input1'). send_keys('CSS1')
```

```
# 利用 css 方法选择输入框 2
wd. find_element( By. CSS_SELECTOR,'input[ name = "effect_name2" ]'). send_keys('CSS2')
# 利用 CSS 方法点击查询
wd. find_element( By. CSS_SELECTOR,'. layui-btn'). click( )
# 利用 CSS 方法,点击'示例代码'
wd. find_element( By. CSS_SELECTOR,'. layui-btn. layui-btn-normal. layui-btn-danger'). click( )
# 利用 CSS 方法,点击博客地址
wd. find_element( By. CSS_SELECTOR,'. layui-nav-item > a[ href * = "Undefined-Test" ]'). click( )
# 整个程序等待 10 秒的再执行
time. sleep( 10)
# 退出 Chrome driver 这个对象
wd. quit( )
```

7.3.10　WebDriver API 详解

1. 访问网址

说明：driver 为得到的 WebDriver 驱动，get 是函数名，需要传入网页的地址。

案例：登录 www. zhiguyichuan. com 首页，程序代码如下：

```
from selenium importwebdriver
driver = webdriver. Chrome( executable_path = " chromedriver. exe" )
driver. get( " http://www. zhiguyichuan. com" )
```

2. 网页的前进后退

1) 网页的前进函数：driver. forward( )。

2) 网页的后退函数：driver. back( )。

说明：需要从一个网页链接到另一个网页才能后退，然后前进做重复的操作。在以上基础上添加如下代码：

```
from selenium importwebdriver
import time
driver = webdriver. Chrome( executable_path = " chromedriver. exe" )
driver. get( " http://www. zhiguyichuan. com" )
time. sleep( 2)
driver. back( )
time. sleep( 2)
driver. forward( )
```

3. 刷新当前页面

函数：driver. refresh( )。

案例：打开网页 2 秒钟后刷新网页，程序代码如下：

```
from selenium importwebdriver
import time
driver = webdriver. Chrome( executable_path = " chromedriver. exe" )
driver. get( " http://www. zhiyuyichuan. com" )
time. sleep( 2)
driver. refresh( )
```

4. 浏览器最大化

函数：driver. maximize_window( )。

说明：将浏览器窗口全屏显示，程序代码如下：

```
from selenium importwebdriver
driver = webdriver. Chrome( executable_path = " chromedriver. exe" )
driver. get( " http://www. zhiguyichuan. com" )
driver. maximize_window( )
```

5. 获取并设置当前窗口的位置

1）获取位置函数：driver. get_window_position( )。

2）设置位置函数：driver. set_window_position(x = 值,y = 值)。

说明：用来改变浏览器在屏幕上的位置。

案例：打开网超越，改变位置到（200,300）的坐标值，程序代码如下：

```
from selenium importwebdriver
driver = webdriver. Chrome( executable_path = " chromedriver. exe" )
driver. get( " http://www. zhiguyichuan. com" )
p = driver. get_window_position( )
print( p['x'], p['y'] )
driver. set_window_position( x = 200, y = 300)
```

6. 获取并设置当前窗口的位置

获取页面的 title 属性值函数：driver. title。

说明：页面的 title 值在自动化测试中一般用于断言是否成功打开了某个页面，证明测试的正确性。

案例：打开网址，并判断 title 是否为"智谷软件测试实训平台"，程序代码如下：

```
from selenium importwebdriver
driver = webdriver. Chrome( executable_path = " chromedriver. exe" )
driver. get( " http://www. zhiguyichuan. com" )
title = driver. title
print( " 当前页面的 title 是:" , title)
assert ( title = = " 智谷软件测试实训平台" )
```

7. 获取页面 HTML 源代码

函数：driver. page_source。

案例：获取百度首页并打印源代码，程序代码如下：

```
from selenium importwebdriver
driver = webdriver. Chrome( executable_path = " chromedriver. exe" )
driver. get( " http://www. baidu. com" )
s = driver. page_source
print( s)
```

8. 获取当前页面的 url 地址

函数：driver. current_url。

案例：打开网站，并打印网址，程序代码如下：

```
from selenium importwebdriver
driver = webdriver. Chrome( executable_path = " chromedriver. exe" )
driver. get( " http://www. zhiguyichuan. com" )
```

```
url = driver. current_url
print(url)
```

9. 获取页面元素的基本信息

1）获取元素的标签名：元素 .tag_name。

2）获取元素占用页面的大小：元素 .size。

案例：访问新浪首页，找到内容为"深圳"的元素，并打印标签名和大小，程序代码如下：

```
from selenium importwebdriver
driver =webdriver. Chrome(executable_path ="chromedriver. exe")
driver. get("http://www. sina. com")
n = driver. find_element_by_link_text("深圳")
print(n. tag_name, n. size)
print(url)
```

10. 判断页面元素是否可见

函数：元素 .is_displayed()。

说明：结果是 True 说明元素可见，否则不可见。

案例：访问百度新闻页面，如果页面输入框可见，便输入"流浪地球"进行搜索，程序代码如下：

```
from selenium importwebdriver
driver =webdriver. Chrome(executable_path ="chromedriver. exe")
driver. get("http://www. baidu. com")
driver. find_element_by_xpath('//*[@id="u1"]/a[1]'). click()
e = driver. find_element_by_xpath('//*[@id="ww"]')
if e. is_displayed():
    e. send_keys("流浪地球");
    driver. find_element_by_xpath('//*[@id="s_btn_wr"]'). click()
else:
    print("找不到元素,无法操作!")
```

11. 判断页面元素是否可操作

函数：元素 .is_enabled()。

说明：结果是 True 说明元素可以操作，否则不可操作。一般在做单击、输入等操作前最好判断一下元素是否可以操作。

12. 获取元素的文本内容

函数：元素 .text。

13. 获取页面元素的属性

函数：元素 .get_attribute("属性名字")。

说明：属性名字是 html 里面标签的属性，例如 id、name、value 等。

案例：获取并打印百度首页新闻的链接地址，程序代码如下：

```
from selenium importwebdriver
driver =webdriver. Chrome(executable_path ="chromedriver. exe")
driver. get("http://www. baidu. com")
e = driver. find_element_by_link_text("新闻")
```

```
print( e. get_attribute( "href" ) )
```

14. 输入框的清空和输入方法

函数：元素 . clear( )。

函数：元素 . send_keys("指定的字符串内容")。

案例：在百度搜索页面先清空输入框，再输入"流浪地球"，进行搜索，程序代码如下：

```
from selenium importwebdriver
driver = webdriver. Chrome( executable_path = "chromedriver. exe" )
driver. get( "http://www. baidu. com" )
e = driver. find_element_by_xpath( '// * [ @ id = "kw" ]' )
e. clear( )
e. send_keys( "流浪地球" )
driver. find_element_by_xpath( '// * [ @ id = "su" ]' ). click( )
```

15. 单击按钮

函数：元素 . click( )。

16. 移动鼠标

函数：from selenium. webdriver import ActionChains。

函数：**ActionChains**(driver). move_to_element(元素). perform( )。

说明：移动鼠标到某个元素并单击元素列表上的某一项。

案例：打开百度首页并单击更多产品里面的内容，程序代码如下：

```
from selenium importwebdriver
from selenium. webdriver. common. action_chains import ActionChains
driver = webdriver. Chrome( executable_path = "chromedriver. exe" )
driver. get( "http://www. baidu. com" ) ;
n = driver. find_element_by_xpath( '// * [ @ id = "u1" ]/a[ 9 ]' )
ActionChains( driver ). move_to_element( n ). perform( )
driver. find_element_by_xpath( '// * [ @ id = "head" ]/div/div[ 4 ]/div/div[ 2 ]/div[ 1 ]/div/a[ 1 ]/span' )
. click( )
```

17. 操作单选框

案例：在百度搜索→设置→点击搜索设置→点击简体中文，程序代码如下：

```
from selenium importwebdriver
import time
from selenium. webdriver. common. action_chains import ActionChains
driver = webdriver. Chrome( executable_path = "chromedriver. exe" )
driver. get( "http://www. baidu. com" )
s = driver. find_element_by_link_text( "设置" ) ;
ActionChains( driver ). move_to_element( s ). perform( )
driver. find_element_by_link_text( "搜索设置" ). click( )
time. sleep( 3 )
driver. find_element_by_xpath( '// * [ @ id = "SL_1" ]' ). click( )
```

18. 警告框处理

WebDriver 处理 js 生成的 alart、confirm 以及 prompt 等警告框是使用 switch_to. alert 来定

位的，然后调用 text/accept( )/dismiss( )/send_keys("字符串")等属性或函数来进行操作。

案例：在百度搜索→设置→点击搜索设置→保存设置，弹出警告框，单击"确定"按钮。程序代码如下：

```
from selenium importwebdriver;
import time;
from selenium. webdriver. common. action_chains import ActionChains
driver =webdriver. Chrome( executable_path = "chromedriver. exe")
driver. get( "http://www. baidu. com")
s = driver. find_element_by_link_text( "设置");
ActionChains( driver). move_to_element( s). perform( )
driver. find_element_by_link_text( "搜索设置"). click( );
time. sleep(2)
driver. find_element_by_class_name( "prefpanelgo"). click( )
time. sleep(2);
driver. switch_to. alert. accept( )
```

说明：move_to_element 用来移动鼠标到该元素，单击"搜索设置"按钮后需要延时两秒等待页面完全显示出来，"prefpanelgo"是"保存设置"元素的 class，可以用 Firefox 浏览器的〈F12〉键查找出来。switch_to. alert 定位到警告框。

19. 对当前浏览器窗口截屏

案例：访问百度首页并保存首页到文件 d:\zhiguyichuan. png，程序代码如下：

```
from selenium importwebdriver
driver =webdriver. Chrome( executable_path = "chromedriver. exe")
driver. get( "http://www. zhiguyichuan. com")
driver. get_screenshot_as_file( "d:\\zhiguyichuan. png")
```

20. 按键操作

案例：访问百度首页，输入"NBA"，按〈Enter〉键进行搜索，程序代码如下：

```
from selenium importwebdriver
from selenium. webdriver. common. keys import Keys
driver =webdriver. Chrome( executable_path = "chromedriver. exe")
driver. get( "http://www. baidu. com");
driver. find_element_by_id( "kw"). send_keys( "NBA")
driver. find_element_by_id( "kw"). send_keys( Keys. RETURN)
```

21. 关闭窗口

案例：登录百度首页，等待 5 秒，关闭页面，程序代码如下：

```
from selenium importwebdriver
import time
driver = webdriver. Chrome( executable_path = " chromedriver. exe" )
driver. get( "http://www. baidu. com" )
time. sleep( 5)
driver. close( )
```

22. 设置等待超时时间

函数：driver. implicitly_wait(时间)。

也叫隐式等待，时间的单位是秒，等待时间内，元素处理完成马上结束，否则等到时间超时。

案例：登录网页，等待 5 秒，保证页面显示完成，程序代码如下：

```
from selenium importwebdriver
driver = webdriver. Chrome( executable_path = " chromedriver. exe" )
driver. get( "http://www. zhiguyichuan. com" )
driver. implicitly_wait( 5)
driver. close( )
```

23. 精准超时等待

浏览器在加载页面时，页面上的元素可能不是同时被加载的，元素的定位就比较困难。有时候需要等待一个元素加载成功后才能正确定位，需要设置一个等待时间，这个等待时间可以通过设置元素的精准等待时间来完成。通过使用 WebDriverWait 类来设置等待时间，也叫显式等待。类格式如下：

WebDriverWait(driver,timeout,poll_frequency = 0. 5,ignored_exceptions = None)

- driver：浏览器驱动。
- timeout：最长超时时间，以秒为单位。
- poll_frequency：检测间隔时间，默认是 0. 5 秒。
- ignored_exceptions：超时后的异常信息，默认是 NoSuchElementException 异常。

WebDriverWait( )一般由 until( )或 until_not( )函数配合使用，格式：until(函数, message = "")，message 可以不写。until 里面的函数结果为 True 时，等待结束。相应的判断函数有：

- presence_of_element_located：判断元素是否加载成功。
- visibility_of_element_located：判断元素是否可见。
- text_to_be_present_in_element：判断某个元素中的 text 是否包含了预期字符串。
- text_to_be_present_in_element_value：判断某个元素的 value 属性是否包含了预期的字符串。
- element_to_be_clickable：判断某个元素是否可见且能点击。
- element_to_be_selected：判断某个元素是否被选中，一般用在下拉列表。

案例：登录百度首页，用精准等待定位搜索框，并在搜索框里面输入 "NBA"，程序代码如下：

```
from selenium importwebdriver
from selenium. webdriver. common. by import By
from selenium. webdriver. support. ui import WebDriverWait
```

```
from selenium. webdriver. support import expected_conditions as EC
driver = webdriver. Chrome( executable_path = "chromedriver. exe" )
driver. get( "http://www. baidu. com" )
WebDriverWait( driver,5). until( EC. presence_of_element_located( ( By. ID, "kw" ) ) ). send_keys( "NBA" )
WebDriverWait( driver,5). until( EC. presence_of_element_located( ( By. ID, "su" ) ) ). click( )
```

说明：前面 4 行加载需要的模块，倒数第二行等待 5 秒，5 秒内，如果页面上出现 id 为 "kw" 的元素，则定位到元素为 element，最后向该元素输入 "python" 进行搜索。

24. 多窗口切换

获取当前窗口的函数：driver. current_window_handle。

获取所有窗口的函数：driver. window_handles。

案例： 登录百度首页和百度注册页面，并在两个页面之间切换，程序代码如下：

```
from selenium importwebdriver
import time
driver = webdriver. Chrome( executable_path = "chromedriver. exe" )
driver. get( "http://www. baidu. com" )
sw = driver. current_window_handle
driver. find_element_by_link_text( "登录" ). click( )
driver. implicitly_wait( 10 )
driver. find_element_by_link_text( "立即注册" ). click( )
all_win = driver. window_handles
for i in range( 6 ) :
    driver. switch_to. window( all_win[ i % 2 ] )
    time. sleep( 3 )
```

25. 操作 frame 中的页面元素

有时网页中会嵌套一个或多个 frame，如果直接去找嵌套在 frame 里的页面元素会抛出 NoSuchElement 异常，在操作嵌套在 frame 里面的页面元素时，需要将焦点切换到 frame 里。切换到 frame 用到的函数：driver. switch_to. frame(frame 元素)；操作完 frame 之后，一般需要回到上一级 frame，用到的函数为：driver. switch_to. default_content( )。

```
from selenium importwebdriver
driver = webdriver. Chrome( executable_path = 'chromedriver. exe')
driver. get( "http://192. 168. 3. 223:8080/freshO2O" )
driver. find_element_by_xpath( '// * [ @ id = "J_1Tree" ]/ul/li/ul/li[ 2 ]/a/em'). click( )
driver. switch_to. frame( driver. find_element_by_xpath( '// * [ @ id = "J_1Tab" ]/div/div[ 2 ]/div[ 1 ]/
iframe' ) )
driver. find_element_by_xpath( '// * [ @ id = "addnew" ]'). click( )
```

26. 操作 select 下拉框

有时网页中会有 select 下拉框选择的操作，直接用 XPath 定位到 select 元素的 option 项。

案例： 登录菜篮子项目后台，单击商品管理→新增商品→商品类别选择蔬菜，程序代码如下：

```
from selenium importwebdriver
driver = webdriver. Chrome( executable_path = 'chromedriver. exe')
driver. get( "http://192. 168. 3. 223:8080/freshO2O" )
driver. find_element_by_xpath( '// * [ @ id = "J_1Tree" ]/ul/li/ul/li[ 2 ]/a/em'). click( )
```

```
driver. switch_to. frame(driver. find_element_by_xpath('//*[@ id ="J_1Tab"]/div/div[2]/div[1]/
iframe'))
driver. find_element_by_xpath('//*[@ id ="addnew"]'). click( )
driver. find_element_by_xpath('//*[@ id ="category"]/option[2]'). click( )
```

27. 选择上传文件

使用 send_keys 函数选择文件来上传。

案例：编写脚本在菜篮子后台添加商品，程序代码如下：

```
from selenium importwebdriver; import time
driver = webdriver. Chrome(executable_path='chromedriver. exe')
driver. get("http://192. 168. 3. 223:8080/freshO2O")
driver. find_element_by_xpath('//*[@ id ="J_1Tree"]/ul/li/ul/li[2]/a/em'). click( )
driver. switch_to. frame(driver. find_element_by_xpath('//*[@ id ="J_1Tab"]/div/div[2]/div[1]/
iframe'))
driver. find_element_by_xpath('//*[@ id ="addnew"]'). click( )
driver. find_element_by_xpath('//*[@ id ="category"]/option[6]'). click( )
driver. find_element_by_xpath('//*[@ id ="g_name"]'). send_keys("瓜子")
driver. find_element_by_xpath('//*[@ id ="g_price"]'). send_keys("20")
driver. find_element_by_xpath('//*[@ id ="g_count"]'). send_keys("100")
driver. find_element_by_xpath('//*[@ id ="g_desc"]'). send_keys("瓜子吃多不好")
driver. find_element_by_xpath('//*[@ id ="uploadImage"]'). send_keys("e:\\ASCII 表 . jpg")
driver. find_element_by_id('submit_btn'). click( )
```

7.4 自动化测试模型

自动化测试模型主要有线性测试、模块化测试、数据驱动测试和关键字驱动测试。

7.4.1 线性测试

每个测试脚本相对独立，不产生其他依赖与调用，就是单纯模拟用户完整的操作场景。
第 3 章中的例子都属于线性测试。这种模型的优势是每个脚本都是完整且独立的，缺点相当
明显，测试用例的开发与维护成本太高，开发时会写很多重复的脚本代码，维护时重复性的
代码如果需要修改，需要修改很多地方。

这种测试模式的脚本尽量少用，特别是用例比较多，且有重复性操作的时候，例如很多
用例需要用的登录功能。

例如下面的脚本，就是一个线性脚本，每一次测试都将重复的登录过程，进行了实现：

```
# coding:utf-8
from selenium importwebdriver
from selenium. webdriver. support. ui import WebDriverWait
from selenium. webdriver. support import expected_conditions as EC
from selenium. webdriver. common. by import By
import time
import requests
path = r'D:\driver\chromedriver. exe'
def login_fail( ):
    wd =webdriver. Chrome(executable_path=path)
```

```python
        wd. set_page_load_timeout(5)
        wd. get('http://amn. zhiguyichuan. com:9012/login')
        wd. implicitly_wait(5)
        #登录成功
        try:
            ele_user = wd. find_element_by_id('userName')
            ele_user. clear()
            ele_user. send_keys('qwen')
            ele_pwd = wd. find_element_by_id('passWord')
            ele_pwd. clear()
            ele_pwd. send_keys('123456')
            ele_btn = wd. find_element_by_xpath('/html/body/form/div[4]/div/button')
            ele_btn. click()
            if '密码' in wd. page_source:
                print('登录失败,测试成功')
            else:
                print('登录失败,测试失败')
        except Exception as e:
            raise e
        finally:
            wd. quit()
def login_success():
        wd = webdriver. Chrome(executable_path=path)
        wd. set_page_load_timeout(5)
        wd. get('http://amn. zhiguyichuan. com:9012/login')
        wd. implicitly_wait(5)
        #登录成功
        try:
            ele_user = wd. find_element_by_id('userName')
            ele_user. clear()
            ele_user. send_keys('qwen')
            ele_pwd = wd. find_element_by_id('passWord')
            ele_pwd. clear()
            ele_pwd. send_keys('q123456')
            ele_btn = wd. find_element_by_xpath('/html/body/form/div[4]/div/button')
            ele_btn. click()
            if '实训项目' in wd. page_source:
                print('登录成功,测试成功')
            else:
                print('登录成功,测试失败')
        except Exception as e:
            raise e
        finally:
            wd. quit()
if __name__ == "__main__":
        login_success()
        login_fail()
```

7.4.2 模块化测试

借鉴编程语言中的模块化的思想,把重复的操作独立成公共模块,当用例执行过程需要用到这一模块操作时则被调用,这样就最大限度地消除了重复,从而提高测试用例的可维护性。

例如把登录功能写到单独的模块函数里面，需要时调用这个函数就可以了，维护时，如果登录功能需要修改，只需要修改这个模块函数就可以了。

同样是登录功能，如下示例：将登录的过程、检查的过程封装在不同的函数中，然后根据测试意愿，可以将相关的函数进行组合，同时也可以供其他方面进行调用。

```python
# coding:utf-8
from selenium importwebdriver
path = r'D:\driver\chromedriver.exe'
wd =webdriver.Chrome(executable_path=path)
def goto_url(url):
    """打开某个 url"""
    wd.set_page_load_timeout(5)
    wd.get(url)
    wd.implicitly_wait(5)
def login(usr, pwd):
    ele_user = wd.find_element_by_id('userName')
    ele_user.clear()
    ele_user.send_keys(usr)
    ele_pwd = wd.find_element_by_id('passWord')
    ele_pwd.clear()
    ele_pwd.send_keys(pwd)
    ele_btn = wd.find_element_by_xpath('/html/body/form/div[4]/div/button')
    ele_btn.click()
def check(word):
    if word in wd.page_source:
        print('测试成功')
    else:
        print('测试失败')
def flogin_success():
    goto_url('http://amn.zhiguyichuan.com:9012/login')
    login('qwen', 'q123456')
    check('实训项目')
def flogin_fail():
    goto_url('http://amn.zhiguyichuan.com:9012/login')
    login('qwen', '123456')
    check('密码')
if __name__ == "__main__":
    try:
        flogin_success()
        flogin_fail()
    except Exception as e:
        raise e
    finally:
        wd.quit()
```

7.4.3 数据驱动测试

通过数据的改变来驱动测试用例执行的结果，简单地讲就是测试数据的参数化，输入的数据的不同，引起的测试结果也不同。

一般用 python 中的列表、元组、字典或者外部的 excel、csv、txt、html 文件来准备数据，它的目的就是实现数据与脚本的分离。

如下面的示例所示，先分别从序列、txt、csv、xls 中读取数据，然后调用函数，进行相关的测试。

```
# coding：utf-8
from selenium importwebdriver
# csv 读取的库
import csv
# excel 读取的库
import pandas    as pd
path = r'D：\driver\chromedriver. exe'
wd =webdriver. Chrome( executable_path=path)
def goto_url( url)：
    """打开某个 url"""
    wd. set_page_load_timeout( 5)
    wd. get( url)
    wd. implicitly_wait( 5)
def login( usr, pwd)：
    ele_user = wd. find_element_by_id( 'userName')
    ele_user. clear( )
    ele_user. send_keys( usr)
    ele_pwd = wd. find_element_by_id( 'passWord')
    ele_pwd. clear( )
    ele_pwd. send_keys( pwd)
    ele_btn = wd. find_element_by_xpath( '/html/body/form/div[ 4]/div/button')
    ele_btn. click( )
def check( word)：
    if word in wd. page_source：
        print( '测试成功')
    else：
        print( '测试失败')
def flogin_data( usr, pwd, chk)：
    goto_url( 'http：//amn. zhiguyichuan. com：9012/login')
    login( usr, pwd)
    check( chk)
if __name__ == "__main__"：
    #从一个序列中读取
    userList = [ { 'user'： 'qwentest', 'pwd'： '', 'check'： '密码'},
    { 'user'： 'qwentest', 'pwd'： '2', 'check'： '密码'}, ]
    print( '=================从序列中读取')
    for u inuserList：
        try：
            goto_url( 'http：//amn. zhiguyichuan. com：9012/login')
            flogin_data( u. get( 'user'), u. get( 'pwd'), u. get( 'check'))
        except Exception as e：
            raise e
    print( '=================从 txt 中读取')
    f = open( 'userList. txt')
    #readlines( )读取全部行,然后遍历每一条数据
    for data in f. readlines( )：
```

```
        d = data. split(',')
        try:
            goto_url('http://amn. zhiguyichuan. com:9012/login')
            flogin_data(d[0], d[1], d[2]. strip('\n'))
        except Exception as e:
            raise e
#从一个 csv 中进行读取
print('=================从 csv 中读取')
data = csv. reader(open('userList. csv', 'r'))
for d in data:
    try:
        goto_url('http://amn. zhiguyichuan. com:9012/login')
        flogin_data(d[0], d[1], d[2])
    except Exception as e:
        raise e
print('=================从 excel 中读取')
ec = pd. read_excel('userExcel. xls')
for da in ec. values. tolist():
    try:
        goto_url('http://amn. zhiguyichuan. com:9012/login')
        flogin_data(da[0], da[1], da[2])
    except Exception as e:
        raise e
```

7.5 unittest 自动化测试

7.5.1 unittest 单元测试框架介绍

1. 基本组件

1) 导入测试框架：import unittest。

2) 测试用例类：TestCase, 一个测试用例是在 unittest 中执行测试的最小单元, 它通过 unittest 提供的断言方法来验证一组操作和输入之后得到的响应。

3) 测试用例集类：TestSuite, 管理测试用例的集合, 是针对被测程序的对应功能和模块创建的一组测试。

4) 测试执行类：TextTestRunner, 负责测试执行调度并且生成测试结果。

5) 主函数：main, 用于执行测试用例。

2. TestCase 类

一般需要通过继承 TestCase 类在定义的测试类中为每一个测试添加测试方法来创建单个测试或一组测试。会使用到断言方法来校验预期结果。基本的语法如下：

```
import unittest
from selenium import webdriver
class SearchTest(unittest. TestCase):
    pass
```

(1) setUp 方法

这个方法在每个测试用例开始前执行一些初始化任务, 例如启动浏览器、访问网址或加载测试数据和打开日志文件等。由于此方法没有其他参数，而且不返回任何值，已不再定义这个方法。

案例：用浏览器访问站点。

```
from selenium import webdriver
import unittest
class SearchTest(unittest.TestCase):
    def setUp(self):
        self.driver = webdriver.Chrome(executable_path = "chromedriver.exe")
        self.driver.maximize_window()
        self.driver.get("http://www.baidu.com")
```

（2）编写测试用例

可以在测试类里面编写一些函数来测试程序的功能，然后检查返回的结果，测试函数名一般以 test 开头，在测试函数里面一般会用断言，例如用 assertIn 方法来验证返回结果和预期结果是否匹配。

案例：程序代码如下：

```
def testSearchPython(self):
    self.driver.find_element_by_id("kw").send_keys("python")
    self.driver.find_element_by_id("su").click()
    self.assertIn("python", self.driver.page_source)
```

（3）测试清理

TestCase 类也会在测试执行完成之后调用 tearDown() 方法来清理初始化值。例如测试完用例后，打印测试，并关闭浏览器。

案例：程序代码如下：

```
def tearDown(self):
    self.driver.quit()
    print("测试完成")
```

（4）运行测试

可以在类的外面用 unittest 的 main 函数来运行测试，程序代码如下：

```
unittest.main()
```

（5）添加多个测试用例，可以在类里面继续定义一些函数测试其他用例，例如搜索特殊字符的名称。参考代码如下：

```
def testSearchS2(self):
    self.driver.find_element_by_id("kw").send_keys("# * ?%")
    self.driver.find_element_by_id("su").click()
    self.assertIn("# * ?%", self.driver.page_source)
    import time;
    time.sleep(5)
```

（6）封装基本测试函数

以上测试函数的代码比较类似，只是参数不同，可以封装成一个函数，然后在测试用例函数里面调用，例如：

```
    def baseFunc(self, s):
        self.driver.find_element_by_id("kw").send_keys(s)
        self.driver.find_element_by_id("su").click()
        self.assertIn(s, self.driver.page_source)
import time
time.sleep(5)
    def testS1(self):
        self.baseFunc("python")
    def testSearchS2(self):
        self.baseFunc("# * ?%")
```

7.5.2　unittest 管理 Web 测试用例

unittest 可以用来管理测试用例，可以用它来编写 Web 测试用例，例如登录功能的单元测试。

setup()用来表示每次启动时的操作。

login()是对登录过程进行封装。

test_login_fail()是我们的测试方法。

tearDown()是每次测试结束时执行的操作。

```
import unittest
from selenium importwebdriver
class Login(unittest.TestCase):
    def setUp(self) -> None:
        path = r'D:\driver\chromedriver.exe'
        self.wd =webdriver.Chrome(executable_path=path)
        self.wd.set_page_load_timeout(5)
        self.wd.get('http://amn.zhiguyichuan.com:9012/login')
        self.wd.implicitly_wait(5)
    def login(self,usr, pwd):
        ele_user = self.wd.find_element_by_id('userName')
        ele_user.clear()
        ele_user.send_keys(usr)
        ele_pwd = self.wd.find_element_by_id('passWord')
        ele_pwd.clear()
        ele_pwd.send_keys(pwd)
        ele_btn = self.wd.find_element_by_xpath('/html/body/form/div[4]/div/button')
        ele_btn.click()
    def test_login_fail(self):
        self.login('qwen', '1')
        self.assertIn('密码', self.wd.page_source)
    def tearDown(self) -> None:
        self.wd.quit()
# 使用 unnitest 本身的运行来执行
if __name__ == "__main__":
    unittest.main()
```

7.5.3　用 ddt 模块做参数化

当然，我们也可以结合 unittest 数据驱动来进行测试，不过这个时候，需要使用模块

ddt。安装 ddt 可以使用命令 pip install ddt。

基本用法如下：

1）导入 ddt：import ddt。

2）装饰测试类。

```
@ ddt. ddt
class 类名(unittest. TestCase)：
```

3）装饰测试用例函数并传递参数。

```
@ ddt. data([参数 1,参数 2,……])
    def test 用例(self,参数)：
```

我们将上面的例子进行修改，如下所示：

```
import unittest
from selenium importwebdriver
import ddt
@ ddt. ddt
class Login(unittest. TestCase)：
    def setUp(self) -> None：
    path = r'D：\driver\chromedriver. exe'
    self. wd =webdriver. Chrome(executable_path=path)
    self. wd. set_page_load_timeout(5)
    self. wd. get('http：//127. 0. 0. 1：9012/login')
    self. wd. implicitly_wait(5)
    def login(self,usr, pwd)：
        ele_user = self. wd. find_element_by_id('userName')
        ele_user. clear()
        ele_user. send_keys(usr)
        ele_pwd = self. wd. find_element_by_id('passWord')
        ele_pwd. clear()
        ele_pwd. send_keys(pwd)
        ele_btn = self. wd. find_element_by_xpath('/html/body/form/div[4]/div/button')
        ele_btn. click()
    @ ddt. data(['qwen1', '1'], ['qwen2', '1'], ['qwen2', '1'])
    def test_login_success(self, p)：
        self. login(p[0], p[1])
        self. assertIn('实训平台', self. wd. page_source)
    def test_login_fail(self)：
        self. login('qwen', '1')
        self. assertIn('密码', self. wd. page_source)
    def tearDown(self) -> None：
        self. wd. quit()
# 使用 unnitest 本身的运行来执行
if __name__ == "__main__"：
    unittest. main()
```

7.5.4　HTML 测试报告

自动化测试脚本运行后一般需要生成一个测试报告，可以使用 HTMLTestRunner 自动生成测试报告，安装命令为 pip install HTMLTestRunner。

使用方法，程序代码如下：

```
fromHtmlTestRunner import HTMLTestRunner
if __name__ == '__main__':
d = unittest. defaultTestLoader. discover("./", pattern=' * ex1. py')
r = HTMLTestRunner(descriptions="登录的测试")
r. run(d)
```

unittest. defaultTestLoader. discover("./", pattern=' * ex1. py')，会在当前项目的目录中查找所有满足 ex1. py 文件格式的内容去执行。

其结果文件，如图 7-7 所示。

图 7-7　生成 HTMl 测试报告

第8章 性能测试——LoadRunner

本章主要介绍性能测试的基本概念、性能指标、性能测试流程以及常用性能测试工具 LoadRunner 的基本使用以及 Web 端项目的性能测试案例。

学习目标：

- 掌握性能测试的类型
- 掌握性能测试的指标
- 掌握性能测试的流程
- 掌握性能测试工具 LoadRunner 的使用

8.1 软件性能

软件性能是一个非常庞大的系统工程，是软件的一种非功能特性，它关注的不是软件是否能够完成特定的功能，而是在完成该功能时展示出来的及时性。

如何衡量一个软件性能呢？

在软件质量模型中，用效率来衡量软件性能。

1）时间特性：在规定条件下，软件产品执行其功能时，提供适当的响应和处理时间以及吞吐率的能力。

2）资源利用率：在规定条件下，软件产品执行其功能时，使用合适的资源数量和类别的能力。

3）**效率依从性：软件产品遵循与效率相关的标准或约定的能力。**

性能测试只是一种度量手段，只能够反映软件的部分性能，真正的软件性能是设计规划出来的，而不是测试出来的。

8.1.1 理解性能测试

性能测试也属于系统测试的一种。它与功能测试最大的区别就是关注点不同。功能测试主要看软件的功能是否实现，而性能测试主要看整个系统在实现功能时所需的时间，以及占用的资源（包括软件、硬件、中间件以及网络）等。

性能测试的定义是指，在一定软件、硬件及网络环境下，对系统的各项性能指标来进行测试，主要检测其性能特性是否满足特定的性能需求。

特定的性能需求是指什么？

由于不同的人（用户、开发、系统管理员等）对软件性能关注点也不同，所以需要弄清楚不同的人对软件性能的需求是什么。

1. 从用户角度

从用户的角度来看，主要关注的就是系统响应能力和处理业务的时间，例如用户提交登录、查询操作以及打开一个 Web 页面的链接等所需的时间。

2. 从开发角度

从开发的角度来看，主要关注的就是软件的架构设计是否合理、数据库设计是否存在问题、代码是否存在需要优化（SQL 语句）以及内存的使用是否合理等。

3. 从系统管理员角度

从系统管理的角度来看，主要关注并发压力有多大、服务端资源的使用情况、长时间的运行系统是否稳定、系统能支持多少用户以及系统可扩展性如何等。

8.1.2 性能测试类型

性能测试的类型很多，名词也很多，通常将性能测试分为以下几种类型。

1. 并发测试

并发测试（Concurrency Testing）是指通过模拟多用户并发访问同一个应用、模块、数据以及其他并发操作，来测试是否存在内存泄漏、线程锁、数据库死锁、数据错误以及资源争用等问题。

并发测试介入的时间比较早，在基本功能实现之后就可以针对每个模块进行并发测试。其目的可以提前发现数据库或函数在并发下的一些错误。

2. 负载测试

负载测试（Load Testing）是指在一定软、硬件及网络环境下，模拟大量的用户运行一种或多种业务，测试服务器的性能指标是否在用户可接受的范围内，以此来确定系统所承受的最大负载数和不同用户数下系统的性能指标以及服务器的资源利用率。

负载测试通常是在编码全部完成后进行，目前大多数的性能测试都是负载测试。

3. 压力测试

压力测试（Stress Testing）是指在一定的软、硬件及网络环境下，模拟大量的虚拟用户向服务器产生负载，使服务器的资源处于极限状态下并长时间连续运行，以此测试服务器在高负载情况下是否能够稳定工作。压力测试强调的是在高负载情况下进行的测试，关注的是服务器的稳定性，此时处理能力已经不重要了。

压力测试一般在前期就可以进行，用来发现系统性能的瓶颈。

4. 容量测试

容量测试（Volume Testing）是指在一定的软、硬件及网络环境下，在数据库中构造不同的数据记录，运行一种或多种业务来获取不同数据下服务器的性能指标，目标就是为了找出数据库的最佳容量和最大容量。

容量测试通常是在数据库中生成大量数据进行测试（也称为大数据量测试），主要针对查询功能，目的是检测数据库索引是否存在问题。

5. 配置测试

配置测试（Configuration Testing）是指在不同的软、硬件及网络环境下，运行一种或多种业务来获取不同配置的性能指标，其目标是为了找到最佳的参数配置，可以帮助企业节省硬件上的成本。

配置测试在测试过程中进行的很少，一般都是通过架构师对数据进行分析，然后给出一个标准配置。

6. 基准测试

基准测试（Benchmark Testing）是指在一定的软、硬件环境下，模拟一定数量的用户（也可以是单用户）运行一种或多种业务，获取系统的关键指标，并把它作为基准，供其他版本做对比或者参考，有时也可以将类似的产品的性能指标做参考。

8.2 性能指标

常见的性能测试指标有并发数、响应时间、吞吐量、TPS、点击率、资源利用率等。

8.2.1 并发数

并发通常分两种情况：一种是狭义的并发（称为并发用户数），就是多用户在同一时间进行同一个操作，这种操作一般指做同一类业务。另一种是广义的并发（称为并发请求数），就是多用户对系统发出请求或进行操作，其请求或操作可以是相同的，也可以是不同的，对整个系统而言，仍然是有多用户同时对系统进行操作。

在实际性能测试中，真正的并发是不存在的，因为 CPU 的处理每次只能处理一件事（双核例外），因为处理的时间很快，通常被认为是并发处理。作为一名性能测试工程师一般关心业务并发数到底是多少比较合理呢？

下面给出估算并发用户数的两种公式。

$$公式一：C = \frac{nL}{T}$$

$$公式二：N = \frac{n \times 80\% \times s \times p}{t \times 20\%} \times R$$

公式一中：C 代表并发用户数；n 是登录会话的数量；L 是登录会话的平均长度；T 是指考察的时间段长度。

公式二中：N 表示并发用户数；n 表示系统的用户数；s 表示每个用户发生的业务数；p 表示每笔业务需要访问服务器的时间；t 为使用业务的时间；R 为调节因子，默认值为1。

还有一种可以根据二八定律来评估并发数，通常将已在线用户数的 20% 来作为并发数的参考值。如果应用系统使用的频率比较低，可以取在线用户数的 5% 来作为并发数的参数值。（注：上述几种计算方法只是作为一个参考值）。

8.2.2 响应时间

响应时间是指完成某个业务所需的时间。在性能测试中，通过事务函数（开始事务和结束事务）来完成对响应时间的统计。在 Web 应用的页面中的响应时间，如图 8-1 所示。

在图 8-1 中，描述了 Web 应用的页面响应时间，是指客户端发送请求到收到服务器响应所需的时间。包含网络传输时间（$N1+N2+N3+N4$）、应用服务器延迟时间（$A1+A3$）、数据库服务器延迟时间（$A2$）。

通常对于一个用户来说，如果访问某系统的响应时间小于 2 秒，那么用户会觉得系统反

图 8-1 Web 应用的页面响应时间

应快，非常满意；如果访问某系统的响应时间在 2~5 秒，那么用户会觉得系统还行，比较满意；如果访问某系统的响应时间在 5~8 秒，那么用户就很难接受；如果访问某系统的响应时间超过 10 秒，用户将无法接受。

所以对于一个系统来说，需要尽可能保证每一个操作的响应时间控制在 5 秒之内。当然某些特殊的操作可能会超过这个响应时间，可以通过提示来提前告诉用户。

8.2.3 吞吐量

吞吐量是指性能测试过程中网络上传输数据量的总和。

在性能测试中，吞吐量有两种说法：一种是网络吞吐量，表示在单位时间内通过网卡数据量之和；另一种是系统吞吐量，指在单位时间内 CPU 从读取、处理、存储的信息量总和。

从业务角度来分析，吞吐量指单位时间内系统处理的客户端请求的数量，直接体现应用系统性能的承载能力。因此有针对性地测试吞吐量，可尽快定位到性能瓶颈所在位置。

吞吐量和响应时间存在一定的关系，响应时间小，吞吐量一定大，但是吞吐量大，响应时间不一定小。

8.2.4 每秒事务数

事务（Transaction）一般是指要做的或所做的事情。在性能测试中，事务是指对一个或多个用户动作进行端到端的测量。简单地讲事务就像一个集合（由开始事务和结束事务组成），即标记某一动作或某一操作的过程。

每秒事务数（Transaction Per Second，TPS）即单位时间内完成事务的数量，它是衡量系统性能的一个非常重要的指标，与脚本中的事务相关联。根据软件需求的不同 TPS 衡量的标准也不同，一般情况该值越高，说明系统处理能力越强。

计算 TPS 的方法：TPS＝并发用户数/响应时间。

8.2.5 点击率

点击率是指网站页面上某一内容被点击的次数与被显示次数之比，即 clicks/views，它是一个百分比。在性能测试中，指每秒虚拟用户向 Web 服务器提交的 HTTP 请求数，它是 Web 应用的特有指标。

通常根据点击率，来判断系统是否稳定。系统点击率下降通常表明服务器的响应速度在变慢，需进一步分析，发现系统瓶颈所在。在性能中点击率跟吞吐量成正比。

8.2.6 资源利用率

资源并不仅仅指运行系统的硬件，而是指支持整个系统运行程序的所有软、硬件平台，主要有数据库服务器、应用服务器、Web 服务器以及中间件和网络等。

在性能测试中，需要监控系统在负载下软、硬件的各种资源的占用情况，例如服务器 CPU 的占用率、内存、磁盘以及网络的使用率，数据库的连接数、缓存命中率以及锁的使用情况，还有应用服务器的线程数的使用等。

根据经验表明，一般 CPU 低于 20% 的利用率为资源空闲，在 20%~60% 表示资源使用稳定，在 60%~80% 表示资源使用饱和，如果超过 80% 就表示处理器达到瓶颈，必须尽快进行资源调整与优化。

8.3 性能测试流程

性能测试相对于功能测试来说复杂很多，但是其测试流程基本大同小异，大致分 5 个阶段：制定性能测试计划、设计性能测试、执行负载测试、分析优化性能、评估并生成报告。

详细的性能测试流程如下。

1. 获取性能需求

根据需求规格文档（SRS）获取用户的性能需求，即用户可接受的性能指标。实际情况是一方面 SRS 文档无法包含用户的所有需求，另一方面在 SRS 文档中总会忽略性能方面的需求。那么又该怎么获取性能指标呢？

此时，需要对用户的需求进行调研，例如获取用户的注册用户数等；也可以通过同行的平台来获取数据，再根据数据进行分析性能指标。例如打电话到同行平台的客服，说想要购买首页的广告位，了解一下平台的注册用户有多少，活跃用户有多少，这样就可以获取同行的用户的数据。

2. 业务建模分析测试点

熟悉软件的整个业务流程，根据业务建模分析用户的行为，找出需要做的性能测试点。具体方法如下。

1）被测系统的核心业务。

2）用户使用频繁的功能点。

3）涉及大量数据量的功能点。

4）第三方接口。

3. 确认测试目标

首先分析系统的架构和所使用的协议，对工具的可行性进行分析。然后选取性能测试工具（目前主流的性能测试工具有 LoadRunner 和 Jmeter），确定性能指标、测试环境以及网络环境，并确认资源监控的工具，最后评估测试风险等。

4. 设计性能场景

抽取需要进行测试的业务，进一步分析数据，设计性能测试场景（模拟用户的行为）。

5. 准备测试环境

性能测试的环境尽量模拟用户的真实环境，这样测试的数据会准确一点。还有一点需要注意，就是刚开始接触性能测试时，最好将数据库服务器和应用服务器分开进行搭建，这样方便后期的定位分析。

6. 准备测试数据

结合用户需求分析确认测试数据，并开始准备测试数据，例如：注册用户数以及数据库存在的大数据等。需要注意，测试数据尽量真实（考虑数据之间的关联性）。

7. 开发测试脚本

根据测试设计的场景编写生成数据脚本以及性能测试脚本，并对脚本进行优化；也可以借助工具进行录制脚本和优化脚本。

8. 执行测试脚本

根据设计好的性能测试场景进行执行脚本，同时要进行资源（数据库服务器、应用服务器、网络、数据库等）的监控，记录每次执行的数据（性能指标、资源等）。

9. 分析结果数据

通过获取的性能指标和监控资源的数据，对被测软件进行分析，定位性能问题，协助开发进行优化。待优化完成后再进行性能的回归验证，指定被测软件的性能满足用户的性能需求。

10. 性能测试报告

达到性能目标后撰写性能测试报告，最后还需要对系统的性能进行风险评估。待产品上线后，再对资源数据进行监控分析，持续优化性能。

8.4 工具 LoadRunner

LoadRunner 是一种预测系统行为和性能的负载测试工具。通过模拟上千万用户实施并发负载及实时性能监测的方式来确认和查找系统存在的性能问题，LoadRunner 能够对整个企业架构进行测试。通过使用 LoadRunner 企业能最大限度地缩短测试时间，优化性能和加速应用系统的发布周期。LoadRunner 可适用于各种体系架构的自动负载测试，能预测系统行为并评估系统性能。

8.4.1 LoadRunner 组成

LoadRunner 工具主要由以下 4 个部分组成，如图 8-2 所示。

1. 脚本生成器——Virtual User Generator

Virtual User Generator 简称 VuGen，它是基于协议来捕获用户业务或流程，可生成性能测试的脚本，也可以说是用户行为的模拟。

2. 负载控制器——Controller

Controller 对性能测试的过程进行设置，可以设定场景运行的方式、时间，同时还提供了系统资源、数据库以及应用服务器的监控功能。

3. 负载发生器——Load Generator

Load Generator 简称 LG，在模拟大量虚拟用户对服务器进行负载和压力测试时，需使用多台负载发生器，确保负载均衡（每台负载机均匀对服务器施加压力）。

4. 结果分析器——Analysis

Analysis 主要是对负载的性能测试数据进行收集，便于性能测试人员对测试的结果进行

图 8-2　LoadRunner 组成

整理分析，从而判断是否存在问题。

8.4.2　LoadRunner 原理

LoadRunner 的工作原理就是模拟大量用户的行为进行负载，以检测程序是否存在性能问题以及服务器可以承受的压力。

1. 脚本的生成

分析被测项目，然后选择相应的协议，再通过 VuGen 对用户行为进行模拟操作（录制脚本），模拟完成后 VuGen 对捕获的数据进行协议上的处理，最终会自动生成性能测试脚本。录制完成后再进行脚本的优化。其优化的内容如下。

- 添加"事务"，用开始事务和结束事务来记录用户不同的行为。
- 添加"检查点"，用来判断事务是否成功。
- 添加"参数化"，用来实现多用户使用不同的数据。
- 添加"关联"，用来实现用户请求之间的依赖。
- 添加"思考时间"，用来实现用户请求之间的延时。
- 添加"集合点"，用来实现多用户的并发操作。

2. 场景的设置

通过 Controller 对性能测试的场景进行设置，然后执行监控性能指标，同时在运行中还需要监控资源，为结果分析做数据依据。

- "全局计划"设计启动用户数、加载方式以及运行时间。
- 通过设置"集合点策略"来模拟多用户的并发行为。
- 利用"系统资源图"对服务器资源进行监控。
- 如果需要测试大量的虚拟用户时，则通过 Load Generator 来添加负载机。
- 运行设置好的性能测试场景。

3. 结果的分析

执行测试场景后，通过 Analysis 对性能测试的数据进行整理，并分析定位性能问题。协同开发进行性能优化，直到满足用户的性能需求。

- 通过"概述"可以看到性能指标的数据，便于分析性能的问题。
- 还可以将采集的数据进行"合并图"来进一步分析性能问题，便于定位性能瓶颈。
- 利用"报告"可制定模板，并生成性能测试的报告。

8.4.3　LoadRunner 特点

1. 模拟大量虚拟用户

在 VuGen 脚本中，可以对用户数据进行参数化操作，这一操作可以模拟不同用户的不同数据来测试应用程序，从而反映系统的负载能力。还可以通过 Data Wizard 从数据库服务器获取大量的测试数据。

2. 模拟真实的负载

在 VuGen 脚本建立后，用户需要设定负载方案。在 Controller 中通过 AutoLoad 技术，为用户提供了更多设计的灵活性，可以模拟真实用户的负载方案。

3. 可以精确地定位问题

测试完毕后，LoadRunner 通过 Analysis 收集汇总所有的测试数据，并提供高级的分析和报告工具，以便快读查找性能问题并追溯原因。

4. 涉及的领域广泛

LoadRunner 支持广泛的协议，可以测试各种软件的性能，目前 LoadRunner 12 版本还支持手机 APP 软件的性能测试。

8.4.4　LoadRunner 介绍

下面通过 LoadRunner 11.0 自带的飞机订票网站为例，讲解 LoadRunner 如何录制 Web 端性能测试脚本与优化脚本，如何执行脚本与场景的设置以及监控资源，如何分析结果以及生成性能测试报告。

在使用订票网站前需要开启 Web 服务，具体操作如下。

- 请依次选择"开始"→"程序"→"HPLoadrunner"→"Samples"→"Web"→"Start Web Server"。
- 打开浏览器，输入 http://127.0.0.1:1080/WebTours 显示订票网站的首页。
- 默认的用户名：jojo，密码：bean。

案例：模拟 30 个虚拟用户进行并发登录测试。

1. 脚本生成器——VuGen

（1）协议分析

开启 VuGen 后，在菜单栏依次选择"文件"→"协议分析软件"→"分析应用程序"，开启工具。如图 8-3 所示，详细设置如下。

- 应用程序类型：Internet 应用程序。
- 要分析的程序：Microsoft Internet Explorer。
- URL 地址：需要分析的 URL 地址，例如 http://127.0.0.1:1080/webtours。
- 工作目录：默认是 LoadRunner 的 bin 目录，也可以选择自己的路径。

单击图 8-3 中的"确定"按钮后，进入协议分析，停止分析后得到网站支持的协议，如图 8-4 所示。

图 8-3　协议分析工具

图 8-4　协议分析结果

（2）选择协议

这里选择 Web（HTTP/HTML），如图 8-5 所示。

图 8-5　录制协议选择

（3）开始录制设置

单击图 8-5 中"创建"按钮，进入开始录制界面，如图 8-6 所示。

图 8-6　开始录制的界面

图 8-6 的设置与图 8-3 的类似，不同的是该图中有"录制到操作"。操作主要有 3 种：
Vuser_init、Action、Vuser_end。在 LoadRunner 运行脚本中的顺序为 Vuser_init→Action→
Vuser_end，其中 Vuser_init 和 Vuser_end 都只能运行一次，Action 可以运行多次（或一段时
间），可在 LoadRunner 运行 Controller 中设置。

- Vuser_init：录制时一般是用来做初始化的操作。
- Action：录制时一般是用户的操作，即测试的业务操作。
- Vuser_end：录制时一般是用户结束的操作，即退出操作。

（4）选择录制模式

单击图 8-6 中的"选项"按钮，进入录制选项界面，如图 8-7 所示。

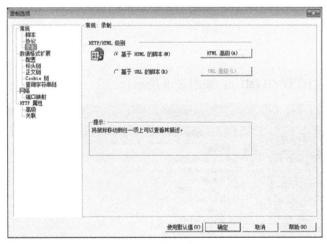

图 8-7　录制选项的界面

HTTP 协议下录制级别有以下两种。

① 基于 HTML 的脚本：该模式是 LoadRunner 的默认模式，也是一种高级别的录制模
式，它是基于"浏览器"的并决定哪些资源需要录制。这种模式录制的脚本会把一个类属
页面的请求放在一个 web_url 函数中，脚本相对简单。

需要注意的是，该模式不会录制服务器端返回的一些数据，所有通常使用该模式进行的
录制，在 HTML 高级中设置的脚本类型为"URL 脚本"，如图 8-8 所示。

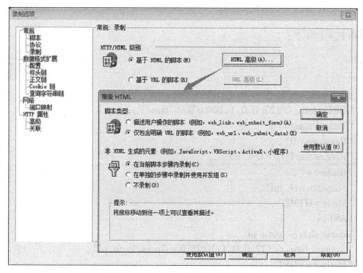

图 8-8　HTML 级别–高级设置

　　② 基于 URL 的脚本：该模式属于低级别的录制模式，这种模式录制的脚本比较烦琐，它把客户端向服务器端发送的每一个请求，以及服务器端向客户端返回的每一个请求包括资源（图片、JS、CSS 等），都分别生成一个单独的 web_url（即一个请求对应一个 web_url）函数，相对 HTML 模式的脚本更直观。

　　（5）开始录制脚本

　　录制的级别设置参照图 8-8 中的设置（HTTP/HTML 级别，勾选 "基于 HTML 的脚本" 选项，然后单击 "确定" 按钮，弹出 "高级 HTML" 对话框，再勾选 "仅包含明确的 URL 脚本" 选项，单击 "确定" 按钮）进行录制登录脚本（模拟用户登录行为），录制完成后会自动生成性能测试脚本。录制的工具栏如图 8-9 所示，工具栏的详解如下。

图 8-9　录制的工具栏

- ◉：开始录制按钮。
- ▷：脚本运行的按钮，录制时显示灰色。
- ■：停止录制按钮。
- ⏸：暂时录制按钮。
- ⬇：编译脚本按钮，录制时显示灰色。
- `Action`：录制脚本到操作中，有 init 操作、Action 操作（默认）、end 操作。
- ⬛：新建操作按钮，脚本录制存储的操作也可以根据自己定义操作。
- ▣：开始事务按钮，用来标记用户操作行为的开始。
- ▣：结束事务按钮，用来标记用户操作行为的结束。
- ⚡：集合点按钮，用来标记多用户的并发操作。
- ▢：注释按钮，为录制过程中添加脚本描述。
- ▢：录制选项按钮，录制时显示灰色。
- ▣：文本检查点按钮，用来标记请求是否成功。

（6）生成测试脚本

生成测试脚本代码如下：

```
Action( )
{
    web_url("webtours",
        "URL=http://127.0.0.1:1080/WebTours/",
        "TargetFrame=",
        "Resource=0",
        "RecContentType=text/html",
        "Referer=",
        "Snapshot=t1.inf",
        "Mode=HTML",
        LAST);
    web_submit_data("login.pl",
        "Action=http://127.0.0.1:1080/WebTours/login.pl",
        "Method=POST",
        "TargetFrame=",
        "RecContentType=text/html",
        "Referer=http://127.0.0.1:1080/WebTours/nav.pl? in=home",
        "Snapshot=t2.inf",
        "Mode=HTML",
        ITEMDATA,
        "Name=userSession","Value=123774.075334143zDzzzDiVQQpHHt", ENDITEM,
        "Name=username", "Value=jojo", ENDITEM,
        "Name=password", "Value=bean", ENDITEM,
        "Name=JSFormSubmit", "Value=off", ENDITEM,
        "Name=login.x", "Value=53", ENDITEM,
        "Name=login.y", "Value=8", ENDITEM,
        LAST);
    web_url("SignOff Button",
        "URL=http://127.0.0.1:1080/WebTours/welcome.pl? signOff=1",
        "TargetFrame=body",
        "Resource=0",
        "RecContentType=text/html",
        "Referer=http://127.0.0.1:1080/WebTours/nav.pl? page=menu&in=home",
        "Snapshot=t3.inf",
        "Mode=HTML",
        LAST);
    return 0;
}
```

（7）优化测试脚本（事务、检查点、参数化、关联、思考时间、集合点）

① 事务：记录用户某一操作，对操作的响应时间做监控。在 LoadRunner 中由开始事务（lr_start_transaction）和结束事务（lr_end_transaction）组成，它是一个集合，用来记录用户的行为，添加步骤如下。

步骤 1： 首先在脚本中，找到 web_submit_data 函数，光标移动到函数前面。

步骤 2： 在菜单栏中，单击"插入"按钮选择"开始事务"，输入事务名"登录"。

步骤 3： 然后将光标移动到 web_submit_data 函数后面。

步骤 4： 再单击"插入"按钮选择"结束事务"，弹出对话框中，单击"确定"按钮。

② 检查点：对事务做出正确的判断，步骤如下。

步骤1：首先切换到树视图中，选择 HTTP 视图。

步骤2：在 HTTP 响应中，找到登录成功后服务器响应的数据。

步骤3：选中"唯一标识"登录成功的信息，右击添加文本检查点。

步骤4：在弹出对话框中，勾选"保存计数"，取参数名为"登录计数"，然后确定。此时在脚本中自动生成检查点函数：web_reg_find("Text=需要查找的文本内容","SaveCount=出现的次数",LAST)。

步骤5：利用检查点中的"登录计数"对登录事务进行判断，编写 if 语句，参阅优化后的脚本。

③ 参数化：模拟不同用户的不同数据，步骤如下。

步骤1：在脚本中找到 web_submit_data 函数，找出需要进行参数化的参数。

步骤2：选中 username 的参数值 jojo 右击创建参数，参数名称为"username"。

步骤3：选中 password 的参数值 bean 右击创建参数，参数名称为"password"。

步骤4：将生成的 username.dat 和 password.dat 文件合并到 user.dat 一个文件中，并创建30个可登录的账号。

④ 关联：承接上下文请求的依赖关系，步骤如下。

步骤1：首先回放一次脚本。

步骤2：在菜单栏"Vuser"中，单击扫描脚本中的关联。

步骤3：选中不一样的参数，右击创建关联即可。此时脚本中自动生成关联函数：web_reg_save_param_ex("ParamName=关联参数名","LB=左边界","RB=右边界",LAST)。

⑤ 思考时间：模拟请求之间的等待时间。

在用户登录成功后添加3秒的等待时间。如 lr_think_time(3)。

⑥ 集合点：模拟多用户的并发操作。

在登录的开始事务前添加集合点。lr_rendezvous("登录集合点")。

优化后的脚本如下：

```
Action()
{
    /*关联函数:将登录中的 Session 值保存到参数名为 Session_id 中*/
    web_reg_save_param_ex(
        "ParamName=Session_id",
        "LB=userSession value=",
        "RB=>\n<table border",
        LAST);
    web_url("webtours",
        "URL=http://127.0.0.1:1080/WebTours/",
        "TargetFrame=",
        "Resource=0",
        "RecContentType=text/html",
        "Referer=",
        "Snapshot=t1.inf",
        "Mode=HTML",
        LAST);
    /*添加登录的集合点,名称为"登录集合点",如下*/
```

```
lr_rendezvous("登录集合点");
/* 添加登录的开始事务,名称为"登录",如下 */
lr_start_transaction("登录");
/* 添加登录的检查点,保存计数的参数名为"登录计数" */
web_reg_find("Text=Welcome, <b>{username}",
    "SaveCount=登录计数",
    LAST);
web_submit_data("login. pl",
    "Action=http://127. 0. 0. 1:1080/WebTours/login. pl",
    "Method=POST",
    "TargetFrame=",
    "RecContentType=text/html",
    "Referer=http://127. 0. 0. 1:1080/WebTours/nav. pl? in=home",
    "Snapshot=t2. inf",
    "Mode=HTML",
    ITEMDATA,
    "Name=userSession","Value={Session_id}", ENDITEM,
/* 将登录的用户名和密码进行参数化,如下 */
    "Name=username", "Value={username}", ENDITEM,
    "Name=password", "Value={password}", ENDITEM,
    "Name=JSFormSubmit", "Value=off", ENDITEM,
    "Name=login. x", "Value=53", ENDITEM,
    "Name=login. y", "Value=8", ENDITEM,
    LAST);
/* 利用检查点对登录的结束事务进行判断,如下 */
if (atoi(lr_eval_string("{登录计数}")) > 0) {
    lr_end_transaction("登录", LR_PASS);}
else {
    lr_end_transaction("登录", LR_FAIL);
    lr_error_message("用户%s 登录失败!", lr_eval_string("{username}"));
    return 0;}
/* 可以根据场景的执行过程,适当添加用户的思考时间,如下 */
lr_think_time(3);
web_url("SignOff Button",
    "URL=http://127. 0. 0. 1:1080/WebTours/welcome. pl? signOff=1",
    "TargetFrame=body",
    "Resource=0",
    "RecContentType=text/html",
    "Referer=http://127. 0. 0. 1:1080/WebTours/nav. pl? page=menu&in=home",
    "Snapshot=t3. inf",
    "Mode=HTML",
    LAST);
return 0;
}
```

(8) 执行脚本前的参数设置

通过菜单栏"Vuser"→"参数列表"进行参数设置,username 参数设置的顺序为:唯一取值→迭代更新→数据循环使用数据,如图 8-10 所示。password 参数的设置:选择下一行,设置为 Same line as username 即可。

① 选择下一行。

● Sequential:按照参数化的数据列表顺序取值。

图 8-10 username 参数设置

- Random：按照参数化的数据列表随机抽取。
- Unique：为每个虚拟用户分配一条唯一的数据。

② 更新值的时间。

- Each iteration：每次迭代时取新的值。
- Each occurrence：每次出现参数时取新的值。
- once：参数化中的数据列表中，一条数据仅抽取一次。

③ 当超出值时。

- AbortVuser：当参数超出后退出。
- Continue in a cyclic value：当参数超出后循环参数列表。
- Continue with last value：当参数超出后循环最后一个列表项。

2. 负载控制器——Controller

在性能测试场景中需要完成并发测试、压力测试、负载测试的场景设计，对系统进行监控，主要是模拟多用户的真实行为，并将负载下系统的数据进行收集整理，为后面的分析提供支持。Controller 场景中主要有目标场景和手工场景两种。

（1）目标场景

所谓目标场景，就是通过设置一个运行目标，用来验证系统是否能够达到一定的需求。在 Controller 场景中提供了 5 种目标类型，具体如下。

- Virtual Users：虚拟用户数就是系统需要支持的用户数。
- Hits per Second：每秒点击率是指系统需要达到的点击请求的数目。
- Transaction per Second：每秒事务数是指完成一个事务系统的处理能力。
- Transaction Response Time：事务的响应时间是指完成一个事务系统花费的时间。
- Pages per Minute：每分钟页面是指系统每分钟提供的页面处理能力。

通常根据需求分析得到的性能需求，可以直接在目标场景中验证性能需求的指标。目标场景运行结束后，如果目标达到设定结果，同时服务器资源占用符合，就可以证明系统可以满足用户的性能需求，即性能测试通过。

（2）手工场景

所谓手工场景，就是通过自行设置虚拟用户的变化，模拟真实的用户请求来完成负载的生成。手工场景主要是通过设计用户的变化帮助我们分析系统的性能瓶颈。手工场景的计划模式有场景模式和组模式，运行模式有实际计划和基本计划。

① 场景模式是指所有的脚本都使用相同的运行模式来运行场景。

● 实际计划，就是模拟真实用户的行为来完成负载。

● 基本计划，就是通过设置一个峰值负载，只要系统能满足这个峰值即可。

由于该运行模式只能设置一次负载，在真实的情况下，系统并不是长期都处于高负载状态下运行的，随着负载的经常变动，系统会产生大量的资源申请和资源释放，通过"实际计划"的场景来设置显示将更有意义。

接下来模拟 30 个虚拟用户进行登录并发测试来介绍场景的设置。首先用户的初始化选择默认方式，启动虚拟用户为 30 人，设置每隔 2 秒加载一个用户，场景的持续时间为 3 分钟，用户登录完后每隔 1 秒退出 2 个用户，如图 8-11 所示。

图 8-11　场景模式

还可以通过单击 "Add Action" 按钮添加多个用户变化的过程，来完成更复杂的负载情况，再双击 "启动 Vuser" 设置负载用户加载的策略，再单击 "持续时间" 按钮设置负载的运行时间，最后再单击 "停止 Vuser" 按钮设置负载用户退出的策略。

② 组模式是指所有脚本可以独立设置运行模式，还可以设置脚本之间的前后关系。

在组模式下，每一个脚本都会有一个 "启动组" 的策略，如图 8-12 所示。

● 场景开始后立即启动。

● 当场景开始运行多少时间后启动。

● 当某一个组 "登录" 结束后启动。

（3）集合点策略

通常在执行并发测试时需要设置集合点的策略，具体步骤如下。

步骤 1：在 Controller 菜单栏 "场景" 中，单击 "集合" 按钮。

步骤 2：在弹出对话框中，单击 "策略" 按钮，选择第一种，如图 8-13 所示。

● 策略 1：当用户数达到测试总数的百分比时，开始释放集合点。

● 策略 2：当用户数达到运行总数的百分比时，开始释放集合点。

图 8-12　组模式-启动组

图 8-13　集合点策略

- 策略 3：当用户数达到目标数时，开始释放集合点。
- 用户之间的超时值默认 30 秒，即等待下一用户的时间为 30 秒。

（4）资源监控

在 Controller 中，提供了对系统（Windows、UNIX 等）资源图以及数据库（Oracle、SQL Server 等）服务器的监控。

① Windows 资源监控。

步骤 1：切换到 Controller 的运行界面，如图 8-14 所示。在可用图中找到"系统资源图"，单击"Windows 资源"选项，在界面中出现"Windows 资源"栏。

图 8-14　Controller 运行界面

步骤 2：右击图 8-14 中的"Windows 资源"栏，选择"添加度量"，弹出对话框，再单击"添加"按钮，如图 8-15 所示。

　　步骤 3：输入需要监控的服务器 IP 地址或服务器的计算机名即可，注意这里可以添加多台服务器的监控。

　　在监控 Windows 资源时，需要开启"Remote Registry"服务。然后再添加 Windows 资源监控的计数器，常见的 Windows 资源监控的计数器，见表 8-1。

　　② SQL Server 监控。

　　在 Controller 运行界面→在图中找到"数据库服务器资源图"，单击"SQL Server"选项，然后在界面中找到"SQL Server"栏，右击选择"添加度量"，在弹出的对话框中单击"添加"按钮，再输入数据库服务器的 IP 地址即可。SQL Server 常用计数器，见表 8-2。

图 8-15　添加 Windows 监控

表 8-1　Windows 常用计数器

对象	计 数 器	计数器分析
CPU	% Processor Time	CPU 的使用率，超过 90% 表示 CPU 出现瓶颈
	% Privileged Time	指 CPU 内核时间在特权模式下处理线程执行代码所花时间的百分比，如果该值和 Physical Disk 值一直很高，表明 I/O 有问题
	% User Time	消耗 CPU 的数据库操作，如果该值较大，可优化索引，使用简单的表连接、水平分割大表格来降低该值
	Processor Queue Length	指待处理队列中的线程数，如果持续大于 2 表示处理器堵塞
内存	Available Mbytes	可用物理内存数，如果该值很小，说明内存可能不足或没有释放
	Committed Byte	表示虚拟内存，该值超过物理内存的 75% 说明内存泄漏
	Page Faults/sec	页面失效的数目，表明数据不能在内存中立即使用
	Page Read/sec	该值越低越好，大于 5 表明是磁盘读而不是缓冲读
磁盘	%Disk Time	指磁盘读取或写入请求所用时间的 %，该值大于 80% 则可能内存泄漏
	Avg. Disk Queue Length	指读和写请求的平均数，该值一般不超过磁盘数的 2~3 倍
线程	Context Switches/sec	指处理器从一个线程转换到另一个线程的速率，上下文切换次数
进程	Working Set	处理线程最近使用的内存页，反映每个进程使用的内存页的数量
	Private Byte	指进程所分配的无法与其他进程共享的当前字节数量。该值持续增加则说明内存泄漏
网络	Bytes Total/sec	发送和接受字节的速度，和目前网络带宽相除应小于 50%
	Request/sec	每秒执行请求数和当前执行的请求数，该值较小则程序可能是瓶颈

表 8-2　SQL Server 常用计数器

计 数 器	计数器分析
Access Methods：Full Scans/sec	基本表扫描或全索引扫描，该值大于 2，需优化 SQL 查询
Latches：Latch Waits/sec	每秒锁等待的数量，该值高说明系统竞争比较严重

计　数　器	计数器分析
Locks：Number of Deadlocks/sec	导致死锁的请求数量，通常该值为 0
Locks：Lock Waits/sec	当前进程完成之前强制其他进程等待的每秒锁定请求的数量，该值大于 0，表示事物有问题
Buffer Manager：Buffer Cache Hit Ratio	缓存命中总次数与缓存查找总次数之比，该值在 90% 以上
Cache Manager：Cache Hit Ratio	高速缓存命中率，该值小于 85%，表示内存可能有问题
GeneralStatistics：Logins/sec	每秒登录到 SQL Server 的计数
GeneralStatistics：User Connections	显示当前连接 SQL 的用户数，该值最高为 255

③ UNIX 或 Linux 监控。

UNIX 或 Linux 平台也可以通过 Controller 运行界面中，直接添加 UNIX 或 Linux 服务器的 IP 地址来进行监控。通过 LoadRunner 监控 UNIX 或 Linux 系统，需要在 UNIX 或 Linux 系统中开启 rstatd 服务并关闭防火墙。基于安全性考虑，通常服务器不允许安装，只能通过第三方工具来实现监控。

④ Linux 监控工具 NMON。

在 CentOS 6.5 下，直接下载并解压 nmon_linux_14g. tar. gz 来进行监控，解压后需要将 NMON 文件夹的权限修改为 777，然后运行 nmon_linux_x86_64 文件即可。

在运行 NMON 时需要配置一些参数，参数解释，见表 8-3。

表 8-3　NMON 参数

参　数	参　数　解　释
-s	每隔多少秒采集一次数据
-c	数据采集多少次
-f	生成的数据文件名包含文件创建的时间
-m	生成的数据文件存储的目录

NMON 的使用步骤如下。

步骤 1：在 CentOS 6.5 中运行命令：./nmon_linux_x86_64 -s 1 -c 300 -f -m /home/。

步骤 2：运行后在 home 目录下生成一个 .nmon 的文件：localhost_180215_1314. nmon。

步骤 3：然后将此数据文件传到 Windows 上，下载 nmon_analyser_v34a_x64. xls 工具。

步骤 4：用 Excel 打开分析工具，开启 Excel 宏功能。

步骤 5：单击 Analyze nmon data 按钮，选择 .nmon 的数据文件，此时会生成一个分析后的结果文件：localhost_180215_1314. nmon. xls，再用 Excel 打开就可以看到结果。

⑤ 监控 Linux 的命令 vmstat 和 iostat。

● vmstat 命令可以监控 Linux 系统的虚拟内存、进程、CPU 的活动。基本用法如下：

```
[root@ localhost /]#vmstat 1 5(其中 1 表示时间间隔,5 表示监控次数)
procs ------memory--------- --swap-- ---io--- --system-- ------cpu-----
 r b swpd free   buff  cache  si so bi  bo in   cs  us sy id  wa st
 0 0 3076 60820 17276 540472 0 0  145 70 74  139 1  1  97  0  0
 0 0 3076 60780 17276 540480 0 0  0    0  53  91  0  0  100 0  0
 1 0 3076 60780 17276 540480 0 0  0    68 141 2  0  98  0  0
 0 0 3076 60780 17284 540476 0 0  0    40 189 455 6  2  91  0  0
 0 0 3076 60524 17284 540480 0 0  0    0  177 390 6  2  92  0  0
```

下面列出具体参数的属性，见表8-4。

表8-4 vmstat 参数属性

procs	r	运行队列中等待进程
	b	等待 I/O 的进程数，表示进程阻塞
memory	swpd	虚拟内存使用的大小
	free	空闲的物理内存
	buff	用作缓存的内存大小，主要用来对权限做缓存
	cache	用作缓存的内存大小，主要用来对文件做缓存
swap	si	每秒从交换区写到内存的大小，由磁盘调入内存
	so	每秒写入交换区的内存的大小，由内存调入磁盘
io	bi	每秒读取的块数
	bo	每秒写入的块数
system	in	每秒的中断数，包含时钟中断
	cs	每秒上下文切换数
cpu	us	用户进程使用时间的百分比
	sy	系统进程使用时间的百分比
	id	中央处理器空闲时间，包括 I/O 等待时间
	wa	等待 I/O 时间
	st	被虚拟化技术偷取的 CPU 所占的百分比

● iostat 命令可以监控 IO 及 CPU 的详细信息，**基本用法如下：**

```
[root@ localhost /]#iostat -x( 获取更多的统计项的信息)
Linux 2. 6. 32-696. 30. 1. el6. x86_64 ( localhost. localdomain) 04/01/2018 _x86_64
avg-cpu：%user  %nice  %system  %iowait  %steal  %idle
          0.59   0.34   1.40     0.11     0.00    97.57
Device： rrqm/s wrqm/s r/s  w/s  rsec/s  wsec/s  avgrq-sz  avgqu-sz  await  svctm  %util
sda      1.02   13.75  4.30 1.08 249.75  118.67  68.50     0.01      1.08   0.65   0.33
```

下面列出具体参数的属性，见表8-5。

表8-5 iostat 参数属性

avg-cpu	%user	用户使用 CPU 的百分比
	%nice	优先进程占用 CPU 的百分比
	%system	系统使用 CPU 的百分比
	%iowait	未等待磁盘 I/O 操作进程占 CPU 的百分比
	%steal	虚拟处理器，CPU 等待时间的百分比
	%idle	CPU 除去 I/O 等待外，空闲时间的百分比
Device	rrqm/s	每秒进行 merge 的读操作数目
	wrqm/s	每秒进行 merge 的写操作数目
	r/s	每秒完成的读 I/O 设备次数
	w/s	每秒完成的写 I/O 设备次数
	rsec/s	每秒读扇区数
	wsec/s	每秒写扇区数
	avgrq-sz	平均每次设备 I/O 操作的数据大小
	avgqu-sz	平均 I/O 队列长度
	Await	平均每次设备 I/O 操作的等待时间
	Svctm	平均每次设备 I/O 操作的服务时间
	%util	每秒有百分之多少的时间用于 I/O 操作

案例：利用 iostat 命令，每隔 1 s 查看 TPS 和吞吐量，运行 5 次，基本命令如下：

```
[root@ localhost /]#iostat -d -k 1 3
Device：   tps      kB_read/s   kB_wrtn/s   kB_read   kB_wrtn
sda       1.89      30.86       20.18       1431825   936489
Device：   tps      kB_read/s   kB_wrtn/s   kB_read   kB_wrtn
sda       5.38      30.11       0.00        28        0
Device：   tps      kB_read/s   kB_wrtn/s   kB_read   kB_wrtn
sda       4.35      0.00        56.52       0         52
```

属性的详细解释，见表 8-6。

表 8-6　参数属性

Decive	tps	平均每秒传送的次数，数据传输
	KB_read/s	平均读取的单位
	KB_wrtn/s	平均写入的单位
	KB_read	读取文件的时间
	KB_wrtn	写入文件的时间

（5）IP 欺骗

在设计场景时，很多时候服务器对 IP 有策略，即不允许在同一 IP 地址上有多个操作。在 Controller 中还提供了 IP 欺骗，来模拟不同用户使用不同的 IP 地址运行负载。当模拟用户比较少，可以通过网卡设备绑定多个 IP 来实现。

如果需要生成大量的 IP 地址，通过 LoadRunner 自带的 IP Wizard 工具来生成大量的 IP 地址，具体设置步骤如下。

步骤 1：首先需要设置固定的 IP 地址。

步骤 2：打开 LoadRunner 工具，单击 IP Wizard 弹出对话框，如图 8-16 所示。

图 8-16　IP 向导

步骤 3：选择创建新设置，单击"下一步"按钮，弹出对话框，如图 8-17 所示。

图 8-17　服务器 IP 地址

步骤 4：单击"下一步"按钮，弹出对话框，如图 8-18 所示。

图 8-18　添加 IP 数

步骤 5：单击"添加"按钮设置 IP 数，在这里选择 B 类地址生成 50 个不同的 IP，如图 8-19 所示。

图 8-19　生成虚拟 IP

步骤 6：单击"确定"按钮，此时 IP 地址被写入网卡，但是 IP 还没有生效，需要重启网卡。

步骤 7：设置虚拟 IP 的启动，首先在场景菜单栏下勾选"启用 IP 欺骗器"，如图 8-20 所示。

步骤 8：然后在工具菜单栏下选择"专家模式"，如图 8-21 所示。

图 8-20　启用 IP 欺骗

图 8-21　选择专家模式

步骤 9：最后在工具菜单栏下进入"选项"，在"常规"选项卡中进行设置，为每个线程分配不同 IP 地址，如图 8-22 所示。

图 8-22　线程 IP 分配

（6）Controller 场景运行

在场景的运行时根据性能测试场景（见表 8-7）来执行负载测试。

表 8-7　性能测试场景

场 景 描 述	模拟 30 个用户进行并发测试	
	加载策略	每隔 2 s 加载 1 个用户
场景设置	运行时间	持续运行 5 分钟
	退出策略	每隔 1 s 退出 2 个用户
集合点策略	使用集合点策略选择占用户数的百分比开始释放	
思考时间策略	不启用思考时间	
期望结果	响应时间小于等于 3 s，CPU 使用不超过 60%，可用内存不低于 40%	

3. 结果分析器——Analysis

Ananlysis 的功能就是将场景运行中所得到的数据整合在一起，通过对结果数据的分析来确定系统以及服务器可能存在的性能问题。当场景运行结束后，通常在 Controller 的菜单栏"结果"中，单击"分析结果"按钮，自动打开 Analysis 对运行中数据进行整理，并生成结果概要，详细信息如下。

（1）分析概要

分析概要收集了整个场景执行的基本的数据，如图 8-23 所示。图中"90 Percent"表示在采样数据中有 90%的数据比该值（4.315 s）小，它也是事务响应时间的参考值。

（2）添加监控图

在默认情况下，Analysis 提供了最基本的 5 个图，可以通过在界面中右击菜单完成添加新图的操作，如图 8-24 所示。

（3）合并图

Analysis 分析主要通过数据和相关图进行分析，如何处理图和图之间的关系。这里主要介绍一下如何将图片进行合并。例如将 CPU 资源图中的 CPU 的占用率和运行用户数进行合并。具体步骤如下。

步骤 1：首先添加系统资源图。

步骤 2：右击系统资源图，出现设置界面，如图 8-25 所示。

步骤 3：单击图 8-25 中的"设置筛选器"选项，选择 CPU 的计数器"% Processor Time"。

步骤 4：再次选中"系统资源图，右击选择"合并图"，弹出对话框选择"运行 Vuser 数"，如图 8-26 所示。

图 8-23 分析概要

图 8-24 添加监控图

图 8-25 设置界面

图 8-26 合并图界面

步骤5：最后单击图8-26的"确定"按钮，生成合并图，由图8-27可知，当用户加载完成后，开始并发时导致系统资源CPU持续在90%左右。

（4）生成性能测试报告

Analysis还提供了导出性能测试报告的功能，在菜单栏"报告"中，单击"新建报告"按钮，出现新建报告界面，如图8-28所示。

图8-27　合并后的分析图

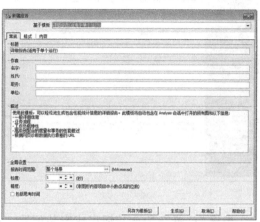

图8-28　新建报告界面

在图8-28中，可根据需求，调整报告的格式和报告生成的内容，然后单击"生成"按钮，此时，结果分析器将相关的数据以及图片进行整理，生成性能测试报告，为开发调优提供数据依据。

4. 负载生成器——Load Generator

Load Generator是LoadRunner中的负载生成器，该负载生成器可以单独安装并提供给Controller进行远程管理。通常一台普通的PC大约可以模拟200～500个虚拟用户进行并发操作，如果模拟大量的虚拟用户进行并发测试，这个时候可以通过Controller调用多台Load Generator来完成大规模的并发测试。

（1）Windows下安装Load Generator

步骤1：在安装LoadRunner的界面中，选择Load Generator，如图8-29所示。

步骤2：单击Load Generator后，会弹出选择安装路径的对话框，如图8-30所示。

图8-29　LoadRunner安装主界面

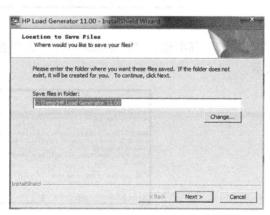

图8-30　Load Generator安装路径

步骤 3：单击图 8-30 中 Next 按钮，进入 Load Generator 的安装界面，如图 8-31 所示。

步骤 4：继续单击 Next 按钮即可。待安装完成后，会出现 Load Generator 的配置模式，运行模式 Performance 是作为一个服务运行，而 LoadRunner 是作为普通进程运行，如图 8-32 所示。

图 8-31　Load Generator 安装界面

图 8-32　选择运行模式

步骤 5：单击 Next 按钮完成安装配置。在 Windows 中，当需要远程使用 Load Generator 时，只需要添加 IP 地址即可。

（2）Linux 下安装 Load Generator

Linux 下只能安装 LoadRunner 的负载生成器 Load Generator，脚本的录制和场景的设计必须放在 Windows 平台下。安装包可以在 HP 官网下载，这里介绍一下在 CentOS 6.5 下的安装与使用。

步骤 1：首先将下载好的安装包复制到 home/Loadrunner 目录下，进入 home/Loadrunner 目录，可以看到 installer. sh 的启动安装文件，如图 8-33 所示。

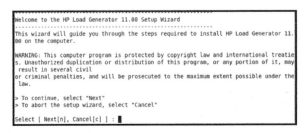

图 8-33　安装目录

步骤 2：其次输入 "./installer. sh" 命令启动 Load Generator 的安装向导，如图 8-34 所示。

```
Welcome to the HP Load Generator 11.00 Setup Wizard
---------------------------------------------------
This wizard will guide you through the steps required to install HP Load Generator 11.
00 on the computer.

WARNING: This computer program is protected by copyright law and international treatie
s. Unauthorized duplication or distribution of this program, or any portion of it, may
 result in several civil
or criminal penalties, and will be prosecuted to the maximum extent possible under the
 law.

> To continue, select "Next"
> To abort the setup wizard, select "Cancel"

Select [ Next[n], Cancel[c] ] :
```

图 8-34　安装向导

步骤3：接着输入"n"，按〈Enter〉键继续，此时出现安装许可协议说明，如图8-35所示。

```
LICENSE AGREEMENT
-----------------------------------------------------------
Please take a moment to read the License Agreement, located in:
/home/php/Desktop/Load_Generator_linux/sequencer/resources/EULA/EULA .


>To review the full License Agreement, select "View Agreement"
>To accept the agreement terms, select "Agree"
>To go back to the previous step, select "Back"
>To abort the setup wizard, select "Cancel"

Select: [ View Agreement[v], Agree[a], Back[b], Cancel[c] ] :
```

图 8-35　许可协议说明

步骤4：接着输入"a"，按〈Enter〉键继续，这里给出安装的文件名和大小，如图8-36所示。

```
CONFIRMATION
-----------------------------------------------------------
The HP Load Generator 11.00 features you selected for installation are:

+LoadGenerator
 -LG-11.00-Linux2.6.rpm

Size:
 255856 KB

HP Load Generator 11.00 will be installed in the following directory:
/opt/HP/HP_LoadGenerator.

If you want to install HP Load Generator 11.00 in an alternative directory, you
must create a symbolic link from "/opt/HP/HP_LoadGenerator" to the alternative d
irectory before continuing with this installation.


> To start the HP Load Generator 11.00 installation, select "Install"
> To go back to the previous step, select "Back"
> To abort the setup wizard, select "Cancel"

Select [ Install[i], Back[b], Cancel[c] ]:
```

图 8-36　安装包的说明

步骤5：接着输入"i"，按〈Enter〉键继续，完成最后的安装，如图8-37所示。

```
FINISH
-----------------------------------------------------------
HP Load Generator 11.00 has been successfully installed in the /opt/HP/HP_LoadGenerato
r directory

LOG FILE: Install log directory:
/var/log/25.06.18_02-22-53_HP_LoadGenerator_11.00.000_iHP_log.txt

> To complete the setup wizard, select "Finish"
> To view the output log, select "View Log"

Select [ Finish[f], View Log[v] ]:
```

图 8-37　安装完成

步骤6：最后输入"f"，按〈Enter〉键结束整个 Load Generator 的安装。

步骤7：在 Linux 中，安装 Load Generator 完成后并没有启动，需要手动启动后才可以使用。Load Generator 默认安装在/opt/HP/HP_LoadGenerator 目录下，在目录中给出一个环境变量为 env. csh 配置文件的格式，在 Load Generator 11. 00 中，该文件默认已经配置好了。此时还需要在/root/.bashrc 文件中添加如下配置即可，运行命令如下：

```
[root@ localhost /]# vi /root/.bashrc
export PRODUCT_DIR=/opt/HP/HP_LoadGenerator
export M_LROOT=$PRODUCT_DIR
export LD_LIBRARY_PATH=${M_LROOT}/bin
export PATH=${M_LROOT}/bin:$PATH
```

步骤 8：然后进入 Load Generator 安装的 bin 目录，执行 "./verify_generator" 命令（注意：在 Linux 中不能使用 root 执行，需要切换其他用户来执行）。运行后可能会出现一个错误，这个错误原因是 libstdc++.so.5 这个共享库不存在，可以通过 yum 安装此库文件即可，运行命令如下：

```
[root@ localhost bin]# yum -y install libstdc++.so.5
```

步骤 9：再次切换用户运行 ./verify_generator 命令，检查安装是否成功。

步骤 10：最后再执行 ./m_daemon_setup start 启动 Load Generator，运行命令如下：

```
[amos@ localhost bin]$./m_daemon_setup start
```

运行后提示 m_agent_daemon（4258）表明启动成功。

到此 Load Generator 在 CentOS 6.5 下的安装、配置及启动过程介绍完毕。

8.4.5　LoadRunner 常用函数

LoadRunner 自身有很多函数，在这里主要介绍性能测试脚本中必须用到的一些函数，如果需要了解其他函数，可以参见 LoadRunner 帮助文档。

1. web_url（）

（1）函数作用

加载指定的 Web 页面（GET 请求）。

（2）函数语法

一般格式见表 8-8。

表 8-8　web_url( ) 函数语法

一 般 格 式	函数属性说明
① web_url("name"、 ② "URL=url 地址"、 ③ "见属性列表"、 ④ LAST)。	① 请求名称，在 VuGen 的树视图显示的名称
	② 请求地址
	③ web_url 函数中的属性，见属性列表
	④ LAST 是 web_函数的结尾标志
函数返回值为：int 类型。成功时返回 LR_PASS(0)，失败时返回 LR_FAIL(1)	

（3）属性列表

● TargetFrame：包含当前链接或资源的框架名称。

● Resource：指示 URL 是否为资源的值，0 表示不是资源，1 表示是资源。

● RecContentType：记录响应头的内容类型（如 text/html），为了确定目标 URL 是否为可记录资源。

224

- Referer：提交页面请求的 URL，如果在 URL 中明确指定了位置，该属性可以省略。
- Snapshot：快照文件的名称（扩展名为 inf），用于关联。
- Mode：记录级别，采用 HTML 或 HTTP 模式。

（4）注意事项

使用 HTML 级别时，不允许 web_url 请求出现在并发组内。

2. web_submit_form（）

（1）函数作用

指定的 Web 页面，有条件的提交表单数据（POST 请求）。

（2）函数语法

一般格式见表 8-9。

表 8-9 web_submit_form（）函数语法

一般格式	函数属性说明
① web_submit_form（"name"，	① 请求名称，在 VuGen 的树视图显示的名称
② "Action=url 地址"，	② 指定请求的地址
③ ITEMDATA，	③ 属性和表单参数的分隔符
④ "Name="，"Value="，ENDITEM，	④⑤ 表单参数名和参数值，ENDITEM 是参数结尾标志，也是多个参数之间的分隔符
⑤ "Name="，"Value="，ENDITEM，	
⑥ LAST）。	⑥ LAST 是 web_函数的结尾标志
函数返回值为：int 类型。成功时返回 LR_PASS(0)，失败时返回 LR_FAIL(1)	

（3）注意事项

使用 web_submit_form 函数提交表单数据与 Cache 中有差别的数据，其余的数据会自动从 Cache 中提取。如果在使用默认 HTML 级别录制脚本，有些参数不会记录到表单参数中，例如 session 值。

3. web_submit_data（）

（1）函数作用

指定的 Web 页面，无条件的提交表单数据（POST 请求）。

（2）函数语法

一般格式见表 8-10。

表 8-10 web_submit_data（）函数语法

一般格式	函数属性说明
① web_submit_data（"name"，	① 请求名称，在 VuGen 的树视图显示的名称
② "Action=url 地址"，	② 指定请求的地址
③ "Method=POST"，	③ 请求的方法，通常为 POST 请求
④ ITEMDATA，	④ 属性和表单参数的分隔符
⑤ "Name="，"Value="，ENDITEM，	⑤⑥ 表单参数名和参数值，ENDITEM 是参数结尾标志，也是多个参数之间的分隔符
⑥ "Name="，"Value="，ENDITEM，	
⑦ LAST）。	⑦ LAST 是 web_函数的结尾标志
函数返回值为：int 类型。成功时返回 LR_PASS(0)，失败时返回 LR_FAIL(1)	

（3）注意事项

该函数与 web_submit_form 类似，用 web_submit_data 函数提交数据与 Cache 中的数据无关，也就是说该函数会提交所有的数据。如果是录制脚本后，该函数会记录客户端发送给服务器以及服务器返回客户端的所有数据，推荐使用 web_submit_data 函数。

4. web_reg_find( )

（1）函数作用

在缓存数据中查找指定的文本内容（Text＝文本内容）。

（2）函数语法

一般格式见表 8-11。

表 8-11 web_reg_find( )函数语法

一 般 格 式	函数属性说明
① web_reg_find(② "Text＝文本内容"， ③ "SaveCount＝参数名"， ④ "Search＝Body"， ⑤ "Fial＝NotFound"， ⑥ LAST)。	① 定义查找
	② 指定的要查找的文本内容
	③ 存储参数名，用来记录文本内容在缓存中出现的次数
	④ 指定搜索的位置（Body、Header 等），默认是 Body
	⑤ 设置检查失败的条件的处理方法，未找到则退出
	⑥ LAST 是 web_函数的结尾标志
函数返回值为：int 类型。成功时返回 LR_PASS(0)，失败时返回 LR_FAIL(1)	

（3）注意事项

该函数是从下一个请求函数（web_url、web_submit_data、web_custom_reques 等）的缓存数据中查找，存储参数名的初始值为 0。

5. web_reg_save_param_ex( )

（1）函数作用

在缓存数据中查找指定的文本内容（Text＝文本内容）。

（2）函数语法

一般格式见表 8-12。

表 8-12 web_reg_save_param_ex( )函数语法

一 般 格 式	说 明
① web_reg_save_param_ex(② "ParamName＝"， ③ "LB/IC/RE＝左边界"， ④ "RB/IC/RE＝右边界"， ⑤ "Ordinal＝数字|All"， ⑥ "SaveLen＝数字"， ⑦ "SaveOffset＝数字"， ⑧ SEARCH_FILTERS， ⑨ "Scope＝All"， ⑩ LAST)。	① 定义查找
	② 创建保存动态参数的参数名称
	③ 动态参数的左边界，IC 不区分大小写，RE 正则表达式
	④ 动态参数的右边界，IC 不区分大小写，RE 正则表达式
	⑤ 找到匹配项的序号位置，All 代表全部，默认为 1
	⑥ 要保存的动态参数的字符串长度，默认为-1
	⑦ 从指定的偏移长度开始查找匹配项，默认为 0
	⑧ 参数属性与搜索范围的分隔符
	⑨ 指定搜索的位置（Body、Header 等），默认是 All
	⑩ LAST 是 web_函数的结尾标志
函数返回值为：int 类型。成功时返回 LR_PASS(0)，失败时返回 LR_FAIL(1)	

（3）注意事项

该函数是从下一个请求函数（web_url、web_submit_data、web_custom_reques 等）的缓存数据中查找匹配左、右边界的动态参数，并保存到创建的参数名中，参数名的初始值为空。该函数的左、右边界除了可以匹配正则表达式，也可以使用参数来替换。

6. web_add_header( )

（1）函数作用

将指定的头添加到下一个 HTTP 请求。

（2）函数语法

一般格式：web_add_header("请求头的名称","请求头的值")；

7. web_add_cookie( )

（1）函数作用

添加或修改 cookie 值。

（2）函数语法

一般格式：web_add_cookie("请求头的名称","请求头的值")；Q，见表 8-13。

表 8-13　web_add_cookie( ) 函数语法

一　般　格　式	函数属性说明
① web_add_cookie(②　"name=value"， ③　"domain=域名"， ④　"path=\"， ⑤　"expires=date"， ⑥　LAST)。	① 定义添加
	② name 是 cookie 的名称，value 是 cookie 的值
	③ 添加 cookie 到指定域名或 IP 地址
	④ cookie 的路径，默认路径：\
	⑤ cookie 失效日期，时间格式通常为 GMT
	⑥ LAST 是 web_ 函数的结尾标志
函数返回值为：int 类型。成功时返回 LR_PASS(0)，失败时返回 LR_FAIL(1)	

8. web_custom_request( )

（1）函数作用

允许使用 HTTP 支持的任何方法创建自定义 HTTP 请求（GET 或 POST 请求）。

（2）函数语法

一般格式见表 8-14。

表 8-14　web_custom_request( ) 函数语法

一　般　格　式	函数属性说明
① web_custom_request("name"， ②　"URL=url 地址"， ③　"Method=POST|GET"， ④　"TargetFrame=框架名称"， ⑤　"Resource=0"， ⑥　"Referer=url 具体页面"， ⑦　"Body=name=hujiayi&pwd=1"， ⑧　LAST)。	① 自定义请求名称，在 VuGen 的树视图显示的名称
	② 请求页面的地址
	③ 请求的方法，通常为 POST 或 GET 请求
	④ 参见 web_url 函数中属性列表
	⑤ 指示 URL 是否为资源的值，0 代表不是，1 代表是
	⑥ 提交页面请求的 URL，如果 URL 明确可以省略
	⑦ 请求传递的参数，& 是参数连接符
	⑧ LAST 是 web_ 函数的结尾标志
函数返回值为：int 类型。成功时返回 LR_PASS(0)，失败时返回 LR_FAIL(1)	

（3）注意事项

该函数可以代替（web_url、web_submit_form、web_submit_data 等）函数，通常也称为万能函数。一般使用自定义请求函数时，要配合 web_add_header（）函数来自定义请求头。

9. web_get_int_property（）

（1）函数作用

将返回前一个 HTTP 请求的特定信息。

（2）函数语法

返回 HTTP 响应中的状态码：web_get_int_property（HTTP_INFO_RETURN_CODE）；

10. web_concurrent_start（）与 web_concurrent_end（）

（1）函数作用语法

标记并发组的开始：web_concurrent_start（null）；

标记并发组的结束：web_concurrent_end（null）；

（2）注意事项

函数可以理解为一个集合，有开始必须有结束。在并发组开始后，所有的函数被记录下来，直到出现并发组结束后，所有的函数开始并发执行。

11. lr_start_transaction（）与 lr_end_transaction（）

（1）函数作用语法

标记事务的开始：lr_start_transaction（"事务名称"）；

标记事务的结束：lr_end_transaction（"事务名称",LR_AUTO）；

（2）注意事项

事务是用来标记某个过程或功能是否完成，它像一个集合，所以必须有开始和结束，且开始和结束事务的名称必须一致。结束事务的状态有 LR_PASS（通过）、LR_FAIL（失败）、LR_AUTO（自动）、LR_STOP（暂停）。默认为 LR_AUTO，因为该状态是自动判断，当请求成功返回 LR_PASS，请求失败返回 LR_FAIL。请求成功不代表事务成功，所以要通过 if 语句对事务是否成功进行判断。

12. lr_output_message（）

（1）函数作用

将消息发送到控制台输出窗口和日志文件。

（2）函数语法

lr_output_message（"要输入的格式:%d,%s","参数","参数",…）；

13. lr_error_message（）

（1）函数作用

将错误消息发送到控制台输出窗口和日志文件。

（2）函数语法

lr_error_message（"要输入的格式:%d,%s","参数","参数",…）；

14. lr_log_message（）

（1）函数作用

将日志消息发送到控制台输出窗口。

（2）函数语法

lr_log_message("要输入的格式:%d,%s","参数","参数",…);

15. lr_save_string( )

（1）函数作用

将以 null 结尾的字符串保存到参数中，也可以理解为将参数或变量保存为 lr 的参数。

（2）函数语法

lr_save_string("要保存的参数或变量","参数名");

（3）注意事项

保存后的参数在脚本中可以直接通过一对大括号使用，如 {参数名}。

16. lr_save_datetime( )

（1）函数作用

将当前时间和日期保存到参数中。

（2）函数语法

lr_save_datetime("日期时间格式化",日期时间参数,"参数名");常用的日期时间格式化和时间日期参数见表 8-15。

表 8-15　常用的日期时间格式化和时间日期参数

常用日期时间格式化		时间日期参数	
%Y	表示年份，格式：2020	DATENOW	当前的日期
%m	表示月份，格式：05	TIMENOW	当前的时间
%d	表示天，格式：20	ONEDAY	一天的时间
%h	表示时，格式：13	ONEHOUR	一小时的时间
%M	表示分，格式：14	ONEMIN	一分钟的时间
%s	表示秒，格式：52	DATENOW+ONE_DAY	可进行算术运算

（3）案例：输入今天的日期

lr_save_datetime("今天的日期是:%Y-%m-%d",DATE_NOW,"time");

lr_output_message(lr_eval_string("{time}"));

输入结果：今天的日期是：2020-05-20

17. lr_eval_string( )

（1）函数作用

将参数或变量的值替换当前参数，也可以理解为获取当前参数或变量的值。

（2）函数语法

获取参数的值：lr_eval_string("{参数}");

获取变量的值：lr_eval_string(变量);

18. lr_paramarr_random( )

（1）函数作用

返回参数数组中随机位置的参数值，也可以理解为从参数数组中随机取参数。

（2）函数语法

lr_paramarr_random("参数数组")；

（3）注意事项

参数必须为数组，通常结合 web_reg_save_param_ex 函数一起使用。

8.4.6 完整的订票脚本

Webtours 系统中完整的订票脚本具体如下，仅供参考。

```
Action()
{
    int rand_num;                           //定义变量,存储随机数字 1~10
    char str_city[20];                      //定义字符串,用来拼接随机的出发城市
    web_reg_save_param_ex(
        "ParamName=sessionid",
        "LB=userSession value=",
        "RB=>\n<table border",
        SEARCH_FILTERS,
        LAST);
    web_url("webtours",                     // 输入网址进入首页
        "URL=http:                          //127.0.0.1:1080/webtours/",
        "TargetFrame=",
        "Resource=0",
        "RecContentType=text/html",
        "Referer=",
        "Snapshot=t1.inf",
        "Mode=HTML",
        LAST);
    lr_start_transaction("登录");           // 开始事务——登录
    //登录成功的检查点
    web_reg_find("Text=Welcome, <b>jojo",
        "SaveCount=登录计数",
        LAST);
    web_submit_data("login.pl",             // 输入账号、密码,单击"提交"
        "Action=http://127.0.0.1:1080/webtours/login.pl",
        "Method=POST",
        "TargetFrame=",
        "RecContentType=text/html",
        "Referer=http://127.0.0.1:1080/webtours/nav.pl? in=home",
        "Snapshot=t3.inf",
        "Mode=HTML",
        ITEMDATA,
        "Name=userSession", "Value={sessionid}", ENDITEM,
        "Name=username", "Value=jojo", ENDITEM,
        "Name=password", "Value=bean", ENDITEM,
        "Name=JSFormSubmit", "Value=off", ENDITEM,
        "Name=login.x", "Value=0", ENDITEM,
        "Name=login.y", "Value=0", ENDITEM,
        LAST);
    if (atoi(lr_eval_string("{登录计数}")) >0) {
    lr_end_transaction("登录", LR_PASS);
```

```
    lr_output_message("用户登录成功");
}
else {
lr_end_transaction("登录", LR_FAIL);
}
web_reg_save_param_ex(
    "ParamName=全部城市",
    "LB/RE=selected\" value=\" | option value=\"",
    "RB=\">",
    "Ordinal=All",
    SEARCH_FILTERS,
    LAST);
web_reg_save_param_ex(
    "ParamName=随机到达城市",
    "LB/RE=selected\" value=\" | option value=\"",
    "RB=\">",
    "Ordinal={number}",
    LAST);
web_url("Search Flights Button",        // 单击"Flights"按钮进入选择城市的页面
    "URL=http://127.0.0.1:1080/webtours/welcome.pl? page=search",
    "TargetFrame=body",
    "Resource=0",
    "RecContentType=text/html",
    "Referer=http://127.0.0.1:1080/webtours/nav.pl? page=menu&in=home",
    "Snapshot=t4.inf",
    "Mode=HTML",
    LAST);
lr_start_transaction("选择城市");    // 开始事务——选择城市
// 如果随机出发城市和随机到达城市相同,则重新选择随机出发城市
do {
rand_num = 1 + rand()%10;            //实现从 1~10 随机取值
sprintf(str_city,"{全部城市_%d}",rand_num);    // 拼接出发城市,从 1~10 中取随
lr_save_string(lr_eval_string(str_city),"随机出发");// 将拼接后的内容,保存到参数"随机
                                                        出发城市"中
web_reg_save_param_ex(
    "ParamName=取出所有航班信息",
    "LB=outboundFlight value=",
    "RB=;{出发日期}",
    "Ordinal=All",
    LAST);
web_submit_data("reservations.pl",                        //选择城市,单击"提交"按钮
    "Action=http://127.0.0.1:1080/webtours/reservations.pl",
    "Method=POST",
    "TargetFrame=",
    "RecContentType=text/html",
    "Referer=http://127.0.0.1:1080/webtours/reservations.pl? page=welcome",
    "Snapshot=t5.inf",
    "Mode=HTML",
    ITEMDATA,
    "Name=advanceDiscount", "Value=0", ENDITEM,
    "Name=depart", "Value={随机出发城市}", ENDITEM,
    "Name=departDate", "Value={出发日期}", ENDITEM,  // 参数化日期
```

```
            "Name=arrive", "Value={随机到达城市}", ENDITEM,
            "Name=returnDate", "Value={返程日期}", ENDITEM, // 参数化日期
            "Name=numPassengers", "Value=1", ENDITEM,
            "Name=seatPref", "Value=None", ENDITEM,
            "Name=seatType", "Value=Coach", ENDITEM,
            "Name=.cgifields", "Value=roundtrip", ENDITEM,
            "Name=.cgifields", "Value=seatType", ENDITEM,
            "Name=.cgifields", "Value=seatPref", ENDITEM,
            "Name=findFlights.x", "Value=57", ENDITEM,
            "Name=findFlights.y", "Value=11", ENDITEM,
            LAST);
    } while(strcmp(lr_eval_string("{随机出发}"),lr_eval_string("{随机到达}"))= =0);
    lr_end_transaction("选择城市", LR_AUTO);
    lr_save_string(lr_paramarr_random("取出所有航班信息"),"随机航班");
    lr_start_transaction("选择航班");
    web_submit_data("reservations.pl_2",                //选择航班,单击"提交"按钮
            "Action=http://127.0.0.1:1080/webtours/reservations.pl",
            "Method=POST",
            "TargetFrame=",
            "RecContentType=text/html",
            "Referer=http://127.0.0.1:1080/webtours/reservations.pl",
            "Snapshot=t6.inf",
            "Mode=HTML",
            ITEMDATA,
            "Name=outboundFlight", "Value={随机航班};{出发日期}", ENDITEM,
            "Name=numPassengers", "Value=1", ENDITEM,
            "Name=advanceDiscount", "Value=0", ENDITEM,
            "Name=seatType", "Value=Coach", ENDITEM,
            "Name=seatPref", "Value=None", ENDITEM,
            "Name=reserveFlights.x", "Value=51", ENDITEM,
            "Name=reserveFlights.y", "Value=6", ENDITEM,
            LAST);
    lr_end_transaction("选择航班", LR_AUTO);
    lr_start_transaction("进行支付");
    web_submit_data("reservations.pl_3",     //输入卡号、日期,单击"提交支付"按钮
            "Action=http://127.0.0.1:1080/webtours/reservations.pl",
            "Method=POST",
            "TargetFrame=",
            "RecContentType=text/html",
            "Referer=http://127.0.0.1:1080/webtours/reservations.pl",
            "Snapshot=t7.inf",
            "Mode=HTML",
            ITEMDATA,
            "Name=firstName", "Value=Joseph", ENDITEM,
            "Name=lastName", "Value=Marshall", ENDITEM,
            "Name=address1", "Value=234 Willow Drive", ENDITEM,
            "Name=address2", "Value=San Jose/CA/94085", ENDITEM,
            "Name=pass1", "Value=Joseph Marshall", ENDITEM,
            "Name=creditCard", "Value={信用卡卡号}", ENDITEM,// 卡号实现参数化
            "Name=expDate", "Value=1111", ENDITEM,
            "Name=oldCCOption", "Value=", ENDITEM,
            "Name=numPassengers", "Value=1", ENDITEM,
```

```
            "Name=seatType", "Value=Coach", ENDITEM,
            "Name=seatPref", "Value=None", ENDITEM,
            "Name=outboundFlight", "Value={随机航班};{出发日期}", ENDITEM,
            "Name=advanceDiscount", "Value=0", ENDITEM,
            "Name=returnFlight", "Value=", ENDITEM,
            "Name=JSFormSubmit", "Value=off", ENDITEM,
            "Name=.cgifields", "Value=saveCC", ENDITEM,
            "Name=buyFlights.x", "Value=48", ENDITEM,
            "Name=buyFlights.y", "Value=5", ENDITEM,
            LAST);
    if (web_get_int_property(HTTP_INFO_RETURN_CODE) == 200) {
            lr_end_transaction("进行支付", LR_PASS);
    }
    else {
            lr_end_transaction("进行支付", LR_FAIL);
    }
    lr_start_transaction("退出");
    web_url("SignOff Button",// 退出登录
            "URL=http://127.0.0.1:1080/webtours/welcome.pl?signOff=1",
            "TargetFrame=body",
            "Resource=0",
            "RecContentType=text/html",
            "Referer=http://127.0.0.1:1080/webtours/nav.pl?page=menu&in=flights",
            "Snapshot=t8.inf",
            "Mode=HTML",
            LAST);
    lr_end_transaction("退出", LR_AUTO);
return 0;
}
```

8.5　Web 端性能测试实例

为方便读者实践，这里选择一个 B/S 架构的免费开源论坛系统——phpwind 9.0，来实施性能测试的思路。

8.5.1　性能测试计划

1. 性能需求

1) 对于测试人员来说，最简单的方式就是从 phpwind 9.0 项目的 SRS 文档中获取用户可接受的性能指标，例如用户要求并发数达到 100 等。

2) 通常这些在 SRS 文档中没有描述，通过与用户沟通获取用户数据，例如注册用户数为 10 万人。通过注册用户数估算并发数（注册用户 10 万×20%×5% = 100）。

2. 业务建模

对论坛网站的各种业务流程进行整理分析。常见的操作包括注册、登录、发帖、查看帖子、用户之间的收发消息。

3. 确认测试目标

1）确认工具，因为 phpwind 9.0 是基于 B/S 架构，支持 HTTP 协议的。选择 LoadRunner 工具进行性能测试。

2）确认指标，并发数为 100，响应时间根据 2-5-8 原则定为 2 s。

3）网络拓扑图，如果有条件将 Web 服务器与数据库服务器分开，如图 8-38 所示。

4）确认服务器配置（软/硬件）

服务器的配置应尽量模拟真实环境的配置，见表 8-16。

图 8-38 网络拓扑图

表 8-16 服务器配置

设　　备	硬 件 配 置	软 件 配 置
Web 服务器	CPU：Intel i7 2.8 GHz 3.0 GHz 内存：DDR4 16 GB 硬盘：ST 10000 2 TB 512 MB 缓存 网卡：Intel 10/100/1000 自适应	操作系统：CentOS 7.0 64 位 Web 服务：Apache 监控工具：Nmon
数据库服务器	CPU：Intel i7 2.8 GHz 3.0 GHz 内存：DDR4 16 GB 硬盘：ST 10000 2 TB 512 MB 缓存 网卡：Intel 10/100/1000 自适应	操作系统：CentOS 7.0 64 位 数据库：MySQL 5.6+ 监控工具：Nmon
负载机	CPU：Intel i5 6200u 内存：DDR4 8 GB 硬盘：ST 500 GB 7200 网卡：Intel PCLe	操作系统：Windows 10 负载机：LoadRunner 11

4. 测试进度安排

测试进度安排见表 8-17。

表 8-17 测试进度安排

任　　务	开始时间	结束时间	工作日	备　　注
性能测试计划	2020-06-08	2020-06-09	2	
性能测试方案	2020-06-09	2020-06-11	2	
环境搭建	2020-06-11	2020-06-11	1	
脚本开发优化	2020-06-12	2020-06-16	3	结合项目时间进度
数据准备	2020-06-17	2020-06-17	1	
测试场景执行	2020-06-18	2020-06-26	6	
测试报告总结	2020-06-27	2020-06-27	1	

5. 存在风险

由于在测试环境很难模拟真实的上线情况（如线上实现负载均衡），所以该测试环境与真实环境存在一定误差，故该测试结果的数据无法代表在线的运行情况。

8.5.2 性能测试方案

1. 业务提取（开发测试脚本）

通过分析后，确认需要测试的主要业务（忽略游客的访问），见表8-18。

表8-18 需要测试的主要业务

序 号	业务名称	脚本实现的要求
1	注册	不同用户使用不同数据进行同时注册，用户注册的时间
2	登录	不同用户使用不同数据进行同时登录，用户登录的时间
3	查看	不同用户查看不同的帖子，用户查询返回结果的时间
4	发帖	不同用户同时发不同的帖子，用户发帖成功所需的时间
5	回帖	不同用户回帖，用户回帖提交的时间

2. 设计测试场景（测试用例）

分析数据和用户的行为，设计性能测试场景，见表8-19。

表8-19 设计性能测试场景

场景一		并发登录		
场景设计	初始化数据	100 用户		
	用户加载设置	每隔 1 s 加载 5 个用户		
	持续运行时间	持续运行 5 min		
	用户退出设置	每隔 1 s 退出 10 个用户		
是否启用集合点	启用	集合点策略选择	100%用户到达，释放	
是否设置思考时间	不启用	思考时间参考值	无	
是否启用 IP 欺骗	不启用			
性能指标	响应时间	TPS	事务成功率	CPU 占有率	内存占用率
预期性能指标	小于 2 s	50	大于 95%	小于 80%	小于 60%
实际性能指标					

单业务场景的其他场景（略），具体设计可参考场景六，见表8-20。

表8-20 设计其他场景性能

场景六		混合业务
场景设计	业务占比例%	登录 5、发帖 20、回帖 30、查帖 40
	初始化数据	2 万在线用户（活跃用户）
	用户加载设置	每隔 1 s 加载 2 个用户
	持续运行时间	持续运行半小时
	用户退出设置	每隔 1 s 退出 20 个用户

场景六		混合业务		
是否启用集合点	不启用	集合点策略选择	无	
是否设置思考时间	不启用	思考时间参考值	无	
是否启用 IP 欺骗	不启用			
性能指标	响应时间	TPS	事务成功率	CPU 占有率	内存占用率
预期性能指标	小于 5 s	50	大于 95%	小于 80%	小于 60%
实际性能指标					

以上性能测试场景仅供参考。

3. 搭建测试环境

Phpwind 9.0 环境参考附件，负载机的安装请参阅 8.4.4 小节。

4. 准备测试数据

准备注册用户数 20000，查询帖子的数据最少准备 20 万（每个用户发帖 10 个）。

1）编写 SQL 脚本直接插入数据，注意数据的依赖（熟悉表结构）。

2）通过测试脚本（注册、发帖）实现数据。

8.5.3　性能测试脚本

对设计好的场景进行脚本的开发，这里根据场景主要生成 5 个测试脚本，为了节省版面这里只列出优化后的脚本（用户输入的数据未实现参数化），分别如下。

1. 用户注册

用户注册实现代码如下：

```
Action( )
{
    web_reg_save_param_ex(                        //取出 TOKEN 值
        "ParamName=TOKEN",
        "LB=TOKEN：'",
        "RB=',",
        LAST);
    web_url("phpwind9.0",                         //进入网站
        "URL=http://192.168..1.8/phpwind9.0/",
        "Resource=0",
        "RecContentType=text/html",
        "Referer=",
        "Snapshot=t1.inf",
        "Mode=HTTP",
        LAST);
    lr_start_transaction("注册");
    web_url("注册",                               //进入注册页面
        "URL=http://192.168.1.8/phpwind9.0/index.php? m=u&c=register",
        "Resource=0",
        "RecContentType=text/html",
        "Referer=http://192.168.1.8/phpwind9.0/",
        "Snapshot=t3.inf",
        "Mode=HTML",
```

```
            LAST);
        web_reg_find("Fail=NotFound",            //注册成功检查点
            "SaveCount=注册计数",
            "Text=恭喜您注册成为 phpwind 9.0 会员!",
            LAST);
        web_submit_data("index.php_10",          //输入注册的信息
            "Action=http://192.168.1.8/phpwind9.0/index.php? m=u&c=register&a=dorun",
            "Method=POST",
            "RecContentType=text/html",
            "Referer=http://192.168.1.8/phpwind9.0/index.php? m=u&c=register",
            "Snapshot=t4.inf",
            "Mode=HTTP",
            ITEMDATA,
            "Name=username", "Value=hujiayi", ENDITEM,
            "Name=password", "Value=123456", ENDITEM,
            "Name=repassword", "Value=123456", ENDITEM,
            "Name=email", "Value=8773465@qq.com", ENDITEM,
            "Name=csrf_token", "Value={TOKEN}", ENDITEM,
            LAST);
        lr_end_transaction("注册", LR_AUTO);
    return 0;
    }
```

2. 用户登录

用户登录实现代码如下：

```
    Action()
    {
        web_reg_save_param_ex(                   //取出 TOKEN 值,进行关联
            "ParamName=TOKEN",
            "LB=TOKEN : '",
            "RB=',",
            LAST);
        web_url("phpwind9.0",                    //进入网站
            "URL=http://192.168.1.8/phpwind9.0/",
            "Resource=0",
            "RecContentType=text/html",
            "Referer=",
            "Snapshot=t1.inf",
            "Mode=HTTP",
            LAST);
        lr_start_transaction("登录");
        web_url("登录",                          //进入登录界面
            "URL=http://192.168.1.8/phpwind9.0/index.php? m=u&c=login",
            "Resource=0",
            "RecContentType=text/html",
            "Referer=",
            "Snapshot=t2.inf",
            "Mode=HTTP",
            LAST);
        // 添加 AJAX 请求头和 JSON 格式请求头
        web_add_header("x-requested-with","XMLHttpRequest");
```

```
        web_add_header("Accept","application/json, text/javascript, */*");
        web_reg_save_param_ex(                    // 输入登录的账号、密码
            "ParamName=statu",
            "LB=statu%3D",
            "RB=\",",
            LAST);
        web_submit_data("index. php_2",          //输入账号、密码登录
            "Action=http://192. 168. 1. 8/phpwind9. 0/index. php? m=u&c=login&a=dorun",
            "Method=POST",
            "RecContentType=text/html",
            "Referer=http://192. 168. 1. 8/phpwind9. 0/index. php? m=u&c=login",
            "Snapshot=t4. inf",
            "Mode=HTTP",
            ITEMDATA,
            "Name=username", "Value=hujiayi", ENDITEM,
            "Name=password", "Value=123456", ENDITEM,
            "Name=backurl", "Value=", ENDITEM,
            "Name=invite", "Value=", ENDITEM,
            "Name=csrf_token", "Value={TOKEN}", ENDITEM,
            LAST);
        web_reg_save_param_ex(                    // 取出登录后的用户名,进行判断
            "ParamName=取出登录后的用户名",
            "LB=class=\"username\">",
            "RB=</span>",
            "Savelen=6",
            LAST);
        web_url("index. php_3",                   // 登录返回的界面
            "URL=http://192. 168. 1. 8/phpwind9. 0/index. php? m=u&c=login&a=welcome&_statu={sta-
tu}",
            "Resource=0",
            "RecContentType=text/html",
            "Referer=",
            "Snapshot=t5. inf",
            "Mode=HTTP",
            LAST);
        if (strcmp(lr_eval_string("{取出登录后的用户名}"),"hujiayi")==0) {
            lr_end_transaction("登录", LR_PASS);
        }
        else {
            lr_end_transaction("登录", LR_FAIL);
        }
        //退出脚本省略
    return 0;
    }
```

3. 用户发帖

用户发帖实现代码如下:

```
    // 登录的脚本省略,可以放到 vuser_init 操作中
    Action()
    {
        lr_start_transaction("发帖");
```

```
/*选择发帖的板块*/
web_submit_data("index. php_5",    // 选择发帖的板块
    "Action=http://192. 168. 1. 8/phpwind9. 0/index. php? c=forum&a=list",
    "Method=POST",
    "TargetFrame=",
    "RecContentType=text/html",
    "Referer=http://192. 168. 1. 8/phpwind9. 0/",
    "Snapshot=t7. inf",
    "Mode=HTML",
    ITEMDATA,
    "Name=csrf_token", "Value={csrf_token}", ENDITEM,
    "Name=withMyforum", "Value=1", ENDITEM,
    LAST);
web_url("index. php_7",            //进入发帖界面
    "URL=http://192. 168. 1. 8/phpwind9. 0/index. php? c=post&fid=2",
    "TargetFrame=",
    "Resource=0",
    "RecContentType=text/html",
    "Referer=",
    "Snapshot=t9. inf",
    "Mode=HTML",
    LAST);
web_reg_save_param_ex(             // 提取发帖的编号 tid,进行关联
    "ParamName=tid",
    "LB=tid%3D",
    "RB=%26fid",
    LAST);
web_submit_data("index. php_9",    // 输入发帖主题+内容
"Action=http://192. 168. 1. 8/phpwind9. 0/index. php? c=post&a=doadd&_json=1&fid=2",
    "Method=POST",
    "EncType=multipart/form-data",
    "TargetFrame=",
    "RecContentType=text/html",
    "Referer=http://192. 168. 1. 8/phpwind9. 0/index. php? c=post&fid=2",
    "Snapshot=t11. inf",
    "Mode=HTML",
    ITEMDATA,
    "Name=atc_title", "Value=接口测试", ENDITEM,          //主题可以做参数
    "Name=atc_content", "Value=Jmeter 线程组详解", ENDITEM,//内容可以做参数
    "Name=pid", "Value=", ENDITEM,
    "Name=tid", "Value=", ENDITEM,
    "Name=special", "Value=default", ENDITEM,
    "Name=reply_notice", "Value=1", ENDITEM,
    "Name=csrf_token", "Value={csrf_token}", ENDITEM,
    LAST);
web_url("read. php",                                    // 发帖成功返回界面
    "URL=http://192. 168. 1. 8/phpwind9. 0/read. php? tid={tid}&fid=2",
    "TargetFrame=",
    "Resource=0",
    "RecContentType=text/html",
    "Referer=",
    "Snapshot=t12. inf",
```

```
                "Mode=HTML",
            LAST);
        if(web_get_int_property(HTTP_INFO_RETURN_CODE)= =200){
            lr_end_transaction("发贴", LR_PASS);
            lr_output_message("发贴成功");
        }
        else{
            lr_end_transaction("发贴", LR_FAIL);
        }
    return 0;
    }
    // 退出的脚本省略,可以放到 vuser_end 操作中
```

4. 用户回帖

用户回帖实现代码如下:

```
    // 登录的脚本省略,可以放到 vuser_init 操作中
    Action()
    {
        // 登录的脚本省略
        lr_start_transaction("回复");
        web_url("性能测试",                        //选择帖子,进入帖子
            "URL=http://192.168.1.60/phpwind9.0/read.php? tid=4&fid=2",
            "TargetFrame=_blank",
            "Resource=0",
            "RecContentType=text/html",
            "Referer=http://192.168.1.60/phpwind9.0/",
            "Snapshot=t6.inf",
            "Mode=HTML",
            LAST);
        web_url("回复",                             //单击"回复",进入帖子
            "URL=http://192.168.1.60/phpwind9.0/index.php? c=post&a=reply&tid=4",
            "TargetFrame=",
            "Resource=0",
            "RecContentType=text/html",
            "Referer=http://192.168.1.60/phpwind9.0/read.php? tid=4&fid=2",
            "Snapshot=t7.inf",
            "Mode=HTML",
            LAST);
        web_submit_data("index.php_5",              // 输入回复内容
        "Action=http://192.168.1.60/phpwind9.0/index.php? c=post&a=doreply&tid=4&fid=2",
            "Method=POST",
            "EncType=multipart/form-data",
            "TargetFrame=",
            "RecContentType=text/html",
            "Referer=http://192.168.1.60/phpwind9.0/index.php? c=post&a=reply&tid=4",
            "Snapshot=t9.inf",
            "Mode=HTML",
            ITEMDATA,
            "Name=atc_title", "Value=", ENDITEM,
            "Name=atc_content", "Value=用什么工具好?", ENDITEM,    //回复内容可以参数
            "Name=pid", "Value=", ENDITEM,
```

```
            "Name=tid" , "Value=4" , ENDITEM,
            "Name=special" , "Value=" , ENDITEM,
            "Name=reply_notice" , "Value=1" , ENDITEM,
            "Name=csrf_token" , "Value={csrf_token}" , ENDITEM,
            LAST);
    web_url("read.php" ,                           // 回复后返回的信息
            "URL=http://192.168.1.60/phpwind9.0/read.php? tid=4&fid=2&page=e",
            "TargetFrame=",
            "Resource=0",
            "RecContentType=text/html",
            "Referer=",
            "Snapshot=t10.inf",
            "Mode=HTML",
            LAST);
    if (web_get_int_property(HTTP_INFO_RETURN_CODE) = =200) {
        lr_end_transaction("回复", LR_PASS);
        lr_output_message("回帖成功");
    }
    else {
        lr_end_transaction("回复", LR_FAIL);
    }
    return 0;
}
    // 退出的脚本省略,可以放到 vuser_end 操作中
```

5. 用户查看帖子

用户查看帖子实现代码如下:

```
Action()
{
    web_reg_save_param_ex(       // 取出全部帖子的编号 tid
        "ParamName=tid_num",
        "LB=read.php? tid=",
        "RB=&fid",
        "Ordinal=All",
        LAST);
    web_url("phpwind9.0" ,        //进入网站
        "URL=http://192.168.1.60/phpwind9.0/",
        "TargetFrame=",
        "Resource=0",
        "RecContentType=text/html",
        "Referer=",
        "Snapshot=t1.inf",
        "Mode=HTML",
        LAST);
    // 随机选择帖子,进入查看
    lr_save_string(lr_paramarr_random("tid_num"),"rand_tid");
    web_url("帖子名称:性能测试"//随机进入帖子
        "URL=http://192.168.1.60/phpwind9.0/read.php? tid={rand_tid}&fid=2",
        "TargetFrame=_blank",
        "Resource=0",
        "RecContentType=text/html",
```

```
        "Referer=http://192.168.1.8/phpwind9.0/",
        "Snapshot=t2.inf",
        "Mode=HTML",
        LAST);
    web_url("返回列表",
        "URL=http://192.168.1.8/phpwind9.0/index.php?c=thread&fid=2&page=1",
        "TargetFrame=",
        "Resource=0",
        "RecContentType=text/html", "Referer=http://192.168.1.8/phpwind9.0/read.php?tid=
{rand_tid}&fid=2",
        "Snapshot=t3.inf",
        "Mode=HTML",
        LAST);
    return 0;
    }
```

8.5.4 执行性能场景

在运行场景前，首先检查测试脚本与脚本设置（参数的选择策略，日志是否关闭等），然后检查场景的运行设置与描述是否一致，同时开启服务器资源的监控。待确认无误后，可以开始运行场景。为了确保数据的准确性，每个场景至少运行3次，每次必须在相同的条件下执行，并且每次都要做好场景运行的记录以及数据的统计，避免由环境不同导致性能测试数据的误差。

由于环境问题，这里描述一下执行需要注意的事项和分析的思路。

1. 执行场景时需要注意事项

1）在执行前脚本需要检查：参数的选择策略、日志、思考时间和集合点的设置。

2）在执行前场景需要检查：负载机的监控、用户的启动、运行和退出的设置。

3）在运行场景过程中，协同DBA和运维人员对数据库和服务器进行监控。一旦发现问题立即停止场景，进行性能优化，待优化完成后，再重新进行性能测试，直到满足用户的性能需求。

2. 分析结果的思路

例如，执行100并发登录时，响应时间超过5 s，分析的思路如下。

● 首先通过监控的资源来确认是Web服务器和数据库服务器各占多少？

● 如果数据库服务器占用高，此时收集登录时所运行的SQL语句，分析数据库是否出现阻塞，是否存在资源争用，是否出现死锁以及数据库的缓存命中率是多少？

● 如果Web服务器占用高，首先通过优化登录脚本（屏蔽资源）后，再执行登录场景，收集数据进行分析，如果还是不正常，此时需要检查内存使用是否合理，登录程序是否存在问题等。如果优化登录脚本后正常，那就是前端的问题。

● Web前端分析，利用Fiddler抓取登录时的请求，查看登录发送请求（包括图片、JS、CSS等）的数量、请求的大小，分析是否可以通过缓存进行优化。

● 最后再计算请求的大小，查看网络是否出现阻塞。

总之，B/S架构的性能分析和定位可以分为两大部分：前端性能（请求的数量、大小、渲染、网络等）的分析和后端性能的分析（服务器）。

8.5.5 生成测试报告

一般性能测试报告的主要内容包括性能测试目的、测试环境、场景执行数据记录、分析评估性能、给出性能测试结论。

通用的性能测试报告内容见表8-21。

表8-21 性能测试报告

性能测试报告
1 概述
1.1 目的
1.2 项目描述
1.3 术语和缩写词
1.4 参考资料
2 测试概要
2.1 测试环境描述（软/硬件）
2.2 测试方法和工具
3 执行场景的数据记录
3.1 单业务场景的记录
3.2 混合业务场景的记录
4 性能分析（配图）
4.1 性能指标的分析
4.2 同行指标的对比
5 性能测试结论与建议
5.1 性能测试建议与风险
5.2 性能测试结论

第9章 APP 项目测试

本章主要介绍手机 APP 项目的测试方法。

学习目标：

- 掌握 APP 测试流程
- 掌握 APP 测试方法
- 掌握 APP 测试工具使用
- H5 测试方法

9.1 APP 发展

APP（Application 的缩写）通常指安装在智能手机上的软件。随着互联网技术的不断发展，无论是人才还是资源都呈现出从 PC 端到移动端流动的趋势。人们的工作环境、学习和生活方式也在随着智能手机的发展而改变，智能手机已经成为日常生活中不可缺少的一部分，如微信、支付宝、滴滴以及各种社交软件等。伴随着 5G 网络的到来，未来移动 APP 的发展将会以用户为主，朝着网络多元化、综合化、智能化的方向发展。

9.2 APP 测试流程

移动应用开发的周期一般都比较短，基本都属于敏捷开发，而且开发的模式跟传统互联网也有一点差异。通常开发模式都采用平行模式，人员比较少，但是分工比较明确，各团队之间（Android、iOS、后台）根据指定好的接口进行联调，也就是集成测试。

APP 的整个研发的周期一般在 2~3 个月，具体根据产品功能的复杂度来确定，而且测试周期一般是 1 周~3 周，所以测试人员比较少，大多数都是一个人负责，所以要求测试工程师熟悉 APP 的整个测试的流程、方法。APP 的测试流程如下。

1. 计划阶段

首先要确认产品的需求文档、原型设计图、接口文档以及相关的说明文档，然后根据这些文档规划项目的测试计划，整理测试思路（APP 测试思维导图），最后确认测试设备（Android 和 iOS 不同版本的真机）以及测试工具。

2. 设计阶段

测试用例的设计，通常根据业务流程结合用例设计方法来设计测试用例，然后在项目组内召开用例评审会，评审通过后再将测试用例进行归档。

3. 执行阶段

为了测试数据的准确，通常都是使用实体机执行测试用例。如果发现 Bug，经确认后在

244

缺陷管理工具中提交 Bug 单，等待开发修复，然后再进行回归测试。如果回归测试不通过，重新激活 Bug；如果回归测试通过，将 Bug 状态修改为关闭状态；如果开发人员拒绝 Bug，进行沟通交流，还可以在项目组内开会讨论。

4. 评估报告阶段

对遗留 Bug 进行风险评估，并给出处理方式以及意见，最后篆写测试报告，待项目上线后进行测试总结。

9.3 APP 测试方法

要想做好 APP 测试，首先需要了解 Android 与 iOS 操作系统的区别，再熟悉 APP 测试的方法，才能更全面地进行测试，建议采用真机进行测试。

9.3.1 Android 与 iOS

Android 最早成立于 2003 年，在 2005 年被 Google 收购，现归属 Google。在 2008 年 9 月发布了第一个版本 Android 1.0，代表产品是 T-Mobile G1，这个产品在 Android 系统中是一个很重要的里程碑。Android 是 Google 开发、发行的一个智能的、开放式的软件平台。它的内核是 Linux，其应用程序都用 Java 编程语言来编写。由于 Android 的运行机制采用虚拟机，系统需要占用大量内存来换取执行速度，再加上不定期的内存自动回收机制，从而导致卡顿的现象。iOS 是苹果公司在 2007 年 1 月推出的封闭式手机操作系统，它指定使用 Objective-C 语言。它的运行机制采用沙盒运行，整个运行过程中不需要虚拟机，所以相比 Android 其执行效率要高一点。

由于 Android 是采用了开放的策略，所以很多厂商对其进行了订制。这也使得 Android 手机在设计上相比 iOS 变得多样化，但是同时带来安全隐患，也就是说在测试 APP 软件时，Android 的安全性比 iOS 要低一些；同时在测试兼容性时，Android 也比 iOS 考虑得多一些。由于 Android 的设备比较多，基于市面上的辅助工具也比 iOS 应用要广泛一些。还需要注意的是系统版本，Android 系统的版本可升、可降，而 iOS 系统的版本只能升级（越狱除外）。

除了上述问题之外，APP 测试最大的问题是网络的不稳定以及隐私的安全问题，详见后面的介绍。

9.3.2 UI 测试

UI 测试即用户界面测试，具体测试方法如下。

1）首先确保 UI 界面设计符合国家、行业、企业的标准规范；

2）关注窗口、菜单、对话框以及按钮控件的布局、风格是否满足用户要求；

3）不同页面中控件大小、风格是否一致；

4）页面中颜色的搭配是否合理，整体的颜色不宜过多；

5）文字的提示是否友好，是否存在敏感词、关键词等；

6）操作是否简单、人性化，是否有帮助指引；

7）自适应界面设计，内容是否根据窗口的大小自适应；

8）图片是否涉及版权、隐私、专利等问题。

9.3.3　功能测试

功能测试就是验证各个功能是否与需求实现一致，可以从以下几个方面进行测试。

1. 安装卸载

1）在不同的操作系统下验证安装卸载是否正常，如 Android、iOS 等；

2）软件是否可以通过第三方工具进行安装、卸载；

3）安装卸载过程中是否可以取消；

4）安装卸载过程中出现异常处理是否符合需求，如重启、死机、断电、断网等；

5）安装过程中空间不足是否有提示信息；

6）安装文件是否写到指定的目录里，卸载后所有的文件及文件夹是否全部删除；

7）卸载后是否可以重新安装，安装后数据是否同步，功能是否正常；

8）重复安装是否会有提示信息；

9）直接卸载程序是否有提示信息。

2. 启动运行

1）安装后启动软件测试功能是否可以正常运行；

2）首次打开软件是否有访问提示，如允许访问通讯录、获取地理位置等；

3）首次启动运行时速度是否可观，页面之间切换是否流畅。

3. 注册登录

1）注册时要考虑用户名和密码的长度、格式是否有限制或规则等；

2）重名注册是否有提示信息；

3）注册成功后，用户是否可以正常登录；

4）软件是否有快捷登录，如手机号码、获取验证码之间进行登录；

5）是否支持第三方账号登录，如 QQ、微信、微博等账号；

6）登录时密码错误次数有没有限制；

7）登录时网络中断是否会有友好提示；

8）APP 是否实现免登录功能；

9）当用户主动退出后，下次启动 APP 应切换到登录界面。

4. 前后台切换

1）APP 切换到后台，再次返回 APP 时，是否停留在上一次操作的界面；

2）APP 切换到后台，再次返回 APP 时，功能是否正常，数据是否更新；

3）手机锁屏后，再解锁进入 APP，功能是否正常，数据是否更新；

4）出现提示信息后，切换到后台，再次返回 APP，检测提示信息是否存在；

5）多个 APP 软件之间切换，功能是否正常，数据是否更新；

6）使用 APP 时，与手机功能的交互测试，如来电话、收短信、闹钟等。

5. 升级更新

1）当 APP 有新版本时，是否有更新提示信息；

2）当版本为非强制升级更新时，不更新是否可以正常使用；

3）当不更新退出后，下次启动 APP，是否仍然有提示更新信息；

4）设置 APP 软件自动升级更新时，在无 Wi-Fi 的情况下，是否自动更新；

5) 当版本为强制升级更新时，不更新是否可以正常使用；

6) 升级更新后功能是否正常使用，数据是否会同步；

6. 异常测试

1) 电量测试，如电量 10%、50%、90%时，验证 APP 功能是否正常；

2) 低电量提示时，验证 APP 功能是否正常；

3) 充电、拔电时，验证 APP 功能是否正常；

4) 弱网测试，模拟 2G、3G、4G、Wi-Fi 时，验证 APP 功能是否正常；

5) 模拟网络 2G、3G、4G、Wi-Fi 之间的切换，验证 APP 功能是否正常；

6) 离线测试，检查 APP 是否支持离线浏览；

7) Push 测试，检查用户在免打扰模式下是否接受 Push。

9.3.4 性能测试

APP 的性能测试分手机端和服务端性能。

1. 手机端性能

手机端性能主要检查资源问题，如 CPU 占用、内存使用、耗电量、流量的情况。

（1）CPU 占用

据经验表明，在使用 APP 软件时，如果 CPU 占用率低于 20%表示为最佳状态，如果 CPU 占用在 20%~60%表示资源使用比较稳定，如果 CPU 占用率在 60%~80%表示资源使用饱和，如果 CPU 占用率超过 80%属于性能的瓶颈，必须尽快进行资源调整与优化。

（2）内存使用

手机的内存是非常有限的，为每个 APP 进程分配的私有内存也是有限制的。一方面，要合理地申请内存使用，以免导致内存溢出；另一方面，要及时释放内存，以免发生内存泄漏。不合理使用内存，经常会造成 APP 软件出现无响应、死机、崩溃、闪退等现象。

（3）耗电量

智能手机的电池都是内嵌的，它的电量也是非常有限的，而且智能手机本身耗电量就比较多（如屏幕、GPS 定位、传感器等），所以在进行 APP 测试时，必须要检查 APP 的电量使用，以免手机耗电发热导致不良的影响。

（4）流量的使用

目前手机网络类型主要包含 2G、3G、4G、Wi-Fi 等，其中还有不同运营商的区分，在使用 APP 软件时，经常遇到重复请求、响应慢等各种情况。在测试时要注意不同的网络下，流量的使用。

可以借助一些 Monkey 工具来检测 Android 手机端的性能问题，工具在后面小节介绍。

2. 服务端性能

APP 服务端性能跟 Web 性能大同小异，主要是模拟大量手机用户调用接口对服务器产生负载。可以使用 LoadRunner 12.0、Jmeter 等工具，对接口进行并发测试、负载测试、压力测试等。Jmeter 工具的使用，请参阅第 6 章。

9.3.5 安全测试

近年来，移动 APP 存在一个非常重要的问题就是安全问题，即用户的隐私泄漏。针对

APP 的安全测试可以参考以下几个方面。

1. 安装包安全性

1）首先验证安装包是否对签名进行了校验，以防止被恶意第三方应用覆盖安装等；
2）开发人员是否对源代码进行混淆，以免被反编译软件查看源代码；
3）用户隐私，特别是访问通讯录，需要对特定权限进行检查。

2. 用户安全性

1）用户在拨打电话、发短信、连接网络等是否存在扣费的风险；
2）用户密码在传输中是否进行加密，在数据库中存储是否进行了加密；
3）免登录是否设置了过期时间；
4）用户的账号、密码等敏感数据是否存储在设备上；
5）当用户注销账号时身份验证的接口是否可以调用；
6）对 Cookie 的使用是否设置了合理的过期时间。

3. 数据安全性

1）用户的敏感数据是否写到日志或配置文件中；
2）当用户使用敏感数据时是否给用户提示信息或安全警告；
3）在输入敏感数据时是否支持第三方输入法输入；
4）用户输入的数据是否进行了数据合法性的校验；
5）在含有敏感数据的连接中是否使用了安全通信，如 HTTPS；
6）对安全通信的数字证书是否进行合法的验证。

4. 通信安全性

1）所有手机的功能应优先处理，如接电话、收短信等；
2）当网络中断或出现异常时需要给用户网络异常的提示。

5. 服务端安全性

服务端主要关注接口，安全性跟 Web 端的安全性类似，主要考虑 SQL 注入、XSS 跨站脚本攻击、CSRF 跨站请求伪造以及越权访问等。

9.3.6 兼容性测试

众所周知，APP 兼容性测试是一个耗时、耗人力，而且成本很高的测试工作，且 APP 兼容性测试又是一项必须要进行的测试活动，测试时主要考虑手机端的软、硬件兼容性，一方面，考虑与主流 APP 的兼容性；另一方面考虑手机设备的兼容性，如不同品牌的手机，不同的操作系统，不同手机的屏幕分辨率等。

具体的测试方法可以使用模拟器来模拟不同的手机品牌、系统、分辨率进行测试，但是模拟器测试的数据会有差异，也可以购买真机进行测试。还可以借助第三方工具（如 Spider 工具）以及云测试平台来进行测试，这样既能保证兼容质量的同时，又能高效地完成 APP 兼容性测试的覆盖。

通常云测试平台可以免费模拟 30~50 款机型，其中机型的选择可以借助 APP 的数据统计平台来选取。例如，可以通过百度流量研究院 https://tongji.baidu.com/research/app，选取常用的机型作为测试机型进行测试。

9.3.7　接口测试

不管是 Web 端还是 APP 接口测试的方法思路大致相同（请参阅第 6 章接口测试)。

9.3.8　用户体验测试

由于 APP 软件的研发人员、研发周期以及测试周期都比较少，所以进行用户体验测试也是在 APP 测试中一项非常有必要的测试活动。通常公司组织内部人员，从用户的角度来评价产品的特性，提出修改意见，从而提升客户的满意度。体验可以从以下几点考虑。

1) UI 界面的设计，从用户视觉评价产品；
2) 使用真机对手机兼容性进行体验测试；
3) 用户的指引设计是否合理；
4) APP 页面跳转设计是否合理，深度是否太深；
5) 体验锁屏、横竖屏的设计以及各种异常操作等。

9.4　APP 测试工具

因为手机的局限性给测试带来很多不便，所以在 APP 的测试相对于 Web 测试更关注是一些工具的使用，下面介绍一下 Android 手机测试工具的使用。在介绍工具前，首先了解一下 Android 系统主要的目录描述，详见表 9-1。

表 9-1　Android 系统主要的目录描述

目　　录	子目录	功 能 描 述
/acct	/	系统回收站，删除的系统文件
/cache	/	是缓存文件夹，主要存储缓存文件
/data	/	存储用户安装的软件以及各种数据
	app/	用户将自己安装的 apk 文件放在这个目录下
	data/	用户安装文件存储位置，软件以**包名** package name 来命名
	system/	记录手机安装信息等文件的目录
/etc	/	配置文件，指向/system/etc/
/dev	/	设备文件，里面的文件很多都是设备模拟的文件系统
/proc	/	目录下包含着系统运行的各种信息
	/cpuinfo	查看 CPU 相关信息
	/meminfo	查看内存相关信息
/storage	/	手机存储设备，sdcard0 表示第一块 SD 存储卡
/mnt	/	挂载点，Sdcard 存储卡挂载目录
/sys	/	存储 linux 内核文件
/system	/	存储 Android 系统文件
	/app/	存储系统程序
	/bin/	存储的主要是 Linux 系统自带的组件

目　　录	子目录	功 能 描 述
/system	/build. prop	Android 系统中很重要的文件，记录系统的设置和改变
	/etc/	主要存储安卓系统的核心配置文件
	/fonts/	系统字体存储目录
	/framework/	核心文件，系统平台运行框架
	/lib/	存储几乎所有的共享库（. so）文件
	/media/	存储系统提示音以及系统铃声
	/usr/	用户的配置文件，如键盘布局、共享、时区文件等
/sbin	/	系统工具，用于调试 ADBD 程序

9.4.1　ADB

1. ADB 工具介绍

ADB（Android Debug Bridge 的缩写）是 Android SDK 里面的一个多用途调试工具，可以通过 ADB 来管理设备或模拟器的状态。ADB 工具主要有以下 3 个组成部分：

1）在计算机上运行的客户端。PC 端主要通过客户端与模拟器或设备通信；

2）在计算机上作为后台进程运行的服务器。负责管理客户端与模拟器或设备上的 ADBD 守护进程间的通信。

3）以后台进程的形式运行于模拟器或设备上守护进程 ADB。

当启动一个 ADB 客户端时，客户端首先确认是否有一个 ADB 服务器进程在运行。如果没有进程，则启动服务器进程。当 ADB 服务器运行，就会绑定本地的 TCP 端口 5037，并监听 ADB 客户端发来的命令。接着服务器将所有运行中的模拟器或设备实例建立连接。它会扫描所有 5554～5584 之间的端口来定位所有模拟器或设备。一旦服务器与所有模拟器实例建立连接，就可以使用 ADB 命令控制和访问该设备。我们可以通过向模拟器或设备发送命令来控制它，发送命令的一般格式：adb-s 设备名 命令（通过命令 adb devices 可获取设备名）。

使用 ADB 主要完成以下功能：

- 可以通过 ABD，快速更新设备或模拟器上的软件；
- 可以在设备或模拟器上运行 Shell 命令；
- 可以同步设备或模拟器上的文件，即上传、下载文件；
- 可以实时地抓取 APP 运行时的 Log 信息。

2. ADB 工具安装

ADB 的安装比较简单，直接下载安装包进行安装，然后配置环境变量即可。由于后面还会介绍 Mondkey 和 Monkey Runner 工具的使用，这里通过下载 Android SDK 工具包来介绍一下 ADB 的安装。

由于 Android 的应用是由 Java 语言编写的，所以开发和测试 Android 应用需要 Java 环境的支持，首先需要安装 jdk 包。JDK（Java Development Kit）是 Sun Microsystems 针对 Java 开发员的产品，是一个开发 Java 和 applet 的应用程序开发环境，它是整个 Java 的核心，包括 Java 运行环境、Java 工具和 Java 基础的类库。自从 Java 推出以来，JDK 已经成为使用最广泛的 Java SDK（Software Development Kit）。JDK 的基本组件如下：

- javac：编译器，将源程序转成字节码。
- jar：打包工具，将相关的类文件打包成一个文件。
- javadoc：文档生成器，从源码注释中提取文档。
- jdb：debugger，查错工具。
- java：运行编译后的 Java 程序（以 . class 为扩展名）。

在官网下载 Android SDK Tools 的安装包进行安装，但是下载比较慢，建议下载 zip 压缩包，解压后（此处解压到 D：\android-sdk），然后配置环境变量。下面介绍一下配置 Android SDK 的环境变量。具体步骤如下。

步骤 1：在系统变量中配置 ANDROID_SDK_HOME 的环境变量，在"系统变量"中→单击"新建"按钮→弹出新建系统变量的对话框，在变量名处输入"ANDROID_SDK_HOME"，在变量值处输入 SDK 的解压目录，此处输入"D：\android-sdk"，如图 9-1 所示，单击"确定"按钮，完成 ANDROID_SDK_HOME 环境变量的配置。

步骤 2：在 Path 环境变量中添加 platform-tools 与 tools 的目录。在"系统变量"中→找到 Path 变量→单击"编辑"按钮→弹出编辑系统变量的对话框，在变量值后面添加解压目录下"D：\android-sdk\platform-tools；D：\android-sdk\tools"，如图 9-2 所示。

图 9-1　配置 ANDROID_SDK_HOME 环境变量

图 9-2　添加 platform-tools 和 tools 环境变量

步骤 3：配置好上述环境变量后，验证 adb 配置是否成功。单击"开始"→在"运行"命令中→输入"cmd"按〈Enter〉键确认，进入命令提示窗口。然后输入"adb devices"进行验证，出现相关信息表示安装成功，如图 9-3 所示。

图 9-3　ADB 安装成功

3. ADB 安装常见的问题以及解决方法

- 问题一：出现 adb server version（32）doesn't match this client（36）；killing…
  error：unknown host service。

可能的原因是金山毒霸或 360 的手机助手占用了 ADB，需要把占用 ADB 的应用关掉，解决步骤如下。

步骤 1：找到占用端口的进程。在命令提示窗口输入，如下命令：

netstat -ano | findstr "5037" | findstr "LISTENING"

结果显示：TCP127.0.0.1:50370.0.0.0:0 LISTENING18384

步骤 2：根据进程 ID 18384 找到对应的程序，在命令提示窗口输入，如下命令：

tasklist | findstr "18384"

结果显示：sjk_daemon.exe18384 Console18,188K

步骤 3：打开任务管理器，找到 sjk_daemon.exe 进程，结束进程，重新连接设备。

● 问题二：如果连接模拟器时，出现 adb server is out of date. killing…。

可能的原因是另一个 adb 程序及服务已经启动并占用了端口。解决步骤如下。

步骤 1：同样查看端口占用情况。在命令提示窗口输入，如下命令：

netstat -ano | findstr "5037" | findstr "LISTENING"

结果显示：TCP127.0.0.1：50370.0.0.0：0 LISTENING2608

步骤 2：根据进程 ID 2608 找到对应的程序，在命令提示窗口输入，如下命令：

tasklist | findstr "2608"

结果显示：adb.exe2608Console17,808K

步骤 3：打开任务管理器，在进程 ID 中找到 2608，结束进程，重新启动模拟器。

4. ADB 基本命令介绍

（1）adb device

adb device：查询连接的设备或模拟器，使用 ADB 之前需要先查询 ADB 是否跟设备或模拟器连接上。在命令提示窗口输入命令"adb device"按〈Enter〉键，运行命令后，出现如下信息表示连接到设备，如图 9-4 所示。

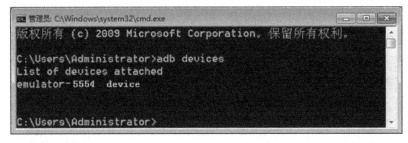

图 9-4　ADB 成功连接设备

命令 adb device 运行后有 3 种状态，如下：

● device：表示找到设备并于 ADB 连接上，如图 9-4 所示。

● no device：表示当前没有模拟器在运行，或没有找到任何设备。

● offline：表示设备或模拟器没有与 ADB 相连或没有响应。

如果出现多个 device 时，说明当前有多个设备或模拟器在运行。此时使用 ADB 时，需要用-s 指定一个目标设备。命令格式如下：

adb -s 目标设备名 命令

（2）adb install

adb install：用于设备安装软件。命令格式如下：

adb install[option] <path>

如 adb installD：\ ZGCourse.apk 运行命令后，出现 Success 标志，表示成功安装到设备或模拟器上

（3）adb uninstall

adb uninstall：用于卸载设备上的软件。命令格式如下：

adb uninstall[option] <package>

如在（2）中安装了 ZGCourse.apk 应用，它的包名是 com.coursemis。可以使用命令：adb uninstall com.coursemis 运行命令后，出现 Success 标志，表示成功卸载应用。

注意：不能直接使用命令：adb uninstallZGCourse.apk 进行卸载，是由于安装后已将包名改变，变为 AndroidMainifest.xml 文件中<manifest>节点下，package 元素所指定的名字。卸载时可以使用命令 adb shell ls /data/data/ 或者 adb shell pm list package 列出包名，然后卸载对应的包。adb shell 命令在后面有详细介绍。

（4）adb pull

adb pull：将设备或模拟器中文件复制到 PC 端。命令格式如下：

adb pull <remote> <local>

如 adbpull init.rc . 命令，表示将设备上的 init.rc 文件复制到本地的当前目录（init.rc 表示设备中的文件，. 表示 PC 端上当前目录）。

（5）adb push

adb push：将 PC 端文件复制到设备或模拟器中。命令格式如下：

adb push <local> <remote>

如 adbpush D:\ZGYC.txt /sdcard/命令，表示将文件复制到设备/sdcard/目录下。

（6）adb logcat

adblogcat：用来抓取 log 信息进行 Bug 跟踪。命令格式如下：

adb logcat [option] [filter-spec]

logcat 命令选项详见表 9-2，具体用法如下。

表 9-2　logcat 选项说明

选　　项	选 项 说 明
-v	日志的输出格式，默认是短暂的格式，支持的格式列表
-b	加载一个日志缓冲区，如 main、system（默认），还有 event 和 radio
-s	设置默认的过滤级别是 silent，如指定 '*：s'
-f	将 log 输出到指定的文件，默认为标准输出

选 项	选 项 说 明
-r	循环 log 的字节数，默认值是 16，需要和-f 选项一起使用
-n	设置循环 log 的最大数目，默认值是 4，需要和-r 选项一起使用
-g	打印日志缓冲区的大小并退出
-c	清除缓冲区中的全部日志并退出（清除完后可以使用-g 查看缓冲区）
-d	将缓冲区的 log 转存到屏幕中然后退出（不阻塞）

- adblogcat，表示实时抓取整个手机的 log 信息并在命令提示窗口输入信息。
- adblogcat > D：\log. txt，将实时抓取 log 信息并保存到本地 log. txt 文件。
- adblogcat -v time > D：\log. txt，获取的 log. txt 文件中加上时间信息。
- adblogcat -b radio > D：\log. txt，获取网络射频信息。
- adblogcat -b events > D：\log. txt，获取事件信息。
- adblogcat -v time -b main -b radio -b system > logcat. txt（常用的），获取的 log 信息加上时间信息、显示主要的缓冲区，与电话相关的和系统相关的日志。

logcat 命令过滤项详见表 9-3。

表 9-3　logcat 过滤项说明

过滤项	过滤项说明
-V	Verbose 显示全部信息
-D	Debug 显示调试信息
-I	Information 显示一般信息
-W	Warning 显示警告信息
-E	Error 显示错误信息
-F	Fatal 显示严重错误信息

此外，adblogcat 可以使用管道来设置过滤内容，还可以结合匹配正则表达过滤内容。

注：当应用或系统出现重启或崩溃异常后抓取 log。

- adbbugreport 获取 bugreport 信息。bugreport 记录 android 启动过程的 log，以及启动后的系统状态，包括进程列表、内存信息、VM 信息等。
- adb shelldumpsys dropbox --print 获取 dropbox 信息。记录出现过的异常等信息，用于分析 crash、重启等。
- adb pull /data/anr/ . 获取 anr 信息。系统或应用无响应时抓取的信息文件。

（7）adb shell

adb 提供了 shell 终端，通过 shell 终端可以在模拟器或设备上运行各种命令。这些命令是 linux shell 的一个子集，在手机的目录/system/bin 下，很多命令跟 bash shell 是一样的，如 ls、pwd、cat 等。

可以通过 adb shell 命令名，来使用这些命令，如 adb shell ls，也可以先用命令：adb shell 进入设备或模拟器的 shell 终端，再使用相应的命令。当设备在 shell 状态下，可以用 exit 来退出 shell 终端。

adb shell 常见命令用法，具体如下。

- adb shelldumpsys battery

功能：查看电池电量的相关信息。输入这条命令后，内容如图9-5所示。

图9-5 手机电池电量信息

在图9-5中，显示内容说明如下。

AC powered：true 表示电源供电。

USB powered：true 表示用 USB 供电。

status：5 表示电池电量是满的，总共 5 个等级。

health：2 电池健康状态，有 6 个值，分别是 0 和 1 表示未知状态，2 表示良好，3 表示过热，4 表示损坏，5 表示过压。

present：true 表示手机上有电池。

level：100 表示电池剩余电量是 100%。

scale：100 表示电池电量最大值是 100%。

voltage：3800 表示当前电池电压，正常值范围应该在 4350 以内。

temperature：300 表示当前电池温度值，300 表示 30°，范围一般在 300~380 之间。

technology：Li-ion，电池技术标准，Li-ion 表示锂电池。

- adb shelldumpsys wifi

功能：查看 Wi-Fi 网络信息。内容的含义：Wi-Fi is enabled，表示 Wi-Fi 处于连接状态。共有 5 种状态：

enabled：表示 Wi-Fi 已连接。

enabling：表示 Wi-Fi 正在启动。

disabled：表示 Wi-Fi 已关闭。

disabling：表示 Wi-Fi 正在关闭。

unknown：表示未知状态。

- adb shelldumpsys power

功能：查看电源管理相关信息。内容显示信息包括 Power Manager State、Settings and Configuration、UID states、Wireless Charger Detector State 等信息。

如果想单独看某个信息，可以加上 find 命令来查找。例如查看屏幕关闭时间，需要查找"mScreenOffTimeoutSetting"值，命令如下：

adb shell dumpsys power ｜ find "mScreenOffTimeoutSetting" 得到结果为 "mScreenOffTimeoutSetting=60000，" 60000 表示 60 s，就是 1 min。

- adb shelldumpsys telephony. registry

功能：查看电话相关信息。内容的含义：mCallState 表示呼叫状态，0 表示待机状态，1 表示来电未接听，2 表示电话占线。

- adb shelldumpsys meminfo

功能：查看所有应用运行过程中占用内存的情况。

- adb shelldumpsys cpuinfo

功能：查看 CPU 的动态占用率，按 CPU 的使用率从大到小排列。

命令：adb shell top –m 5 –n 10 –s cpu 也可以查看 CPU，运行后如图 9-6 所示。

图 9-6 CPU 的占用率

参数说明：

–m：显示进程数量。

–n：数据的刷新次数。

–s：按什么排序。

–d：刷新时间间隔，默认为 5 s。

- adb shelldumpstate

功能：查看系统当前状态的信息。信息内容包括系统构建版本信息、网络相关信息、内核相关信息、运行时间信息、内存使用情况、CPU 使用情况、进程相关信息等。

注：显示信息非常多，为了方便查看，最好重定向到一个文件里面。

- adb shelldmesg

功能：查看内核日志信息。

- adb shell df

功能：查看手机系统各个分区信息。

- adb shellgetprop gsm. network. type

功能：获取手机网络类型信息。

- adb shellgetprop ro. build. version. release

功能：获取手机系统版本信息。

- adb shell cat /proc/cpuinfo

功能：查看 CPU 相关信息。

- adb shell cat /proc/meminfo

功能：查看内存相关信息。其中 Memtotal 表示总运行内存，MemFree 表示剩余内存。

- adb shell cat /proc/version

功能：获取设备内核版本信息。

- adb shell cat /proc/net/xt_qtaguid/stats

功能：查看手机流量数据。内容信息比较多，每一行表示每次获得的流量信息，包括发送与接收的数据，重点关注：第四列表示 UID（应用运行的用户 ID 号），第六列表示接收的数据量，第八列表示发送的数据量。

（8）adb 其他命令详解

adb get-serialno：获取设备的序列号。

adb get-state：查看设备或模拟器的当前状态，其中 device 表示已连接。

adb start-server：启动 ADB 服务器，当 ADB 出现异常后，可用重启 ADB。

adb kill-server：关闭 ADB 服务器，当 ADB 状态不稳定，可用命令关闭 ADB。

adb shell am（Activity Manager）：模拟一些动作操作设备。

adb shell pm（package manager）：查询设备上的应用。

总述，ADB 命令比较多，记住常用的命令即可。

9.4.2 AAPT

AAPT 是 Android Asset Packaging Tool 的缩写，是 Android 应用资源打包工具。可以用 AAPT 工具来创建 APK 文件，也可以用它来列出 APK 文件里面的详细信息，包括一些组件文件与资源文件等。AAPT 存储在 SDK 的 build-tools 目录下，使用时需要在环境变量 path 中添加 AAPT 的路径。由于配置 ADB 时添加了环境变量，也可以直接将 aapt. exe 文件复制到 platform-tools 目录下即可。AAPT 工具的子命令也比较多，这里介绍一下常用的子命令。

1. l→list

list 列出应用程序 * . apk 包里的内容，命令格式：aapt list * . apk。

例子：aapt list D：\notepad. apk。

显示 notepad. apk 包里的内容。

一般 apk 里面的内容很多，最好用重定向把文件内容重定向到一个文本文件里面，方便查看。如：aapt list D：\notepad. apk > D：\apk. txt。

2. d→dump

dump 查看 apk 的基本信息，命令格式：aapt d values * . apk，其中 values 的值可以选以下内容。

（1）badging

参数说明：列出应用的基本信息，包括包名 package name、版本、应用名字（application-label）、可执行的活动（launchable-activity）等信息。

例子：查看 ImageViewer. apk 的基本信息命令：aapt d badging D：\ ImageViewer. apk。如果只想得到包名，用以下命令：

aapt d badging D：\ ZGYC. apk | findstr " package"。通过这个方式得到的包名是 com. loveplusplus. demo. image。

如果想查看应用的启动 activity 名字，可以用以下命令：

aapt d badging D：\ ZGYC. apk | findstr " launchable - activity"。得到的结果是

257

com. loveplusplus. demo. ZGYC. MainActivity。

（2） permissions

参数说明：查看 apk 的应用权限。

例子：查看 ZGYC. apk 的权限，aapt d permissions D：\ZGYC. apk。

（3） configurations

参数说明：显示 apk 的配置信息，例如版本号、分辨率等信息。

例子：查看 ZGYC. apk 的配置信息，aapt d configurations D： \ ZGYC. apk。

（4） resources

参数说明：列出应用里面的资源信息。

例子：查看 ZGYC. apk 的资源信息，aapt d resources　D：\ZGYC. apk。

3. 其他参数

p→package：生成资源包。

r→remove：从 apk 包里删除指定文件。

a→add：添加文件到 apk 包中。

这些参数相对测试基本上用不到，这里就不做介绍了，可参阅 Android 官网。

9.4.3　Monkey

1. Monkey 工具介绍

Monkey 是 Android 中自带的一个命令行工具，可以运行在模拟器或设备中。它向系统发送随机的伪用户事件流（点击、触摸、手势等），实现对正在开发的应用程序进行压力测试。它在 Android 文件系统中的存放路径是：/system/framework/monkey. jar，可以通过命令行来启动。Monkey 表面上运行在设备上，其实是在设备的终端中运行，所以运行 Monkey 的命令前需要加上 adb shell，也可以进入 shell 终端后直接输入命令运行。

1） Monkey 包括许多选项，大致分以下 4 大类。

- 基本配置选项，如设置事件的数量。
- 运行约束选项，如设置只对单独的包进行测试。
- 事件类型和频率，如点击事件和触屏事件占比多少以及事件之间的间隔时间等。
- 调试选项，如是否忽略 crashes、ANR 等。

2） Monkey 运行时会生成事件，并把信息发给系统；同时，还对测试中的系统进行检测，对下列 3 种情况进行特殊处理。

- 可以指定在一个或几个包上做测试。
- 应用程序崩溃或接收到异常，可以指定命令让 monkey 继续运行。
- 应用程序无响应（ANR），Monkey 会停止运行，可以指定命令让 monkey 继续运行。

2. Monkey 测试使用流程

Monkey 是一个稳定性压力测试工具，通常是在功能测试完成后，进行稳定性压力测试。主要用来检测手机是否出现无响应、闪退、崩溃以及死机等。导致这些问题的主要原因就是内存泄漏。这里说一下 Monkey 测试的使用流程，如图 9-7 所示。

首先利用命令或工具查看手机内存，然后运行 Monkey 命令，再次查看手机内存，如果内存出现递增现象，说明存在内存泄漏，需要立即解决问题，此时可以借助 DDMS 来分析定位问题。DDMS 在后面小节介绍，下面主要介绍一下 Monkey 的基本使用方法。

图 9-7　Monkey 使用流程

3. Monkey 基本使用

Monkey 的基本语法：adb shell monkey［选项］COUNT。下面介绍 Monkey 的参数选项。

–help 查看 Monkey 的帮助信息。在命令行输入命令：adb shell monkey –help，运行结果如图 9-8 所示。

图 9-8　Monkey 参数选项

COUNT 用于设置执行事件的次数。

例如：adb shell monkey 1000。

表示 Monkey 模拟设备或模拟器上的所有应用，随机执行 1000 次用户事件。

（1）【基础参数】

基础参数主要有-p、-v、-s、--throttle 等。

- -p ALLOWED_PACKAGE

参数说明：指定被测试的应用包名，Monkey 只允许启动包里面的 Activity。首先可以用命令 adb shell ls /data/data/来查看这些 Activity。

例如：adb shell monkey -p com. android. calendar 100。

表示 Monkey 模拟设备上 com. android. calendar 应用，随机执行 100 次用户事件。

如果要指定多个包，需要使用多个-p 选项，每个-p 选项只能指定一个包。

例子：adb shell monkey -p com. android. deskclock -p com. coursemis 100。

表示 Monkey 模拟设备上 com. courses 和 com. ZGYC 应用，随机执行 100 次用户事件。

- -v

参数说明：增加反馈信息的级别，共分以下 3 个级别。

1 个-v：Level 0：默认值，除启动提示、测试完成和最终结果外，提供较少信息。

2 个-v -v：Level 1：提供详细的测试信息，如逐个发送到应用 Activity 的事件。

3 个-v -v -v：Level 2：最详细的日志，包括测试中选中/未选中的 Activity 信息。

例子：adb shell monkey -p com. freshO2O -v -v -v 100

命令中有 3 个 v，显示信息的级别为 Level 2。

- -s<seed>

参数说明：指定随机数的种子值 seed。如果用相同的 seed 再次运行 Monkey，将生成相同的时间序列。如果不指定种子值，系统会随机生成一个种子值，在出现 Bug 时该种子值会和 Bug 信息一起被输出，这也是为了便于复现该 Bug。

例子：adb shell monkey -p com. android. music -s 10 100。

如果运行两次这个例子，最终运行结果是一样的，因为指定的随机种子值都是 10，模拟的用户操作序列相同，所以操作序列是伪随机的。

- --throttle<ms>

参数说明：在事件（用户操作）之间插入固定延迟，单位是毫秒。通过这个选项可以减缓 Monkey 的执行速度。如果不指定这个选项，Monkey 不会延迟。

例子：adb shell monkey -p com. android. music --throttle 300 100。

说明：指定事件之间的延迟为 300 ms。

(2)【调试选项】

调试选项主要有--ignore-crashes、--ignore-timeouts、--pkg-blacklist-file、--pkg-whitelist-file、--ignore-security-exceptions、--monitor-native-crashes、--kill-process-after-error、--hprof 等。

- --ignore-crashes

参数说明：用于指定当应用程序崩溃时（crash，或者 FC），Monkey 是否停止运行。如果使用此参数，即使应用程序崩溃，Monkey 依然会发送事件，直到事件计数完成。

例子：adb shell monkey -p com. android. settings --ignore-crashes 1000。

表示在测试过程中，即使 settings 程序崩溃，Monkey 依然会继续发送事件，直到事件数目达到 1000 为止。

- --ignore-timeouts

参数说明：用于指定当应用程序发生 ANR（Application No Responding，应用程序没有响应）时，monkey 是否停止运行。如果使用此参数，即使应用程序发生 ANR 错误，Monkey 依然会发送事件，直到事件计数完成。

例子：adb shell monkey -p com. android. settings --ignore-timeouts 1000。

表示在测试过程中，即使应用程序无响应，Monkey 依然会继续发送事件，直到事件数目达到 1000 为止。

- --ignore-security-exceptions

参数说明：用于指定应用程序发生许可错误时（如证书许可、网络许可等），Monkey 是否停止运行。如果使用此参数，即使应用程序发生许可错误，Monkey 依然会发送事件，直到事件计数完成。

例子：adb shell monkey -p com. android. music --ignore-security-exceptions 1000。

表示在测试过程中，如果应用程序发生许可错误时，Monkey 依然会继续发送事件，直到事件数目达到 1000 为止。

- --pkg-blacklist-file PACKAGE_BLACKLIST_FILE

参数说明：设置应用测试黑名单，黑名单设置里面的应用包不参与测试。

使用方法：在--pkg-blacklist-file 后面跟的是文件的路径，这个文件里面保存的就是没有参与测试的应用列表，需要把这个文件 push 到设备或模拟器后，才可以进行测试。这个选项一般用来测试手机整机的稳定性。

例子：编辑文件 blacklist. txt，把 com. android. contacts 和 com. android. launcher 应用包放到 blacklist. txt 文件中，再把黑名单文件 push 到设备：adb push blacklist. txt /data/local/tmp/下。

运行命令：adb shell monkey --pkg-blacklist-file /data/local/tmp/blacklist. txt --throttle 300 1000 进行测试。当执行 com. android. contacts 和 com. android. launcher 应用时 Monkey 忽略，其他应用延时 0.3 s。

- --pkg-whitelist-file PACKAGE_WHITELIST_FILE

参数说明：设置应用测试白名单，就只有这些应用参与测试，有时候如果参与测试的应用包很多，可以把这些应用包放在一个文件里面，用设置白名单的方法进行测试。

例子：编辑文件 whitelist. txt，把 com. android. music 和 com. android. settings 应用包放到 whitelist. txt 文件中，再把白名单文件 push 到设备：adb push whitelist. txt /data/local/tmp/下。

运行命令：adb shell monkey --pkg-whitelist-file /data/local/tmp/whitelist. txt --throttle 300 1000 进行测试。Monkey 只执行白名单中的应用，并设计延时 0.3 s。

- --monitor-native-crashes

参数说明：用于指定是否监视并报告应用程序发生崩溃的本地代码。如果应用本身带有本地的代码库，可以带上这个参数。

例子：adb shell monkey -p com. android. calendar --monitor-native-crashes 1000。

表示在测试过程中，如果 calendar 应用程序本身带有本地的代码库，Monkey 会在显示信息中报告本地代码。

- --kill-process-after-error

参数说明：用于指定当应用程序发生错误时，是否停止其运行。如果指定此参数，当应用程序发生错误时，应用程序停止运行并保持在当前状态（应用程序仅是静止在发生错误时的状态，系统并不会结束该应用程序的进程）。

例子：adb shell monkey -p com. android. music --kill-process-after-error 1000。

表示在测试过程中，如果 music 发送错误，Monkey 会停止运行并保持在当前状态。

● --hprof

参数说明：如果设置这个选项将在 Monkey 事件序列之前和之后生成概要分析报告。这将在数据/misc 中生成大型（5 Mb）文件，请慎用该选项，一般不使用该选项。

（3）【事件选项】

事件选项主要有--pct-[touch、motion、trackball、syskeys、nav、majornav、appswitch、flip、rotation、anyevent、pinchzoom]等。Monkey 可以同时指定多个类型事件的百分比，但总和不能超过 100%。

● --pct-touch <percent>

参数说明：调整触摸事件的百分比，触摸事件是一个"按下"-"抬起"事件，发生在屏幕的某处。

例子：adb shell monkey -p com. android. music --pct-touch 10 1000。设置测试时的触摸事件的百分比为 10%。

● --pct-motion <percent>

参数说明：调整动作事件的百分比，动作事件由屏幕上某处的按下事件、随机事件和抬起事件组成。

例子：adb shell monkey -p com. android. calendar --pct-motion 20 1000。表示设置动作事件的百分比为 20%。

● --pct-trackball <percent>

参数说明：调整轨迹事件的百分比，轨迹事件由一个或几个随机的移动事件组成，有时还伴随有点击。

例子：adb shell monkey -p com. android. calendar --pct-trackball 30 1000。表示设置轨迹事件的百分比为 30%。

● --pct-syskeys <percent>

参数说明：调整系统按键事件的百分比，系统按键是指 HOME、BACK、POWER、音量+、音量-等按键。

例子：adb shell monkey -p com. android. calendar --pct-syskeys 60 1000。

● --pct-nav <percent>

参数说明：调整基本导航事件的百分比，基本导航事件由 up、down、left、right 组成。

例子：adb shell monkey -p com. android. calendar --pct-nav 30 1000。

● --pct-majornav <percent>

参数说明：调整主要导航事件的百分比，这些导航事件主要是键盘中的一些按键事件。

例子：adb shell monkey -p com. android. calendar --pct-majornav 50 1000。

● --pct-appswitch <percent>

参数说明：调整启动 APP Activity 的百分比，也就是调用应用活动控件的百分比。

● --pct-flip <percent>

参数说明：键盘翻转事件百分比。

- --pct-rotation <percent>

参数说明：设置旋转事件的百分比，就是设置应用的转屏动作。

例子：adb shell monkey -p com. android. calendar --pct-rotation 100 1000。表示设置应用camera 的转屏事件百分比为 100 进行测试。

- --pct-anyevent <percent>

参数说明：调整其他类型事件的百分比，包括所有其他类型的事件。

- --pct-pinchzoom

参数说明：调整缩放事件百分比。

（4）【测试实例】

运行 monkey 命令：adb shell monkey -s 100 --throttle 300 -p com. android. music --pct-nav 40 --ignore-crashes --ignore-timeouts --ignore-security-exceptions -v -v -v 1000 > monkey_log. txt

实例说明：测试音乐，指定伪随机种子数为100，设置每个事件间隔时间为0.3 s，并设置 up/down/left/right 导航百分比为40%，忽略程序崩溃、程序发生 ANR 以及许可错误，指定信息级别为 Level 2。测试最后把信息 Log 保存在文件 monkey_log. txt 里面。

4. Monkey 测试结果 log 分析

1）正常 log，列出 monkey 运行时设置的参数，一般显示信息如下：

```
:Monkey：seed=100 count=1000
:AllowPackage：com. android. music
:IncludeCategory：android. intent. category. LAUNCHER
:IncludeCategory：android. intent. category. MONKEY
时间消息 log(略)
:Sending Key (ACTION_DOWN)：22    // KEYCODE_DPAD_RIGHT
:Sending Key (ACTION_UP)：22      // KEYCODE_DPAD_RIGHT
应用切换的 log
// Event percentages：
//    0：15.0%        ->事件 0 的百分比,--pct-touch
//    1：10.0%        ->事件 1 的百分比,--pct-motion
//    2：2.0%         ->事件 2 的百分比,--pct-pinchzoom
//    3：15.0%        ->事件 3 的百分比,--pct-trackball
//    4：-0.0%        ->事件 4 的百分比,--pct-rotation
//    5：25.0%        ->事件 5 的百分比,--pct-nav
//    6：15.0%        ->事件 6 的百分比,--pct-majornav
//    7：2.0%         ->事件 7 的百分比,--pct-syskeys
//    8：2.0%         ->事件 8 的百分比,--pct-appswitch
//    9：1.0%         ->事件 9 的百分比,--pct-flip
//    10：13.0%       ->事件 10 的百分比,--pct-anyevent
:Switch：#Intent；action=android. intent. action. MAIN；category=android. intent. category. LAUNCHER；
launchFlags=0x10200000；component=com. android. music/. MusicBrowserActivity；end
//Allowing start of Intent {act=android.intent.action.MAIN cat=[android.intent.category.LAUNCHER]
cmp=com.android.music/.MusicBrowserActivity } in package com.android. music
```

2）出现异常时，log 主要有两种：一种是 crash 信息，应用崩溃后会出现这种 log；另一个是 ANR log。

- crash log 分析

在 log 文件中搜索 crash，如果找到 crash，说明应用出现过崩溃的情况。崩溃的原因有很多种，主要有 NullPointerException（空指针异常）、IllegalStateException（非法指针参数）、OutOfMemoryError（低内存异常）。

- ANR log 分析

在 log 文件中搜索 ANR，如果能找到，表示测试过程中出现过应用运行无响应的情况。出现 ANR 的可能原因：某个进程处理时间过长，让应用等待超时，应用本身等待网络超时，相关应用处理不同步，导致一直等待。

- 其他异常情况

Restart System 异常（系统重新启动）、RuntimeException（Android 运行时异常）、StaleDataException、ReadException（数据处理异常）。

3）如果测试过程中有异常的 log，并且没有加上忽略异常的选项，在测试结束之后有类似以下的 log。

```
Events injected：35
：Sending rotation degree = 0，persist = false
：Dropped：keys = 0 pointers = 0 trackballs = 0 flips = 0 rotations = 0
## Network stats：elapsed time = 76376ms（0ms mobile，76376ms wifi，0ms notconnected）
＊＊ System appears to have crashed at event 35 of 100 using seed 0
```

总之，Monkey 进行稳定性压力测试中，如果出现异常后，需要提交 log 给开发人员分析。建议在测试过程中结合 logcat 实时抓取日志用来分析问题。

5. Monkey 测试时注意事项

（1）准备好测试的前置条件

测试之前应做一些准备，例如手机需要安装哪些应用，SD 卡中需要哪些数据，Android 系统需要开启哪些设置或功能等。这些工作应该在 Monkey 测试前做好准备，否则想在测试执行过程中再去设置就无法操作。

（2）慎重使用 ADB

一般会在两种情况下执行 Monkey 测试：工作时间或休息时间。如果在工作时间，想在模拟器或真机上执行 Monkey 测试的同时做其他工作，记住慎重使用 ADB 相关的命令，尤其是 adb kill-server 这样的命令。由于 Monkey 是通过 adb shell 命令启动的，当由于某种原因在使用 adb 命令时重启 adb 服务时，Monkey 测试的日志记录会被终止，测试之后不会有相应的日志记录，这种情况，如果测试发现崩溃问题，将不会记录 log 日志，这样很难分析问题。

（3）同时记录 Android 系统日志

有些问题单独从 Monkey 的测试日志里面可能没办法定位到具体原因，有时候必须借助 Android 的系统日志，才能全面地了解问题。所以执行 Monkey 测试的同时，最好同时抓取 adb logcat 信息。

（4）需要记录 seed 值

seed 值是唯一能够重现 Monkey 测试中出现崩溃问题的方法。当一个 Monkey 测试出现的问题被修复之后，有时候不知道如何进行验证，这时候只能通过相同的参数，相同的 seed 值进行重现验证。

（5）不要使用单一的命令

可以多写几条有不同测试偏重点的 Monkey 测试命令，在一个项目中同时使用这些命令进行测试，以便在每次测试时达到不同的测试效果，找到更多的缺陷。

（6）重视 crash

Monkey 测试所出现的 NullPointException（空指针崩溃）等都是可以在用户使用时出现的，何时出现只不过是时间问题。所以，Monkey 所有的 crash 都需要在发布前修复好。

9.4.4　DDMS

DDMS 是 Dalvik Debug Monitor Service 的缩写，实际是 Android 虚拟机的调试监听服务器。它提供了端口转发服务、设备屏幕截取、设备上的线程和堆信息、logcat 信息、进程和广播状态信息、来电和信息模拟、地理位置数据模拟等。

DDMS 包含在 SDK 的 tool/目录中。在 ADB 中添加过环境变量，这里直接在终端下输入 DDMS 可以运行它。DDMS 工作在设备或模拟器上，如果真机设备或模拟器都同时运行并且都连接到计算机上，那么 DDMS 默认工作在模拟器上。

1. DDMS 工作原理

DDMS 担当了连接开发测试环境和运行在设备上应用程序的"中间人"的角色。在 Android 上，每个应用运行在它自己的进程中，都有自己的虚拟机（VM）实例。DDMS 启动的时候，它连接到 ADB，在 ADB 和 DDMS 之间启动设备监视服务。当设备连接时，在 ADB 和 DDMS 间建立了虚拟机监听服务，它将通知 DDMS "设备上的虚拟机何时开始、何时终止"。一旦虚拟机运行，DDMS 通过 ADB 取得虚拟机进程的 PID，并通过 ADBD（ADB Deamon 守护进程）开启一个到虚拟机调试器的连接。DDMS 可以通过相应的协议和虚拟机通信。

在命令行下运行 ddms 便可以启动 DDMS. 启动 DDMS 之前需要先运行模拟器或连上设备。

2. DDMS 的功能

DDMS 集成在 Android 的虚拟机中，用于管理运行在模拟器或设备上的进程，并协助进行调试。可以用它来选择一个程序来调试、生成跟踪数据、查看堆和线程数据、对模拟器或设备进行屏幕快照等。

（1）启动 DDMS

启动 DDMS 之前需要连上设备或模拟器。然后在命令行下运行 ddms 便可以启动 DDMS。启动后界面如图 9-9 所示（图中分 3 大模块，第 1 模块是设备或模拟器中运行的进程。第 2 模块有多个标签页，包括 info、Threads、VM Heap、Sysinfo、Network 等。第 3 模块显示应用运行的日志信息）。

（2）日志信息—logcat

用来显示系统中的调试信息，在程序中调用的 log 类函数的输出信息，都在这里输出。如图 9-9 中第 3 模块所示。Logcat 中输出很多日志信息，可以选择不同级别的信息进行显示，日志显示的级别，详见表 9-3。

（3）线程标签页--Threads

显示在目标虚拟机中当前进程中的所有线程信息，如图 9-10 所示。

在图 9-10 中，显示了进程 com. freshO2O 的线程信息。其中：ID 表示在虚拟机中的线

图 9-9　DDMS 启动界面

图 9-10　线程标签 Threads

程 ID；Tid 表示 Linux 线程 ID，跟 PID 一致；Status 表示状态值（状态值有 Runnable 正在执行、wait 等待执行、monitor 等待获取一个监听锁），带 "＊" 表示守护进程；Utime 表示应用执行的累计时间；Stime 表示系统执行的累计时间；Name 表示线程的名字。

（4）内存堆状态信息 VM heap

首先在图 9-11 中，单击 ▉ 图标（show heap update），然后再单击 ▉ 图标（Cause an immediate GC），便在 VM Heap 标签页显示虚拟机内存堆信息，显示当前进程占用的内存情况。其中，Heap Size 表示该进程能用的总共内存大小，Allocated 表示该进程当前使用的内存空间，Free 表示剩余的内存空间，如图 9-11 所示。

（5）生成分析 .hprof 文件

在图 9-11 中，单击有 ▉ 图标（Dump HPROF file）可以抓取 heap dump 文件，它的扩展名为 .hprof，开发人员通过分析 heap dump 可以发现应用是否存在内存泄漏的问题。

（6）导入导出

在启动页面中，菜单栏 Device 下，单击 File Exporler 选项会列出当前设备或模拟器上的所有文件，如图 9-12 所示。还可以把设备或模拟器上的文件导出到 PC 端，也可以将 PC 端上的文件复制到设备或模拟器。

图 9-11　内存堆状信息

图 9-12　导出文件信息

（7）保存截图

DDMS 还提供了一个截图功能，当测试过程中发现一个问题，并且想把现场保存下来，可以使用 DDMS 来保存截图。

具体操作：在启动界面菜单栏 Device 下，单击"Screen capture"按钮，在出现图中单击"Save"按钮保存，然后选择保存路径进行保存，最后保存为 .png 文件。

9.4.5　Fiddler

Fiddler 是一个 HTTP 的调试代理工具，以代理服务器的方式，监听系统的 HTTP 网络数据，俗称抓包工具。

在官网 http://www.telerik.com/download/fiddler 下载 Fiddler 安装即可。

1. Fiddler 工具介绍

启动 Fiddler 后，进入启动 Fiddler 的主界面，如图 9-13 所示。

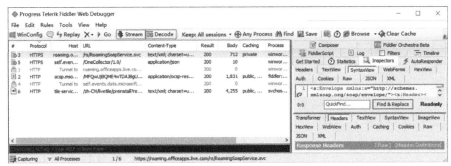

图 9-13　Fiddler 主界面

简单介绍一下界面中各字段的含义说明，见表 9-4。

表 9-4　Fiddler 各字段说明

字　　段	说　　明
#	数据编号，按抓包顺序从 1 开始递增
Result	HTTP 状态码
Protocol	显示请求使用的协议类型
HOST	请求地址的主机名或域名
URL	请求资源的链接地址
Body	请求的大小
Caching	请求的缓存过期时间或者缓存控制值
Content–Type	请求响应的类型
Process	发送请求的进程 ID 号
Comments	备注
Custom	自定义值

右边是具体一条 HTTP 数据的详细信息，包括头信息，WebForms 可查看参数名和值，TextView 可查看接口响应数据等信息。很多应用获取的数据都是 JSON 格式数据。

这里介绍一下如何利用 Fiddler 抓取数据包与 HTTP 接口，以及在 APP 测试中如何利用 Fiddler 来模拟弱网测试。

2. Fiddler 抓取接口

（1）配置 Fiddler 的具体步骤

步骤 1：启动 Fiddler，在启动页面中选择"Tools"→"Options"，如图 9-14 所示。

步骤 2：在弹出 Options 页面中，单击"Connections"选项，勾选"Allow remote computers to connect"，再单击"OK"按钮，如图 9-15 所示。

（2）配置手机的具体步骤

步骤 1：设置手机（vivo 为例）进入开发者模式，进入手机"设置"→"关于手机"→连续单击"软件版本号"，出现提示"您已处于开发者模式"，如图 9-16 所示。

步骤 2：然后进入"开发者选项"→启用"USB 调试"，如图 9-17 所示。

图 9-14　Fiddler 启动页面

图 9-15　配置允许远程连接

图 9-16　设置开发者模式

图 9-17　允许 USB 调试

步骤3：最后进入手机"设置"→选择"WLAN"→选择"wifi"→进入高级设置选项→选择手动代理，将"代理服务器主机名"改为连接手机的计算机的 IP 地址，再将"端口"修改为8888。

（3）抓取 HTTP 接口

启动 Fiddler 与手机 APP 程序，即可在 Fiddler 界面看到手机请求数据和响应数据，如图 9-18 所示。接口的参数可以在 JSON 中查看。

图 9-18　抓取 HTTP 接口

（4）抓取 HTTPS 接口

步骤1：单击图 9-15 中的 HTTPS 标签栏，勾选"Capture HTTPS CONNECTs"和"Decrypt HTTPS traffic"以及"Ignore server certificate errors（unsafe）"，再单击"OK"按钮，如图 9-19 所示。

图 9-19　Fiddler 设置 HTTPS

步骤2：在手机上打开浏览器，输入代理的 IP 地址和端口号，出现 HTTPS 证书下载的页面，如图 9-20 所示。

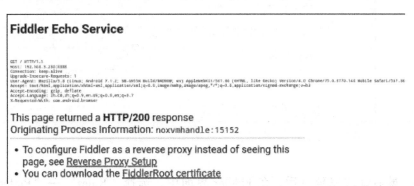

图 9-20　手机 HTTPS 证书下载页面

步骤3：单击图中"FiddlerRoot certificate"，下载安装证书。待安装完成后即可。

3. Fiddler 模拟弱网

Fiddler 还提供了一个很方便的网络限速功能，通过网络限速，可以模拟用户的一些真实环，也就是模拟弱网的环境进行 APP 测试。Fiddler 模拟弱网需要设置延时的时间，算法为：需要延时的时间(毫秒)= 8×1000/网络速度。

例如模拟 2G 网络（上行速度为 2.7 KB/s，下行速度为 9.6 KB/s）的速度，其计算方法如下：上行时延为 8×1000/2.7=2962 ms，下行时延为 8×1000/9.6=833 ms。

在 Fiddler 里面具体设置步骤如下。

步骤1：启动 Fiddler，在菜单栏 Rules 下→单击"Customize Rules"选项，如图 9-21 所示。

图 9-21　点击 Customize Rules

步骤2：在弹出的"Fiddler ScriptEditor"页面中，搜索"m_SimulateModem"字段，然后修改下面两行数据，如图 9-22 所示。

```
oSession[ "request-trickle-delay" ] = "300" ;  //将 300 改为 2962
oSession[ "request-trickle-delay" ] = "150" ;  //将 150 改为 833,保存
```

图 9-22　修改上下行时延

步骤 3：最后修改完延时后，在 Fiddler 界面中，选择"Rules"→"Performance"→"Simulate Modem Speeds"，勾选该项即可，如图 9-23 所示。

图 9-23　勾选 Simulate Modem Speeds

至此 Fiddler 模拟弱网设置完成。

9.5　APP 测试与 Web 测试的区别

不管是 APP 测试，还是 Web 测试，相对于测试而言，其测试流程、测试思路都没有很大区别。由于测试环境不一样，所有测试涉及的工具不同，测试方法考虑略有不同，主要的区别归纳为以下几点。

1. 系统架构不同

Web 项目主要是基于浏览器的 B/S 架构，当 Web 服务端更新后，客户端就会同步更新。而 APP 项目主要是基于手机端的 C/S 架构，当 APP 服务端更新后，如果更新版本为强制更新版时，则手机端必须更新，否则功能无法使用；如果更新版本不是强制更新，手机端可以选择性更新，此时除了测试新版本以外，还要测试老版本的核心功能是否受到影响。

2. 测试方法不同

（1）功能测试

测试思路同样可以使用软件质量的六大特性逐一分析，唯一不同的是 Web 项目不支持离线浏览，有些 APP 支持离线浏览，待有网络时再同步更新数据。

（2）性能测试

Web 项目主要关注服务器的压力以及 Web 页面的响应，而 APP 项目除了考虑服务端的压力之外，还需要考虑手机端的性能，主要是内存的使用问题。

（3）兼容性测试

Web 项目主要考虑浏览器的兼容性，而 APP 项目需要考虑不同设备、不同系统、不同系统的版本、不同分辨率等。

（4）专项测试

相对于 Web 测试，在 APP 测试中多了一些专项测试，如电量测试、弱网测试、安装卸载、升级更新、中断测试、访问权限测试以及用户体验测试等。

3. 测试工具不同

自动化测试工具：APP 一般使用 Monkey Runner 和 Appium；而 Web 端一般使用 QTP 和 Selenium。

性能测试工具：APP 一般使用 HyperPacer、Monkey、Jmeter、LoadRunner 12.0；而 Web 端一般使用 Jmeter 和 LoadRunner。

弱网测试工具：Fiddler、Network Link Conditioner（iOS）。

9.6 H5 页面测试

2014 年 10 月 29 日，万维网联盟宣布，H5 的标准规范制定完成，它是超文本标记语言（HTML）的第五次重大修改，简称 H5。HTML5 的设计目的是为了在移动设备上支持多媒体，它还引进了新的功能，可以真正改变用户与文档的交互方式。所以在进行 H5 测试需要注意以下几点。

1. 相关功能

1）关注每个页面的请求是否正确，是否有重复。

2）关注 APP 缓存，清除缓存后功能是否正确，获取数据失败后是否有重试机制。

3）关注在登录时 H5 与 Native 切换。

4）关注页面的加载与刷新。

5）关注网络问题，特别是弱网以及网络之间的切换，对 H5 页面有没有影响。

6）关注前后台切换时页面的情况。

7）关注 mtop 接口的处理。

2. 相关性能

1）关注每个页面的加载时间、大小以及请求数。

2）关注弱网下页面的响应。

3）是否适当添加本地缓存。

3. H5 适配问题

1）关注不同品牌手机的浏览器。

2）关注不同品牌手机的屏幕大小和分辨率问题。

附录 phpwind 9.0 环境搭建

phpwind（简称 pw）是一个基于 PHP 和 MySQL 的开源社区程序，是国内最受欢迎的通用型论坛程序之一。下面介绍在 CentOS 6.8 下搭建 phpwind 9.0 环境。具体步骤如下。

1. Apache 安装

步骤 1：安装 Apache 的应用服务。

进入 CentOS，打开终端，输入下面命令，按<Enter>键，开始自动下载安装。

```
［root@ localhost ~］# yum -y install httpd *
```

当终端显示：Complete!，说明安装成功。

步骤 2：设置开机启动 Apache 服务。

继续在 CentOS 终端，输入下面命令，按<Enter>键，即可。

```
［root@ localhost ~］#chkconfig --levels 235 httpd on
```

步骤 3：修改 http. conf 配置文件。

继续在 CentOS 终端，输入下面命令，按<Enter>键，进入 http. conf 配置文件。

```
［root@ localhost ~］# vi /etc/httpd/conf/httpd. conf
```

进入文件后，直接输入"/80"，按<Enter>键进行搜索，继续按字母〈n〉键继续搜索，直到找到#ServerName www. example. com：80 行。再按字母〈i〉进入编辑模式，去掉。行前面的"#"，再将 www. example. com 改为 localhost。然后按<Esc>键，退出编辑模式，在 vi 命令模式输入"：wq"，再按〈Enter〉键。

步骤 4：启动 Apache 服务。

继续在 CentOS 终端，输入下面命令，按<Enter>键，启动 Apache 服务。

```
［root@ localhost ~］# /etc/init. d/httpd start
```

Apache 服务重启命令：service httpd restart。停止命令：service httpd stop。

步骤 5：验证 Apache 配置成功。

在 CentOS 中，打开火狐浏览器，输入"localhost"，按〈Enter〉键，出现附图 A-1，表示 Apache 配置成功。

附图 A-1 配置 Apache

2. MySQL 安装

步骤 1：安装 MySQL 服务和客户端。

进入 CentOS，打开终端，输入下面命令，按<Enter>键，开始自动下载安装。

```
[root@ localhost ~]#yum -y install mysql *
```

当终端显示：Complete！，说明安装成功。

步骤 2：设置开机启动 MySQL 服务。

继续在 CentOS 终端，输入下面命令，按〈Enter〉键即可。

```
[root@ localhost ~]#chkconfig --levels 235 mysqld on
```

步骤 3：启动 Apache 服务。

继续在 CentOS 终端，输入下面命令，按<Enter>键，启动 Apache 服务。

```
[root@ localhost ~]# /etc/init. d/mysqld start
```

MySQL 服务重启命令：service mysqld restart。停止命令：service mysqld stop。

3. PHP 安装

步骤 1：安装 PHP 语言。

进入 CentOS，打开终端，输入下面命令，按〈Enter〉键，开始自动下载安装。

```
[root@ localhost ~]#yum -y install php *
```

当终端显示：Complete！，说明安装成功。

步骤 2：验证 PHP 配置成功。

新建一个 PHP 页面进行测试，继续在 CentOS 终端，输入下面命令，新建一个文件。

```
[root@ localhost ~]#vi /var/www/html/index. php
```

在文件中，输入下面代码：

```
<? php
phpinfo( );
? >
```

保存退出。在浏览器中输入"localhost/index. php"，按〈Enter〉键，出现附图 A-2，表示 PHP 配置成功。

附图 A-2　配置 PHP

4. 安装 PHP 和 MySQL 的依赖包

步骤 1：安装 epel 扩展包。

继续在 CentOS 终端，输入下面命令，按<Enter>键，开始自动下载安装。

  ［root@ localhost ~ ］#yum -y install epel-release. noarch

当终端显示：Complete!，继续输入下面命令，按<Enter>键。

  ［root@ localhost ~ ］#yum -y repolist

当终端显示：repolist：20，451，说明安装成功。

步骤 2：安装 php-mcrypt 扩展包。

继续在 CentOS 终端输入下面命令，按<Enter>键，开始自动下载安装。

  ［root@ localhost ~ ］#yum -y install php-mcrypt

当终端显示：Complete!，说明安装成功。

5. 搭建 phpwind 环境

步骤 1：下载 phpwind 解压。

这里下载的是 9.0 版本，并解压。（略）

步骤 2：复制 upload 目录到 Centos。

将解压后 upload 目录复制到 Centos 的/var/www/html/目录下，并将文件名修改为 phpwind 9.0。

步骤 3：修改文件权限。

进入 Centos 的/var/www/html，输入下面命令，修改文件权限为 777。

  ［root@ localhosthtml］# chmod -R 777 phpwind9. 0

步骤 4：开始安装 phpwind。

打开浏览器，输入"localhost/phpwind9.0/install. php"，按〈Enter〉键，进入安装向导，单击"接受"按钮，进入安装环境检测页面，如附图 A-3 所示。

附图 A-3　安装环境检测页面

附图 A-3 中的状态必须全部显示为"√"。然后单击"下一步"按钮，进入创建添加数据信息和设置论坛管理员的密码的页面，如附图 A-4 所示。输入数据库名和管理员密码，单击"创建数据"按钮即可。

附图 A-4　添加数据信息和设置密码

6. Windows 下访问

如果在 Windows 下访问，需要在 CentOS 中添加信任 80 端口，进入 CentOS，在终端输入命令：〔root@ localhost ~〕# vi /etc/sysconfig/iptables，按〈Enter〉键，进入 iptables 配置文件，添加代码：-A INPUT -m state --state NEW -m tcp -p tcp --dport 80 -j ACCEPT，然后保存退出，再重启网络，即可访问。

参考文献

［1］MYERS G T，BADGETT T，SANDLER C. 软件测试的艺术：原书第 3 版 ［M］. 张晓明，黄琳，译. 北京：机械工业出版社，2012.

［2］PATTON R. 软件测试：原书第 2 版 ［M］. 张小松，王钰，曹跃，等译. 北京：机械工业出版社，2017.

［3］古乐，史九林. 软件测试技术概论 ［M］. 北京：清华大学出版社，2017.

［4］陈能技，黄志国. 软件测试技术大全：测试基础 流行工具 项目实战 ［M］. 3 版. 北京：人民邮电出版社，2015.

［5］刘文红. CMMI 项目管理实践 ［M］. 北京：清华大学出版社，2013.

［6］杨根兴，蔡立志，陈昊鹏，等. 软件质量保证、测试与评价 ［M］. 北京：清华大学出版社，2017.

［7］LAYTON M C. 敏捷项目管理：从入门到精通实战指南 ［M］. 傅永康，郭雷华，钟晓华，译. 北京：人民邮电出版社，2015.

［8］于涌，王磊，曹向志，等. 精通软件性能测试与 LoadRunner 最佳实战 ［M］. 北京：人民邮电出版社，2013.

［9］FALL K R，STEVENS W R. TCP/IP 详解 卷1：协议 ［M］. 吴英，张玉，许昱玮，译. 北京：机械工业出版社，2016.

［10］WRIGHT G R，STEVENS W R. TCP/IP 详解 卷2：实现 ［M］. 陆雪莹，蒋慧，等译. 北京：机械工业出版社，2019.

［11］STEVENS W R. TCP/IP 详解 卷3：TCP 事务协议、HTTP、NNTP 和 UNIX 域协议 ［M］. 胡谷雨，吴礼发，等译. 北京：机械工业出版社，2019.